长江口水生生物资源与科学利用丛书

菊黄东方鲀养殖技术

施永海　张根玉　等著

科 学 出 版 社

北　京

内 容 简 介

《菊黄东方鲀养殖技术》由上海市水产研究所专家结合多年实践、经验和实验精心编写而成。本书详细介绍了菊黄东方鲀的生物学特性、人工繁殖、苗种培育、一龄鱼种养殖、成鱼养殖、运输放流、病害防治、食用安全等内容。内容主要来自作者第一手资料,与生产实践结合紧密,全面展示了国内菊黄东方鲀的最新研究成果,是我国第一本研究菊黄东方鲀的成果专著。

本书内容结构采用技术介绍和成功典型案例经验分享相结合的方式,数据翔实,技术先进,内容实用新颖,可操作性强,文字语言通俗易懂,适合广大渔农民、水产养殖生产者、基层水产技术推广人员使用,可作为新型职业农民创业和行业技能培训教材,也可供水产院校,有关科研、推广单位,水产行政管理部门的科技人员和管理干部参考。

图书在版编目(CIP)数据

菊黄东方鲀养殖技术/ 施永海等著.—北京:科学出版社,2016.11
(长江口水生生物资源与科学利用丛书)
ISBN 978 - 7 - 03 - 050754 - 9

Ⅰ.①菊… Ⅱ.①施… Ⅲ.①长江口—东方鲀属—海水养殖 Ⅳ.①S965.399

中国版本图书馆 CIP 数据核字(2016)第 282331 号

责任编辑:许　健
责任印制:谭宏宇 / 封面设计:殷　靓

科学出版社 出版
北京东黄城根北街 16 号
邮政编码:100717
http://www.sciencep.com

南京展望文化发展有限公司排版
苏州市越洋印刷有限公司印刷
科学出版社发行　各地新华书店经销
*
2017 年 1 月第　一　版　开本:B5(720×1000)
2017 年 1 月第一次印刷　印张:17 3/4
字数:281 000

定价:72.00 元
(如有印装质量问题,我社负责调换)

本书编写人员

主　　编　施永海　张根玉

编写人员(按姓氏笔画排序)：

　　　　　刘永士　张忠华　张根玉　张海明

　　　　　施永海　徐嘉波　谢永德

序 言

发展和保护有矛盾和统一的两个方面,在经历了数百年工业文明时代的今天,其矛盾似乎更加突出。当代人肩负着一个重大的历史责任,就是要在经济发展和资源环境保护之间寻找到平衡点。必须正确处理发展和保护之间的关系,牢固树立保护资源环境就是保护生产力、改善资源环境就是发展生产力的理念,使发展和保护相得益彰。从宏观来看,自然资源是有限的,如果不当地开发利用资源,就会透支未来,损害子孙后代的生存环境,破坏生产力和可持续发展。

长江口地处江海交汇处,气候温和、交通便利,是当今世界经济和社会发展最快、潜力巨大的区域之一。长江口水生生物资源十分丰富,孕育了著名的"五大渔汛",出产了美味的"长江三鲜",分布着"国宝"中华鲟和"四大淡水名鱼"之一的淞江鲈等名贵珍稀物种,还提供了鳗苗、蟹苗等优质苗种支撑我国特种水产养殖业的发展。长江口是我国重要的渔业资源宝库,水生生物多样性极具特色。

然而,近年来长江口水生生物资源和生态环境正面临着多重威胁:水生生物的重要栖息地遭到破坏;过度捕捞使天然渔业资源快速衰退;全流域的污染物汇集于长江口,造成水质严重污染;外来物种的入侵威胁本地种的生存;全球气候变化对河口区域影响明显。水可载舟,亦可覆舟,长江口生态环境警钟要不时敲响,否则生态环境恶化和资源衰退或将成为制约该区域可持续发展的关键因子。

在长江流域发展与保护这一终极命题上,"共抓大保护,不搞大开发"的思想给出了明确答案。长江口区域经济社会的发展,要从中华民族长远利益考虑,走生态优先、绿色发展之路。能否实现这一目标?长江口水生生物资源及其生态环境的历史和现状是怎样的？未来将会怎样变化？如何做到长江口水生生物资源可持续利用？长江口能否为子孙后代继续发挥生态屏障的重要作用……这些都是大众十分关心的焦点问题。

针对这些问题，在国家公益性行业科研专项"长江口重要渔业资源养护与利用关键技术集成与示范(201203065)"以及其他国家和地方科研项目的支持下，中国水产科学研究院东海水产研究所、中国水产科学研究院淡水渔业研究中心、华东师范大学、上海海洋大学、复旦大学、上海市水产研究所、浙江省海洋水产研究所、江苏省海洋水产研究所等科研机构和高等院校的100余名科研人员团结协作，经过多年的潜心调查研究，力争能够给出一些答案。并将这些答案汇总成《长江口水生生物资源与科学利用丛书》，该丛书由12部专著组成，有些论述了长江口水生生物资源和生态环境的现状和发展趋势，有些描述了重要物种的生物学特性和保育措施，有些讨论了资源的可持续利用技术和策略。

衷心期待该丛书之中的科学资料和学术观点，能够在长江口生态环境保护和资源合理利用中发挥出应有的作用。期待与各界同仁共同努力，使长江口永葆生机活力。

2016 年 8 月 4 日于上海

前　言

　　东方鲀属鱼类,就是一般意义上人们俗称的"河豚鱼",它是一类经济价值较高的水产品,其肉质洁白、细嫩,肉味鲜美,享有"鱼中之王"的美称,具有很高的药用、食用及工业用价值,在日本、韩国及中国沿海有广阔的开发利用前景。菊黄东方鲀和其他东方鲀鱼类一样,肉味腴美,营养丰富,味觉美感远胜于鱼翅、海参,因此,被誉为"长江三鲜"之首。亚洲国家,自古就有喜食东方鲀的习惯,而在日本东方鲀更被视为国宴佳肴。我国自古也有食用东方鲀的习惯,尤其是江浙地区,《江阴县志》中就有"拼死吃河豚"的字句。但东方鲀大都含有河豚毒素(TTX),河豚毒素性状稳定,用传统方法不易消除,民间时有中毒事件的发生。长期以来,东方鲀一直是我国食品卫生部门禁止鲜食的鱼类之一。1990年颁布的《中华人民共和国水产品卫生管理办法》中明文规定,河豚鱼有剧毒,不得流入市场,捕捞后应剔出妥善处理。但实际的状况是屡禁难止:每到清明时节,大批市民就会驱车赶往江苏吃东方鲀。然而,在我国卫生部门特批的试食试点单位开办10多年至今无一例中毒事件发生。另外,对养殖东方鲀的毒性水平、特点、季节地域的分布进行了调查研究,监测研究发现养殖的菊黄东方鲀、暗纹东方鲀、红鳍东方鲀及双斑东方鲀的肌肉、皮、肝脏及精巢均为无毒级。因此,东方鲀市场完全禁止无异于因噎废食。如何科学安全地利用养殖东方鲀成为各界关注的焦点。

　　2016年4月13日,中国渔业协会和中国水产流通与加工协会受农业部渔业渔政管理局、农产品质量安全监管局的委托,在京召开听证会,就有条件放开养殖东方鲀的生产经营进行听证。在此之前,农业部、国家卫生和计划生育委员会和国家食品药品监督管理总局三部委拟联合下发《关于有条件放开养殖河豚生产经营的通知》。至此,养殖东方鲀食用有限开禁近在咫尺。

20 世纪 80 年代初,我国开始开展多个品种的东方鲀属鱼类的繁育和养殖技术研究,并相继获得成功。河北、山东、浙江、江苏、上海等地陆续完成了铅点东方鲀、红鳍东方鲀、弓斑东方鲀、假晴东方鲀、暗纹东方鲀、菊黄东方鲀、双斑东方鲀、豹纹东方鲀的人工繁养技术研究。目前,养殖地区主要集中在辽宁、河北、山东、江苏、上海、浙江、福建、广东、海南等沿海的 10 余个省份,同时内地如河南、安徽、湖北、湖南、四川、江西等地都已开始试养。目前,全国东方鲀年总产量达 2.0 万～5.0 万 t,在东方鲀属鱼类中养殖面积最大的、养殖产量最高的品种是暗纹东方鲀,国内销售价格最高的品种是菊黄东方鲀,塘边销售价格为 100～150 元/kg。

2001 年开始,在江苏、河北、福建和上海等地,菊黄东方鲀繁育相继获得成功。2004 年,经过多年的技术积累,上海市水产研究所率先实现了菊黄东方鲀全人工规模化繁育。经过 10 多年的研发,上海市水产研究奉贤基地菊黄东方鲀的繁养技术日趋成熟,形成了一套完善的全人工繁育和养殖的生产工艺,累计全人工繁育"乌仔"鱼苗(1.0～1.5 cm)609.4 万尾,形成了年产 2 万～2.5 万 kg 商品鱼的生产能力。目前,菊黄东方鲀池塘养殖的地区主要集中在福建、上海、江苏、河北及山东等地的沿海地区,经济效益显著。

为推动菊黄东方鲀养殖持续健康地发展,上海市水产研究所专家团队结合多年实践、经验和实验,采用技术介绍和成功典型案例经验分享相结合的方式,精心编写了《菊黄东方鲀养殖技术》一书,以供有关从事生产、教学和科研人员参考。书中详细介绍了菊黄东方鲀的生物学特性、人工繁殖、苗种培育、一龄鱼种养殖、成鱼养殖、运输放流、病害防治、食用安全等技术。希望本书的出版能使菊黄东方鲀养殖者提高技术、解决养殖生产中碰到的难题,增加产量、提高效益。

由于水平有限,书中难免有不足之处,恳请广大读者批评指正。

著　者

2016 年 8 月

目　录

第1章 概　论

1.1　分类地位、种类及地理分布

1.1.1　分类地位

菊黄东方鲀 *Takifugu flavidus*，属于脊索动物门(Chordata)脊椎动物亚门(Verterbrata)硬骨鱼纲(Osteichthyes)辐鳍亚纲(Actinopterygii)鲈形总目(Percomorpha)鲀形目(Tetraodontiformes)鲀科(Tetraodontidae)东方鲀属(*Takifugu*)(成庆泰等,1975)。

鲀类是指鲀形目的一个鱼类类群。在南方,人们称它为"鸡泡鱼"、"气泡鱼",在北方则称"东方鲀"或"廷巴"。鲀类种类繁多,从太平洋至大西洋都有它们的踪迹。鲀形目可分为箱鲀亚目(如粒突箱鲀)、鳞鲀亚目(如马面鲀)、翻车鲀亚目(如翻车鲀)、鲀亚目。鲀亚目又可分为鲀科和刺鲀科(如斑鳍短鲀),鲀科中最有经济价值的有兔鲀属、刺腹鲀属和东方鲀属(成庆泰等,1975)。

东方鲀属鱼类在 19 世纪以前被混于鲀属中,20 世纪以来被混于圆鲀属中,直到 1952 年,以头骨、脊椎骨和背鳍条数目等特征为依据,分立了东方鲀属。东方鲀属鱼类,就是一般意义上人们所称的"河豚鱼",它是一类经济价值较高的水产品,其肉质洁白、细嫩,肉味鲜美,享有"鱼中之王"的美称。在日本、韩国及中国沿海有广阔的开发利用前景,其中红鳍东方鲀成鱼畅销日本市场,是重要的创汇渔业对象(马爱军等,2011)。

1.1.2　东方鲀属鱼类分类及地理分布

东方鲀属鱼类以鱼体呈亚圆球形,尾部稍侧扁,头宽而圆,鼻孔小,每侧两个鼻瓣呈圆形突起,上下颌骨与牙齿愈合成 4 个喙状齿板为特征。以鱼体下方有一纵行皮褶,额骨向外侧扩展、后部较宽,前端伸越额骨前侧,尾鳍截形或略带圆弧,背鳍、臀鳍同形,9～16 根软条而与本科其他属鱼类相区别。东方鲀属约有 22 种,其各鱼种分类检索如下(王奎旗等,2001)。

东方属鱼类分种检索表

1. (14) 体表光滑或有瘤状突起,但无小棘
2. (3) 体表密布瘤状突起,分布于中国东海、黄海,日本北海道南、琉球本岛
   ·· 豹纹东方鲀 *T. pardalis* (Temminck et Schlegel)
3. (2) 体表光滑、无棘亦无瘤状突起
4. (11) 背鳍基底不具大黑斑
5. (8) 胸鳍后无大黑斑
6. (7) 体背稀疏散布痣状黑斑。分布于日本中部太平洋沿岸
   ·· 痣斑东方鲀 *T. chrysops* (Hilgendorf)
7. (6) 体背密布网状斑点。分布于中国黄海、南海,日本本州及南部沿海
   ··· 施氏东方鲀 *T. snyderi* (Abe)
8. (5) 胸鳍后具大黑斑
9. (10) 黑斑边缘具菊花状白边,体背布有白色斑点。分布于中国东海、黄海,日本濑户内海,九州西海
   岸 ······················· 虫纹东方鲀 *T. vermicularis* (Temminck et Schlegel)
10. (9) 黑斑边缘无菊花状白边,体背具黑色斑点。分布于中国东海、黄海、库页岛南部和日本北海道以
    南海域 ···················· 紫色东方鲀 *T. porphyreus* (Temminck et Schlegel)
11. (4) 背鳍基底各具大黑斑
12. (13) 体背散布细小斑点。分布于中国东海·············· 细斑东方鲀 *T. punctulatus* (Chu)
13. (12) 体背斑点中等大小,紧密排列,并有白边。分布于中国东海、韩国及日本东海
    ··· 阿氏东方鲀 *T. abbotti* (Temminck et Schlegel)
14. (1) 体表具小棘
15. (22) 体表小棘在背、腹连续分布
16. (17) 体表小棘仅在胸鳍前方连续。分布于中国东海至南海,朝鲜西海岸,并可入淡水
    ··· 暗纹东方鲀 *T. obscurus* (Abe)
17. (16) 体表小棘在胸鳍前、后方皆连续
18. (19) 体背多为褐色横带斑纹。分布于中国东海至南海,马来西亚,澳大利亚,印度,南非东海岸
    ··· 横纹东方鲀 *T. oblongus* (Bloch)
19. (18) 体背散布白色斑点
20. (21) 背鳍后方白斑通常近圆形,体背小棘基部不呈小白点。分布于日本,朝鲜半岛南部
    ······································ 异点东方鲀 *T. poecilonotus* (Temminck et Schlegel)
21. (20) 背鳍后方白斑通常长圆形,体背小棘,基部小白点显著。分布中国黄海至印度洋
    ····································· 铅点东方鲀 *T. alboplumbeus* (Richardson)
22. (15) 体表小棘在背、腹不连续
23. (26) 体背部斑纹呈斜纹或弧带式
24. (25) 体背部斑纹呈斜纹,胸鳍后有 1 暗斑。分布于中国黄海至南海
    ··· 双斑东方鲀 *T. bimaculatus* (Richardson)
25. (24) 体背部斑纹呈黑色斜带。各鳍黄色。分布于中国黄海、东海,朝鲜,日本相模湾以南海域
    ·································· 黄鳍东方鲀 *T. xanthopterus* (Temminck et Schlegel)
26. (23) 体背部斑纹不呈斜纹或弧带式
27. (40) 胸鳍后有黑色斑或鞍状斑
28. (29) 胸鳍后上方有 1 鞍状斑。背鳍基底具 1 黑斑。分布于中国黄海至南海
    ··· 弓斑东方鲀 *T. ocellatus* (Linnaeus)
29. (28) 胸鳍后方有 1 黑斑痣
30. (31) 胸鳍后方的黑斑较小,形状不规则。分布于中国渤海至东海
    ······································ 菊黄东方鲀 *T. flavidus* (Li, Wang et Wang)
31. (30) 胸鳍后方的黑斑较大且近圆形

32. (33) 胸鳍后方的黑斑没有白边,背鳍12～14软条。分布于中国黄海、东海,日本海至琉球群岛,菲律宾 ·························· 星点东方鲀 *T. niphobles* (Temminck et Schlegel)
33. (32) 胸鳍后方的黑斑有白边,背鳍15～19软条
34. (35) 背鳍基部具大黑斑,且体背斑纹呈网状,散布小白点。分布于中国黄海、东海沿岸 ·························· 网纹东方鲀 *T. reticularis* (Tien, Chen et Wang)
35. (34) 背鳍基部不具大黑斑
36. (37) 体背无明显斑纹,体背墨绿色。分布于中国渤海、黄海北部和朝鲜西北部 ·························· 墨绿东方鲀 *T. basilevskianus* (Basilewsky)
37. (36) 体背部有明显斑纹
38. (39) 体背后半部有许多不定形虎纹黑斑,臀鳍白色或略带红。分布于中国东海、黄海,朝鲜半岛西南,日本本州东西海岸 ·························· 红鳍东方鲀 *T. rubripes* (Temminck et Schlegel)
39. (38) 体背后半部通常没有明显不定形黑斑,臀鳍黑色。分布于中国黄海、东海,韩国,日本西海区 ·························· 假睛东方鲀 *T. chinensis* (Abe)
40. (27) 胸鳍后部既无黑斑,亦无鞍状斑纹
41. (42) 体背斑纹如虫纹状。分布于日本海、相模湾及九州西海岸 ·························· 花尾东方鲀 *T. exascurus* (Temminck et Schlegel)
42. (41) 体背密布蓝色小斑点。分布于中国东海、黄海,韩国,日本北海道以南水域 ·························· 密点东方鲀 *T. stictonotus* (Temminck et Schlegel)

1.1.3　我国常见养殖东方鲀品种的特征与自然分布

在中国,东方鲀属鱼类中有人工繁殖和养殖报道的品种主要有红鳍东方鲀、暗纹东方鲀、菊黄东方鲀、黄鳍东方鲀、假睛东方鲀、铅点东方鲀、弓斑东方鲀、双斑东方鲀(条纹东方鲀)、豹纹东方鲀等。目前,我国常见养殖品种为红鳍东方鲀、暗纹东方鲀、菊黄东方鲀、黄鳍东方鲀、假睛东方鲀、双斑东方鲀、弓斑东方鲀等。其中,红鳍东方鲀和暗纹东方鲀养殖量最大,北方养殖品种以红鳍东方鲀为主,南方养殖品种以暗纹东方鲀为主,养殖东方鲀属鱼类中以菊黄东方鲀价格最高。本小节介绍我国常见养殖东方鲀品种的特征和自然地理分布。

1. 红鳍东方鲀

地方名　黑艇巴、黑蜡头(图1-1)。

图1-1　红鳍东方鲀(李晓川和林美娇,1998)

形态特征　体呈亚圆筒形,体长为体高的 3.2～3.8 倍,为头长的 3.0～3.4 倍。头中大,头长为吻长的 2.0～2.5 倍,为眼径的 7.3～8.8 倍。额骨长与宽约相等,额骨纵走隆起线向前延伸,达前额骨后缘中部,前额骨占眶上缘的 1/3。吻圆钝,吻长为眼径的 3.4～3.8 倍。口小,前位,上、下颌各具 2 个喙状牙板。唇发达,细裂,下唇较长,两端向上弯曲。眼小,眼间隔宽而微突,头长为眼间隔的 1.8～2.1 倍。鼻孔每侧 2 个,鼻瓣呈卵圆形突起。鳃孔中大,侧位,位于胸鳍基底前方,鳃盖膜白色。

背面和上侧面青黑色,腹面白色。体侧在胸鳍后上方有一白边黑色大斑,斑的前方、下方及后方有小黑斑。除臀鳍为白色外,其他鳍为黑色。

背鳍略呈镰刀形,起点稍前于臀鳍起点,具 17 鳍条。臀鳍与背鳍同形,具 15 鳍条。胸鳍近方形,上部鳍条稍长。尾鳍截形。

头部与体背、腹面均被强小刺,背刺区与腹刺区分离。吻部、头体的两侧及尾部光滑,无小刺。侧线发达,上侧位,至尾部下弯于尾柄中央,侧线具多条分支。体侧皮褶发达。

分布　我国产于黄海、渤海和东海,在朝鲜、日本也有分布。

习性　近海底层肉食性鱼类,主食贝类、甲壳类和小鱼,体长一般在 350～400 mm,大者可达 700 mm 以上。性成熟期,雄性体长为 350 mm,雌性为 360 mm。产卵期为 3～5 月。

毒性　卵巢和肝脏有强毒,卵巢毒力随季节变化而有很大变化,从 12 月到翌年 6 月其毒力在 2 000～10 000 单位。从毒量来看,1 尾 3 150 g 的鱼,其卵巢重 600 g,毒力为 4 000 单位,毒量可达到 240 万单位,相当于可使 12 人食用后致死的毒量。其中尚不包括肝脏的毒量。肝脏的毒力较卵巢略低,肠在 4～5 月有弱毒,血液、精巢、皮和肉基本无毒。在鲀科鱼类中,红鳍东方鲀的毒力还是属于弱的,但在各种鲀科鱼类中毒事故统计中,食用红鳍东方鲀而引起中毒的较多,这种鱼体型较大,一般 1 尾 2.0～2.5 kg 的鱼,其全毒量可使 10 人死亡(李晓川和林美娇,1998;阳清发,2002;周国平,2002)。但养殖红鳍东方鲀肌肉、皮、肝脏、精巢,河豚毒素监测结果属于无毒级(纪元等,2010)。

开发现状及前景　红鳍东方鲀个体大,长势快,肌肉无毒,养殖技术成熟,产区人们喜食,具有出口创汇能力,是目前北方沿海东方鲀渔业的最主要养殖种类。其内脏是提炼东方鲀毒素的重要原料,有很大的养殖发展前景。

2. 假睛东方鲀

地方名　黑艇巴,又名中华东方鲀(图1-2)。

图1-2　假睛东方鲀(李晓川和林美娇,1998)

形态特征　体呈亚圆筒形,向后渐狭小。体长为体高的2.7～3.3倍,为头长的2.8～3.0倍。头中长,头长为吻长的2.3～2.7倍,为眼径的6.5～6.8倍。额骨长与宽约相等;额骨纵走隆起线向前延伸,常弯曲达前额骨后缘中部,两隆起线间距离较窄;前额骨占眶上缘的1/3。吻圆钝,吻长为眼径的2.5～3.0倍。口小,前位,上、下颌各具2个喙状牙板,中央缝显著。唇发达,细裂;下唇较长,两端向上弯曲。眼小,眼间隔宽平,微凸。鼻孔每侧2个,鼻瓣呈卵圆形突起。鳃孔中大,侧位,位于胸鳍基底前方,鳃盖膜白色。

体青黑色,腹面白色。体色花纹变异大。体长170 mm以下时,体上散布白色小斑点,斑径小于斑间距;体长200 mm左右时,白斑渐不明显;至240 mm左右时白斑消失,体侧具不规则黑斑。胸鳍后上方有一圆形大黑斑,边缘白色。背鳍基部也具一黑色大斑,白色边缘有时不明显。背鳍及胸鳍灰褐色,臀鳍黑色或灰褐色,前缘及端部暗灰色,尾鳍黑色。

背鳍略呈镰刀形,始于肛门后上方,具16～17鳍条;臀鳍与背鳍同形,起点稍后于背鳍起点,具15～17鳍条;胸鳍宽短,近方形,具16～18鳍条;尾鳍截形。

头部与体背、腹面均被强小刺,背刺区与腹刺区分离。侧线发达,上侧位,至尾部下弯于尾柄中央,侧线具分支多条。体侧皮褶发达。

分布　中国的东海、黄海、渤海,朝鲜和日本沿海均有分布。

习性　为沿岸近海底层食肉性杂鱼,有溯河习性,曾见于长江。体长可达457 mm。性成熟期,雄性体长为245 mm,雌性为260 mm。

毒性　卵巢有毒,其毒力最高为10 000单位。肝脏毒力最高为1 000单位,大部分时间无毒。肠和皮有弱毒。精巢和肌肉全年无毒,可供食用。假睛东方鲀体型中大,毒量最高为 40 万单位,能使 2 人致死(李晓川和林美娇,1998;阳清发,2002;周国平,2002)。

开发现状及前景 假睛东方鲀个体大,长势快,肌肉无毒,养殖技术成熟,产区人们喜食。出口创汇能力较红鳍东方鲀差。目前在北方沿海东方鲀渔业中占较大比重,养殖规模大,有较大的养殖发展前景。

3. 黄鳍东方鲀

地方名 艇巴、花蜡头、黄天霸、乖鱼、花龟鱼、花东方鲀(图 1-3)。

图 1-3 黄鳍东方鲀(李晓川和林美娇,1998)

形态特性 体呈亚圆筒形,体长为体高的 3.1～3.8 倍,为头长的 2.8～3.4 倍。头中长,头长小于鳃孔至背鳍起点的距离,头长为吻长的 2.2～2.8 倍,为眼径的 4.2～4.7 倍。额骨长与宽约相等,额骨纵走隆起线向前延伸,后侧缘有 2 个突起,前额骨宽大,略呈方形。吻圆钝。口小,前位,上、下颌各具 2 个喙状牙板。唇发达,下唇较长,两端向上弯曲。眼中大,眼间隔宽平,为眼径的 2.1～3.8 倍。鼻孔每侧 2 个,鼻瓣呈卵圆形突起。鳃孔中大,侧位,位于胸鳍基底前方,鳃盖膜灰色。

头体背侧蓝黑色,背侧面具 3～4 条弧形黑色宽纹,最后 2 条宽纹与背缘平行,向后伸达尾鳍基,宽纹之间具细狭白色条纹,在胸鳍后方相连并向后分叉。背鳍基底具一椭圆形蓝黑色大斑,边缘白色。胸鳍基底内外侧各具一蓝黑色大斑。腹侧白色。体侧、上下唇、鼻囊及各鳍均为黄色。

背鳍略呈镰刀形,始于肛门上方,具 15～17 鳍条。臀鳍与背鳍同形,起点稍后于背鳍起点,具 14～15 鳍条。胸鳍宽短,近方形,具 16～18 鳍条。尾鳍后缘截形或稍凹。

头部与体背、腹面均被较强小刺,背刺区与腹刺区分离。侧面光滑,侧线发达,上侧位,至尾部下弯于尾柄中央,侧线具多条分支。体侧皮褶发达(李晓川和林美娇,1998;阳清发,2002;周国平,2002)。

分布　我国沿海以及朝鲜、日本沿海。

习性　生活于近海底层,游泳能力差,遇危险时气囊可吸入水和空气,使腹部膨胀,用以自卫或浮到水面。喜集群,也进入江河,幼鱼栖于咸淡水中,以贝类、虾类、小鱼等为食。冬末性腺开始成熟,春季产卵,卵浮性。4～5月在沿岸可捕到幼鱼。个体较大,体长 200～500 mm。每年春季由外海游向近岸,也进入长江;秋季由近岸向外海洄游。牙锐利,常咬断钓丝及网具,影响渔民作业。

毒性　卵巢和肝脏有强毒,误食可致死。卵巢毒力最高可达 10 000 单位,1 尾 2 100 g的黄鳍东方鲀,其卵重约 87 g,而毒量可达 87 万单位。肝脏毒力最高可达 4 000 单位。肠有弱毒。精巢、皮和肌肉基本无毒,鲜肉洗净,可供食用(李晓川和林美娇,1998;阳清发,2002;周国平,2002)。

开发现状及前景　个体较大,肌肉无毒,产区人们喜食,市场前景好,具有出口创汇能力,是开发潜力很大的东方鲀种类,有较大的养殖发展前景。

4. 菊黄东方鲀

地方名　满天星、街鱼、艇巴、乖鱼、菊黄(图 1-4)。

图 1-4　菊黄东方鲀

形态特征　体较粗短,体长为体高的 3.3～4.1 倍,为头长的 2.7～2.9 倍。头中大,头长为吻长的 2.2～2.8 倍,为眼径的 7.2～8.9 倍。额骨纵走隆起线向前延伸,达前额骨后缘中部,前额骨三角形,占眶上缘的 1/2,额骨长与宽相等。吻圆钝,吻长为眼径的 2.4～3.7 倍。口小,前位,上、下颌各具 2 个喙状牙板。眼较小,上侧位。鼻孔每侧 2 个,鼻瓣呈卵圆形突起,距眼比距吻端为近。鳃孔位于胸鳍基底前方(李晓川和林美娇,1998;阳清发,2002;周国平,2002)。

体深黄色,腹面白色,皮肤较厚。体色和斑纹随个体增长而有变异,体长150 mm左右,体背侧散布不规则圆斑;体长230 mm左右,白斑渐模糊;280 mm左右,体呈一致深黄色。胸鳍附近体侧有一菊花状边缘的横长黑斑,位较低,大部分为胸鳍末端所掩盖。在大型个体中,此黑斑变为狭长形或为散碎斑块。

背鳍具15~16鳍条。臀鳍与背鳍同形,具13~15鳍条。

体背面与腹面均被较强小刺,背刺区与腹刺区分离。背刺区呈舌状,前端始于眼间隔中间,后端不达背鳍起点。

分布 我国产于黄海和东海。

习性 为近海底层杂食鱼,体长可达300 mm。

毒性 野生鱼的内脏及血液等有毒,毒性不详,尚待深入研究;养殖菊黄东方鲀肌肉、皮、肝脏、精巢,河豚毒素监测结果属于无毒级(纪元等,2010)。

开发现状及前景 除去内脏、血液,洗净后肉可食用,沿海有较大消费市场,市场售价高,市场前景好。目前,海南、广东、福建、浙江、上海、江苏、山东、河北等沿海地均有养殖。2~5月销售旺季时出售到苏州、常州、扬州、江阴、温州等地。

5. 暗纹东方鲀

地方名 东方鲀、街鱼(图1-5)。

图1-5 暗纹东方鲀

形态特征 体呈亚圆筒形,向后渐狭小,体长为体高的3.1~3.7倍,为头长的2.8~2.9倍。头中长,头长为吻长的2.4~3.0倍,为眼径的5.8~12倍。额骨长与宽约相等,额骨纵走隆起线向前达前额骨后缘前部,前额骨略呈三角形,占眶上缘的1/2。吻圆钝,吻长为眼径的2.4~4.9倍。口小,前位,上、下颌各具2个喙状牙板。唇发达,细裂。眼小,眼间隔宽而微凸,头长为眼间隔的1.5~2.0倍。鼻孔每侧2个,鼻瓣呈卵圆形突起。鳃孔中大,侧位,鳃盖膜白色。

体棕褐色,体侧下方黄色,腹面白色。体色和条纹随体长不同而有变异。背侧面具不明显褐色横纹 4～6 条,横纹之间具白色狭纹 3～5 条。胸鳍后上方体侧具一圆形黑色大斑,边缘白色。背鳍基部具一白边黑色大斑。幼体的暗色宽纹上散布着白色小点,较大个体白点由不明显而至消失,暗色宽纹也较黯淡。胸鳍基底外侧和里侧常各具一黑斑。背鳍、胸鳍、臀鳍黄棕色,尾鳍后端灰褐色。

背鳍略呈镰刀形,位于肛门后上方,具 15～17 鳍条。臀鳍与背鳍同形,起点稍后于背鳍起点,具 13～16 鳍条。胸鳍宽短,近方形,具 16～18 鳍条。尾鳍截形。

头部与体背、腹面均被小刺,背刺区与腹刺区在眼后部相连。吻侧后部及尾部光滑。侧线发达,上侧位,至尾部下弯于尾柄中央,侧线具多条分支。体侧皮褶发达。

分布 我国产于黄海、渤海和东海,朝鲜也有分布。暗纹东方鲀原来自然产量大,在整个长江渔业中占有一定比重,江苏省年产量曾达 150 万 kg,具有一定的经济价值。主要产区在南京以下沿江各县,以江阴产量最高,渔期在 3 月下旬。在东南沿海无明显汛期,全年可以捕获。

习性 为近海与河川肉食性中下层洄游鱼类,溯河性强,每年春末夏初性成熟的亲鱼群游入江河产卵,幼鱼生活在江河或通江湖泊中生长发育,到当年秋季返回海里,在海里长大到性成熟时再溯河在淡水中产卵繁殖。杂食性,主食虾、蟹、螺、鱼苗、水生昆虫、枝角类和桡足类,也食植物叶片和丝状藻。在长江,产卵期为 4～5 月,5 月为盛期,在长江中下游段或洞庭湖、鄱阳湖水系产卵,有时溯江达宜昌等地,怀卵量 14 万～30 万粒。

毒性 野生暗纹东方鲀的卵巢、肝脏、肾脏和血液有毒,卵巢在产卵期含毒量很高,毒力最高为 10 万单位。肝脏毒力在 2 000～4 000 单位。皮和肠有强毒,肌肉和精巢无毒。鲜食时,需将内脏、血液、皮、鱼眼除去,长时间烹煮,方可食用(李晓川和林美娇,1998;阳清发,2002;周国平,2002)。养殖暗纹东方鲀肌肉、皮、肝脏、精巢,河豚毒素监测结果属于无毒级(纪元等,2010)。

开发现状及前景 对盐度适应范围广,可在淡水、咸淡水及海水中生长生活;个体较大,养殖技术成熟,长势较快,肌肉无毒,人们喜食,具有出口创汇能力,是目前沿海东方鲀渔业养殖发展速度最快的品种,养殖规模大,养殖区域正由沿海向内地扩展,有较大的养殖发展前景。

6. 双斑东方鲀(条纹东方鲀)

地方名 鸡抱、乖鱼、花抱(图 1-6)。

图 1-6　双斑东方鲀

形态特征　体呈亚圆筒形,向后渐狭小,体长为体高的 3.0～3.8 倍,为头长的 2.8～3.2 倍。头中长,头长大于自背鳍起点至尾鳍基底的距离,头长为吻长的 2.2～2.7 倍,为眼径的 4.7～6.9 倍。额骨长与宽约相等,额骨纵走隆起线向前达前延伸,达前额骨后缘,前额骨略呈三角形,占眶上缘的 1/2。吻圆钝,吻长为眼径的 2.2～3.0 倍。口小,前位,上、下颌各具 2 个喙状牙板。唇发达。眼小,上侧位,眼间隔宽平,圆凸。鼻孔每侧 2 个,鼻瓣呈卵圆形突起。鳃孔中大,侧位,位于胸鳍基底前方,鳃盖膜白色。

头体背侧面淡绿色,具蓝褐色弧形横纹 10 余条,横纹成对排列,有时前后部分相连,最后 2 条与背缘平行延向尾基,横纹渐淡绿色条纹。胸鳍后上方的体侧具一大黑斑,周围淡绿色。背鳍基底具一大黑斑,中央及边缘淡绿色。胸鳍基底外侧和内侧各具一小黑斑。幼体在蓝褐色横纹上常具淡绿色斑点,胸鳍后上方体侧的黑斑与背面横纹相连。在较大个体,淡绿色斑点连成条纹,胸鳍后上方体侧黑斑不与背面横纹相连,蓝褐色横纹再次呈现分裂现象。各鳍黄色。腹侧白色,侧下方黄色。小鱼鼻囊黄色,成鱼为灰褐色。

背鳍镰刀状,位于肛门后上方,具 13～14 鳍条。臀鳍与背鳍同形,基底与背鳍基底相对,具 12 鳍条。胸鳍宽短,近方形,具 15～18 鳍条。尾鳍截形。

头及体背、腹面均被较强小刺,背刺区与腹刺区分离。

分布　我国产于黄海南部、东海和南海。

习性　近海底层食肉性鱼类,以贝类、甲壳类和小鱼为食。

毒性　野生双斑东方鲀的卵巢、肝脏和血液有剧毒,肌肉含强毒,不宜食用(李晓川和林美娇,1998;阳清发,2002;周国平,2002);养殖双斑东方鲀肌肉、皮、肝脏、精巢,河豚毒素监测结果属于无毒级(纪元等,2010)。

7. 弓斑东方鲀

地方名 东方鲀、街鱼、浜鱼、斑鱼、鲅鱼、鲃鱼(图1-7)。

图1-7 弓斑东方鲀(李晓川和林美娇,1998)

形态特征 体呈亚圆筒形,向后渐细小。体长为体高的2.6~3.6倍,为头长的2.8~3.1倍。头中大;头长约等于鳃孔至背鳍起点的距离,头长为吻长的2.2~2.6倍,为眼径的4.0~5.5倍。额骨长与宽约相等;额骨纵走隆起线向前中部延伸,逐渐靠拢,在前方几乎汇合,不达前额骨后缘。吻圆钝,吻长为眼径的1.8~2.2倍,约等于眼后头长。口小,前位,上、下颌各具2个喙状牙板。唇发达,细裂,下唇较长,两端向上弯曲。眼中大,眼间隔宽而微凸。鼻孔每侧2个,鼻瓣呈卵圆形突起。鳃孔侧位,位于胸鳍基底前方,鳃盖膜白色。

头体背侧面灰褐色,微绿,腹面白色。体侧在胸鳍后上方有一横过背部的墨绿色鞍状斑,鞍状斑边缘围以橙色边;背鳍基部具一橙色边缘的圆形大黑斑。各鳍黄色。

背鳍略呈镰刀形,位于肛门后上方,具14~15鳍条;臀鳍与背鳍同形,基底几乎相对,具12鳍条;胸鳍宽短,近方形,具18~19鳍条;尾鳍截形。

头部、体背及腹面均具小刺,小刺细弱,背刺区与腹刺区分离。吻部头体两侧及尾部光滑。侧线发达,上侧位,至尾部下弯于尾柄中央,侧线分支多条。体侧皮褶发达。

分布 我国、朝鲜、日本和菲律宾沿海。

习性 为近海底层肉食性鱼类,可进入河口及淡水区生活。主食贝类、甲壳类和小鱼,春季溯河到淡水区产卵。体型较小,体长一般为100~150 mm,大者可达200~250 mm。

毒性 野生弓斑东方鲀的卵巢和肝脏有强毒,皮和肠的毒性也较强,但肌肉和精巢无毒。

开发现状及前景 内脏有毒,肌肉无毒,50 g 的幼鱼无毒,为产区上佳菜肴,有一定开发前途,人工繁殖已成功,饲养技术也已成熟,但因个体较小、长势较慢而不适于大规格商品鱼养殖。目前,广东、江苏、浙江等地有养殖(李晓川和林美娇,1998;阳清发,2002;周国平,2002)。

1.2 繁养技术研究的历史与现状

1.2.1 东方鲀属鱼类繁养的历史与现状

东方鲀属鱼类具有很高的药用、食用及工业用价值,国内外市场需求量日益增长,但由于受环境恶化和滥渔酷捕等诸多因素的影响,东方鲀鱼类自然资源量急剧下降。为满足市场需求及弥补资源的衰退(施永海等,2009),20 世纪80 年代初,我国开始开展了东方鲀属鱼类多个品种的繁育和养殖技术研究,并相继获得成功。河北、山东、浙江、江苏、上海等地陆续完成了铅点东方鲀、红鳍东方鲀、弓斑东方鲀、假睛东方鲀、暗纹东方鲀、菊黄东方鲀、黄鳍东方鲀、双斑东方鲀豹纹东方鲀的人工繁殖技术研究(马爱军等,2011)。例如,黄海水产研究所于 1981 年开始进行铅点东方鲀人工育苗试验并获得成功,然后又连续进行了假睛东方鲀、红鳍东方鲀等种类的工厂化育苗试验,均获得成功。同期,上海市水产研究所进行了暗纹东方鲀的规模化繁育和养殖技术研究、开发,取得了突破性进展,紧接着进行了技术的熟化和完善,并进行了成果转化,到 20 世纪 90 年代后期上海市水产研究所暗纹东方鲀苗种生产量占到全国的 60%;与此同时,该单位还相继完成了菊黄东方鲀和双斑东方鲀全人工规模化繁育技术研究。目前,国内从事东方鲀属鱼类人工繁殖及育种技术工作的研究单位主要有黄海水产研究所、河北省水产研究所、福建省水产研究所、上海市水产研究所等。

我国从 20 世纪 90 年代开始规模化人工养殖东方鲀属鱼类,养殖技术也逐步成熟,成为了新的养殖产业,沿海各省、市都相继有一定规模的养殖场投产。近年来,我国南方沿海正大力发展东方鲀的网箱和池塘养殖,北方沿海则以土池养殖为主,其中池塘养殖比海上网箱养殖投入少,效益好,并且池塘养殖已由单养模式向与东方对虾等种类混养模式发展。长江下游及长江口养殖户纷纷利用废弃养鳗场成功工厂化养殖东方鲀。养殖地区主要集中在辽宁、河北、山东、江苏、上海、浙江、福建、广东、海南等沿海的 10 余个省市。随着养殖技术的进步和普及,养殖种类也有增加之势,东方鲀养殖区域也已由沿海逐渐向内地扩展,现在河南、安徽、湖北、湖南、四川、江西等省都已开始试养。

2011 年,据农业部渔业局统计,我国养殖东方鲀总面积 6 587.73 hm²,总产量 1.47 万 t(阳清发等,2015)。2013 年,山东、河北、辽宁三省的东方鲀成鱼存塘量为 200 万尾左右,投放苗种约 500 万尾,2013 年红鳍东方鲀产量 2 500 t,2014 年达到 3 000 t。广东,2013 年的投苗量为 2 000 万～3 000 万尾,养殖面积由 4 万亩①降至 2 万亩,2013 年暗纹东方鲀产量为 15 000 t,2014 年仅为 8 000 t。江苏,2013 年暗纹东方鲀成鱼存塘量 1 500 t 左右,育苗 3 000 万尾。上海 2013 年暗纹东方鲀产量在 1 500 t 以内。福建以暗纹东方鲀和菊黄东方鲀为主,2013 年产量在 4 000 t 左右。据估算,2013 年全国的东方鲀养殖量大概在 4.4 万 t,其中南方 40 000 t,北方 4 000 t。

目前,东方鲀养殖种类主要为红鳍东方鲀、假睛东方鲀、暗纹东方鲀、菊黄东方鲀和双斑东方鲀;北方地区养殖品种,以红鳍东方鲀为主,常年产量在 4 000 t 左右,主要出口到日本和韩国;南方地区养殖品种,以暗纹东方鲀和菊黄东方鲀为主,年产量在 6 000～40 000 t。而天然捕捞的东方鲀大部分集中在浙江、福建、广东等地,有各种东方鲀品种,年产量大约 6 000 t(马爱军等,2011)。

由此可知,全国东方鲀年总产量达 2.0 万～5.0 万 t,在东方鲀属鱼类中养殖面积最大的、养殖产量最高的品种是暗纹东方鲀,国内销售价格最高的品种是菊黄东方鲀,塘边销售价格为 100～150 元/kg。目前,国内东方鲀养殖和加工规模较大的单位和国家级良种场主要有大连天正实业有限公司、大连富谷水产有限公司、江苏中洋集团、河北省水产研究所、上海市水产研究所等。

1.2.2　菊黄东方鲀繁养技术研究的历史与现状

1. 繁育和养殖技术研究的历史

我国从 20 世纪 90 年代开始,就有零星的有关菊黄东方鲀的繁殖生物学研究报道。杨竹舫等(1991)对其生物学进行了研究,包括种群结构、性比、怀卵量、食性、体长与体重的关系、年龄与生长的关系。

---

①　1 亩≈666.7 m²。

2001 年开始,在江苏省、河北省、福建省和上海市等地,菊黄东方鲀繁育相继获得成功。最早报道繁育成功的是江苏省启东市的一家公司(虞建辉和周志云,2002),该单位在 2001 年 3 月从启东沿海港口购进野生菊黄东方鲀亲本 150尾,进行低盐度环境下(盐度为 8~12)亲本培育、人工催产、产卵孵化、苗种培育,获得苗种 30 万尾,并进行了 1 龄鱼种养殖,获得良好的养殖效果;同年 5月,河北省沧州市渔业科学研究所(李文敏,2002)从江苏省如东地区收购菊黄东方鲀初孵仔鱼 6 万尾,经过 40 天的苗种培育获得 5.6 万,并进行了试验性的 1 龄鱼种养殖。2003 年 6 月,河北省水产研究所从浙江沿海引进了 3 龄种鱼32 尾(其中雌鱼 12 尾,雄鱼 20 尾),在河北省昌黎县进行了高盐度条件下(32)的人工育苗生产试验,获得初孵仔鱼 60 万尾,孵化率 60%,经过 50 天的培育,获得体长 3.5 cm 的苗种 25 万尾,成活率 41%(张福崇等,2003b)。2004 年,上海市水产研究所奉贤基地采捕南汇芦潮港外水域的野生亲本,采用促黄体素释放激素 A$_2$(简称 LHRH-A$_2$),剂量为:雌鱼 20~40 μg/kg,雄鱼减半;在水温21~22 ℃条件下,催产效应时间为 48 h,催产率 83%;产卵量为 39 万粒,受精率为 80.5%,孵化率为 81.7%;鱼苗在水温 23~25 ℃下培育 20 天,育出体长15 mm 的乌仔 22.8 万尾,其育苗成活率为 85%(严银龙等,2005)。2004~2005年福建省水产研究所,在福建省龙海县,分别采用江苏野生亲本和福建省漳浦县池塘养殖亲本,用地欧酮(DOM)、促黄体素释放激素类似物(LHRH)或绒毛膜促性腺激素(HCG)进行催产,获得 608 万尾初孵仔鱼,在盐度 20.0~30.0 的条件下,培育出平均全长 4.43 cm、平均体重 1.98 g 的幼鱼 168.5 万尾,成活率27.7%(钟建兴等,2009)。2005 年,福建省漳州市水产技术推广站从浙江省购进 2 龄野生菊黄东方鲀 67 尾,进行人工催产繁育,获受精卵 3.6 kg,受精率80%,孵化出仔鱼 102 万尾,孵化率 71%,经过 35~50 天的培育,获得 3 cm 以上的苗种 36 万尾,苗种培育成活率 35.3%(尤颖哲,2006)。至此,多家研究单位和公司实现了菊黄东方鲀规模化繁育,同时各单位开展了菊黄东方鲀养殖试验,都获得了较好的养殖效果和经济效益。

2004 年,上海市水产研究所率先实现了菊黄东方鲀全人工规模化繁育,2005 年又实现了全程低盐度(5~15)条件下的菊黄东方鲀全人工规模化繁育和养殖,将该鱼的繁养技术又向前推进了一大步。上海市水产研究所奉贤基地于2003 年 8~10 月从江苏省南通龙洋水产有限公司购进 F$_1$ 代养殖成鱼(该鱼是海捕野生菊黄东方鲀亲鱼经人工繁殖所得到的 F_1 世代),进行养殖亲本的强化培育,于 2004 年春季,分 4 批共计催产 18 组,催产率为 94.4%,获得受精卵67.5 万粒、初孵仔鱼 58.1 万尾、乌仔鱼苗 29.3 万尾,受精率为 70.2%,孵化率86.1%,育苗成活率 50.4%;2005 年催产 12 组,催产率 83.3%,获得受精卵110.3 万粒、初孵仔鱼 90.8 万尾、乌仔鱼苗 49.6 万尾,受精率为 77.5%,孵化率为 82.3%,育苗成活率 54.6%(施永海等,2009)。经过 10 多年的研发,上海市水产研究所奉贤基地菊黄东方鲀的繁养技术日趋成熟,形成了一套完善的全人工繁育和养殖的生产工艺,累计全人工繁育乌仔鱼苗(1.0~1.5 cm)609.4 万尾,形成了年产 2 万~2.5 万 kg 商品鱼的生产能力。

2. 研究现状

有关菊黄东方鲀的研究主要集中于该鱼繁殖生物学、养殖技术及相关的应用基础研究,目前,国内外能检索到的相关论文约 60 篇,其中有近一半的文献是来自著者单位上海市水产研究所,该单位的研究内容涵盖了全人工繁育、夏花鱼种培育、人工养殖、个体生长发育与行为生态、各阶段相关适宜环境因子、亲本脂肪酸组成和成分、幼鱼对氨氮及常见药物毒性抗逆适应性等相关应用基础研究和实用技术;河北省水产研究所做了一些相关研究,检索到该单位有 5 篇论文报道,主要集中于人工繁育、养殖越冬、性腺早期分化和杂交试验,福建省水产研究所有 4 篇论文报道,研究主要集中于人工繁育和个体发育及适宜盐度筛选。

1.2.3　菊黄东方鲀养殖生产过程

在江浙地区,菊黄东方鲀养殖生产过程如图 1-8 所示,一般每年春季 4~5 月繁殖,初孵仔鱼(全长 0.3 cm)开口后移入苗种培育池培育,进入仔稚鱼培育阶段,集约化培育 15~20 天,鱼苗规格为全长 1.0~1.5 cm,俗称"乌仔",此时可以移入室外池塘或者大棚水泥池中培育,此阶段称为夏花鱼种培育阶段,通常经过约 1 个月的培育,成为全长 3.0~3.5 cm 的夏花鱼种,俗称"片子",此时,拉网分塘,进行 1 龄鱼种养殖,养殖密度为 3 000~4 000 尾/亩,养殖到 9~10 月,鱼种规格在 50~75 g/尾,此规格可以作为浜鱼直接上市,但多数鱼种进入越冬池越冬,一般 11 月开始越冬,到第二年的春季(一般在 4 月)出棚,此时规格在 75~100 g/尾,为 1 冬龄大规格鱼种,俗称"老口鱼种",分入各塘,开始成鱼养殖,成鱼养殖密度为 800~1 200 尾/亩,养殖到第二年 10 月,可以成为商品鱼上市,规格为 270～400 g/尾,没有到商品规格的鱼再进入第二年的越冬养殖。

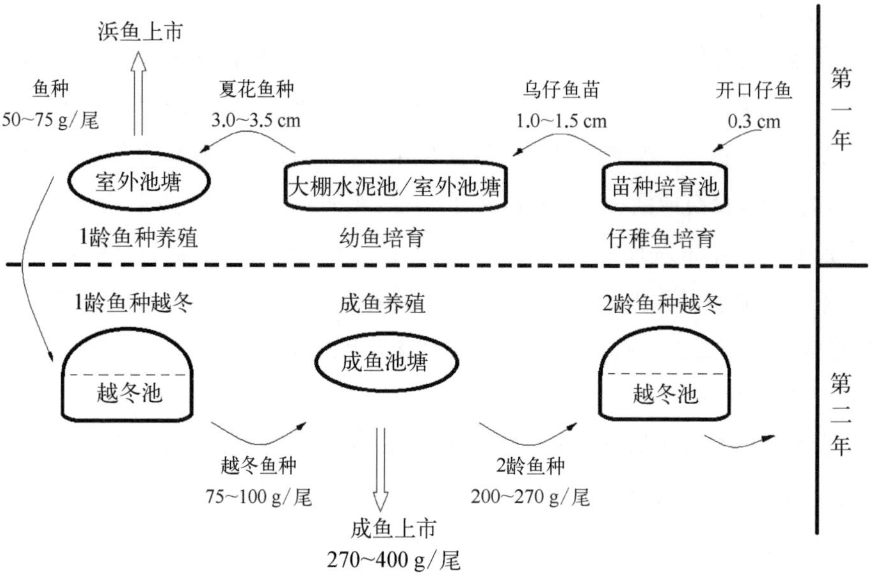

图 1-8 菊黄东方鲀养殖生产过程

目前,菊黄东方鲀池塘单品种养殖的地区主要集中在福建、上海、江苏、河北及山东等地的沿海地区;与此同时,在福建和广东沿海的虾类半咸水养殖地区,虾类养殖池塘里套养菊黄东方鲀,其主要目的是利用菊黄东方鲀食性凶猛,能摄取病虾和死虾,以防止虾类疾病的暴发和蔓延,以期达到鱼虾都丰收的效果,生产实践证明,获得了良好的养殖效果。目前,这样的生态养殖模式的养殖面积也非常大,菊黄东方鲀的总产量相当可观,经济效益显著。

1.3 产业发展面临的主要问题

1.3.1 养殖区域的局限性

菊黄东方鲀养殖需要半咸水,适宜盐度在 5～25 内,盐度过低或过高都对该鱼养殖效果不利,所以,菊黄东方鲀养殖区域有一定局限性,主要在沿海和河口地区。在有些沿海地区纳入的海水盐度达到 30,这样过高的盐度会引起该鱼生长缓慢,如江苏启东沿海地区,纳入海水常年盐度高于 28,引起了当地养殖菊黄东方鲀生长缓慢的问题。另外,过低的盐度会引起菊黄东方鲀死亡,作者根据多年研究试验、养殖经验和教训,在纯淡水(盐度 0.5 以下)条件下,菊黄东方鈍能短时间存活,但无法长期存活和生长。

1.3.2　养殖专用商品饲料研制问题

东方鲀的营养需要量、营养需求特点的研究和配合饲料开发,是其今后安全健康养殖的重要基础和关键技术之一。然而,自东方鲀的人工养殖以来,多使用鳗鱼或甲鱼配合饲料喂养,一直未见有其专用配合饲料研发报道;菊黄东方鲀的营养需要量和需求特点的研究也严重滞后,这就直接或间接地限制了其规模化健康养殖的发展。

商用配合饲料是菊黄东方鲀规模化养殖的关键,提高加工工艺、进一步优化饲料配方及探求最佳饲料类型成为亟待解决的问题。菊黄东方鲀是我国重要的名贵水产资源,随着无毒养殖模式的推广,进一步提高我国东方鲀营养与饲料的研发水平,实现经济效益与社会效益的有效结合,是今后菊黄东方鲀饲料研发的主要方向。

1.3.3　养殖越冬问题

菊黄东方鲀和大多数东方鲀一样,养殖需要越冬,这也制约了东方鲀的发展,虽然南方沿海地区,水温相对较高,一般可以自然越冬,但是有时碰到超强寒潮,极端低温也会造成菊黄东方鲀的大量冻伤和冻死。另外,江浙一带,大多采用土池温室大棚,基本上解决了菊黄东方鲀越冬养殖成活率低的问题,但是也有一些弊端,如长时间、高密度的越冬养殖会造成菊黄东方鲀病害的蔓延,特别是在越冬的后期,次年的春季,经过 5 个月左右的越冬养殖,这时池塘底泥有机碎屑增多;同时,越冬棚内水温持续上升,菊黄东方鲀摄食量增加,很容易造成棚内水质恶化,鱼种大量死亡。在越冬后期,时常会出现菊黄东方鲀鱼种大面积死亡的现象,这也就直接阻碍了其规模化健康养殖的发展。

1.3.4　食用安全问题

菊黄东方鲀和其他东方鲀一样,俗称"河豚",肉味腴美,营养丰富,味觉美感远胜于鱼翅、海参,因此被誉为"长江三鲜"之首,被人们视为餐桌珍品。尤其亚洲国家,自古就有喜食东方鲀的习惯,而在日本,东方鲀更被视为国宴佳肴。我国自古也有食用东方鲀的习惯,尤其是江浙地区,《江阴县志》中更有"拼死吃河豚"的字句。但东方鲀大都含有河豚毒素(TTX),毒素集中于卵巢、肝脏、肾脏、血液、眼睛、鱼鳃及皮肤中。河豚毒素性状稳定,用盐腌、日晒、一般加热烧煮等传统方法都不易消除,民间时有中毒事件的发生,也严重妨碍了对东方鲀的加工应用。

长期以来,东方鲀一直是我国食品卫生部门禁止鲜食的鱼类之一。1990年颁布的《水产品卫生管理办法》以下简称《办法》中明文规定,河豚鱼有剧毒,不得流入市场,捕捞后应剔出妥善处理。该《办法》的有效实施对于保障人民的生命安全无疑发挥了积极的作用,但由于经营东方鲀产生的巨大经济效益和人们的消费需求,实际的状况却是屡禁难止。日本放开东方鲀鱼市场,至今有200多年的历史,但食用东方鲀导致的中毒发生率和死亡率持续下降。在我国,卫生部门特批的试食试点单位开办10多年至今无一例中毒事件发生。在上海地区,养殖的东方鲀品种主要是暗纹东方鲀、菊黄东方鲀(养殖品种中价格最高的是菊黄东方鲀,一般塘边价格在100~150元/kg),当地食用的主要是当年大规格鱼种,俗称"浜鱼",而商品鱼大多销往江苏。每到清明时节,大批上海市民就会驱车赶往江苏吃东方鲀。同时,随着野生东方鲀资源的枯竭,养殖东方鲀产量的不断增长,人们纷纷对养殖东方鲀的毒性水平、特点、季节变化和地域的分布进行了调查研究,监测研究发现养殖的菊黄东方鲀、暗纹东方鲀、红鳍东方鲀及双斑东方鲀的肌肉、皮、肝脏及精巢均为无毒级(纪元等,2010)。因此,东方鲀市场完全禁止无异于因噎废食。如何科学安全地利用养殖的东方鲀成为各界关注的焦点。

1.4 发展前景

多年来,中国禁止东方鲀在国内市场销售。2013年全国的东方鲀养殖能力大概在4.4万t,市场供过于求,远超预期。为拓展国内东方鲀的消费市场、有效解决国内对东方鲀食用,呼吁适当放松"河豚鱼禁食令",以期有限开放国内庞大的消费市场。从长远角度看,国家正确引导监督,建立健全各项政策法规,可以使东方鲀养殖、销售、加工等一系列产业健康发展(马爱军等,2011)。2016年4月13日,受农业部渔业渔政管理局、农产品质量安全监管局的委托,中国渔业协会与中国水产流通与加工协会在京召开听证会,就有条件放开养殖东方鲀的生产经营进行听证,对拟放开的经过20余年养殖积累的两个品种,即红鳍东方鲀和暗纹东方鲀进行说明、讨论。此前,农业部、国家卫生和计划生育委员会和国家食品药品监督管理总局三部委拟联合下发《关于有条件放开养殖河豚生产经营的通知》,这两个品种经过 20 多年的探索和研究,养殖东方鲀的毒性含量明显降低,达到无毒级,并且经过无毒加工处理,可以安全食用。同时,这两个品种人工养殖时间最长,控毒养殖技术和出口内销市场最为成熟,产品安全质量有保障,其产业涉及面最广、产量最大,先行先试,待试点工作做得成熟后,再考虑逐步放开其他可行的养殖东方鲀品种。至此,养殖东方鲀食用有限开禁近在咫尺。

1.4.1 加快鱼源基地认证,抬高养殖门槛,促进东方鲀市场的有限开放

事实上,我国出现的东方鲀食用中毒现象都是地下经营场所的违规操作和民众对东方鲀科学知识缺乏了解造成的,而且出现中毒现象的都为食用野生东方鲀。为了充分保障消费者的食用安全,对养殖东方鲀鱼源基地及加工企业实施备案制度,必须通过出中国渔业协会和中国水产流通与加工协会组织的专家考核后,并在农业部进行备案公示,才能获得生产经营许可。

东方鲀加工企业考核备案的条件:首先,必须拥有企业所属的农业部备案的养殖东方鲀鱼源基地;其次,必须具有东方鲀加工生产设备和技术人员,具备专业分辨东方鲀品种的能力,熟练掌握东方鲀安全加工技术;最后,还要建立完善的产品质量安全全程可追溯制度和卫生管理制度。经备案的加工企业生产东方鲀食品应当具有食品生产许可证。

因为不同区域养殖的东方鲀品种鉴别存在一定难度,野生东方鲀和养殖东方鲀之间一般人员也难以区分,东方鲀加工企业必须具有一定专业分选能力,有一定东方鲀养殖出口经验或东方鲀加工试点研究经验。因此,先行放开经营的加工企业必须自己有备案的东方鲀鱼源基地,而没有加工能力但又在农业部备案的东方鲀鱼源基地应当将养殖东方鲀原料销售给有资质、有备案的加工企业,方可进行加工及销售。实施鱼源基地和加工企业考核备案制度,采取定点养殖、定点加工,这是保证食用安全的重要措施。

1.4.2 研制专用配合饲料、生产出无毒级菊黄东方鲀

目前,东方鲀养殖用配合饲料多用甲鱼饲料和鳗鱼饲料来替代,科研机构应该加强菊黄东方鲀营养需要量、营养需求特点的科学研究,并根据其营养需求特点研发配合饲料配方,开发全价配合饲料,以减低养殖饵料系数,提高菊黄东方鲀饲料转化率和养殖效益,再依据无毒菊黄东方鲀养殖技术规范,养殖出

无毒级菊黄东方鲀。

1.4.3　构筑东方鲀食用安全体系

国家通过制定相关法律法规,建立行业标准、质量标准体系、检验检测体系,将国际上流行的 HACCP 方法纳入东方鲀加工食用的管理体系,保证在东方鲀的安全食用工作中趋近于"零缺陷"的绝对安全。将小鼠法、HPLC 方法和ELISA 等东方鲀毒素检测技术引入东方鲀安全食用管理体系,实现对整个管理流程中河豚毒素的监测。东方鲀产品必须按照现行的河豚毒素检测标准检测合格后进入流通环节。东方鲀产品的河豚毒素应当达到无毒级,限量值为2.2 mg/kg。检验方法按照现行国家标准《鲜河豚鱼中河豚毒素的测定》(GB/T 5009.206 - 2007)和《水产品中河豚毒素的测定　液相色谱-荧光检测法》(GB/T 23217 - 2008)执行,新的检验方法标准发布后,按照新标准执行。严禁不符合规定资质的单位和个人从事东方鲀生产经营活动。对违反规定者依照《农产品质量安全法》和《中华人民共和国食品安全法》等法律法规进行处罚并追究责任。

1.4.4　组建行业联盟,产学研对接,制定相关标准

积极建立和培育东方鲀行业协会,组建行业联盟,促进信息流通,在重大问题上达成一致。充分发挥行业协会、商会、消费者团体等非政府机构的作用。各主要东方鲀生产基地、研究单位应加强合作,积极参与东方鲀企业标准、地方标准的制定,为东方鲀的国家标准、行业标准的制定献计献策(邓志科等,2006)。

1.4.5　加强宣传、避免中毒事故发生

由于人们对传统东方鲀美食的热情,堵不如疏,养殖东方鲀市场有限开放后,政府机关应通过各种媒体加强宣传,普及安全食用东方鲀的常识,时刻提醒人们注意安全,有效预防东方鲀中毒事件的发生。对于野生东方鲀,市场有关营业人员在掌握渔获海区种类的同时,配备有鉴别东方鲀品种专业知识的人员,对有毒的东方鲀及种类不明的鱼必须严格剔除。

面对基层的农民,特别是沿海地区、东方鲀产区,通过电视、广播、网络等媒体以公益性广告的形式广泛宣传,普及东方鲀科学知识,提高农民、渔民的安全食用意识,消除民众因缺乏东方鲀知识而引起的中毒事件的发生。城市公民要自觉抵制非法经营的行为,对无经营许可的餐馆及时向有关机构报告。

第2章 菊黄东方鲀的生物学特性

2.1 形态特征

2.1.1 外部形态

1. 体形

菊黄东方鲀为中大型东方鲀,体长可达 300 mm;体形粗短,近似纺锤形,头胸部粗圆,微侧扁,躯干后部渐细,尾柄圆锥状,后部渐侧扁;体侧下缘皮褶发达。游泳能力弱,不做长时间连续远距离游泳。菊黄东方鲀体长为头长的2.7~2.9 倍,为体高的 3.3~4.1 倍。头中大,钝圆,头长较鳃孔至背鳍起点距短,头长为眼径的 7.2~8.9 倍,为吻长的 2.2~2.8 倍。额骨纵走隆起线向前延伸,达到额骨后缘中部,前额骨三角形,占眶上缘的 1/2,额骨长与宽相等。口小,前位,上、下颌各具 2 个喙状牙板,牙板与上、下颌骨愈合形成 4 个大牙板,中央缝明显。吻中长,钝圆,吻长为眼径的 2.4~3.7 倍,为眼后头长的 1.3~1.6 倍。唇厚,下唇较长,其两侧向上弯曲,伸达上唇外侧。眼较小,上侧位,眼间隔宽,稍圆突,为眼径的 1.7~2.1 倍。鼻孔两侧 2 个,紧位于鼻瓣内外侧,鼻瓣呈卵圆形突起,位于眼前缘上方,距眼比距吻端为近。鳃孔中大,侧中位,呈浅斜弧形,位于胸鳍基底前方,鳃膜白色。皮肤较厚(周国平,2002)。

体背面自眼前缘上方至背鳍起点稍前方和腹面自眼缘下方至肛门稍前方均被较强小刺,吻部、体侧和尾柄光滑无刺。侧线发达,背侧支侧上位;向前与眼眶支相连;前方达吻上方,形成吻背支;在眼眶支后端下方向下垂直形成头侧支;在鳃孔上方形成项背支;背侧支向后伸至尾柄末端上方;下颌支自口角下方向后延伸,止于鳃孔后缘下方;腹侧支由胸鳍末端延伸至尾柄末端下方。

体腔大,腹腔淡色。鳔大。有气囊。

2. 体色、斑点和条纹

东方鲀的特色花纹变异很大,不同个体之间存在差异;同一个体的不同生长阶段之间也存在差异;同一个体同一生长阶段在不同水域环境也呈现差异。菊黄东方鲀背面棕黄色,腹面乳白色,体侧下缘皮褶呈宽橙黄色纵带。体色和斑纹随个体生长而有变异,幼鱼体背侧散布白色小圆点,随体长增大,白斑渐模糊而后逐渐消失,呈均匀棕黄色。幼鱼胸斑大而明显,呈黑色,边缘浅白色,随个体生长,胸斑变小,狭长直至分裂成散碎斑状。胸鳍基部内外侧常有一小深褐斑点,成鱼体侧后部下方有时出现一列小褐色斑点。幼鱼的胸鳍浅黄色,成鱼的棕褐色。幼鱼的背鳍黄褐色,成鱼的棕褐色,均有黑色边缘。幼鱼的臀鳍基部白色,中部黄色,末端棕色,成鱼的基部白色,大部棕褐色。幼鱼的尾鳍深褐色至黑色,成鱼的黑色。

3. 鳍

鳍是东方鲀品种分类的依据之一。菊黄东方鲀鱼鳍因其撕咬习性,往往残缺,不完整。背鳍一个,位于体后部、肛门稍后方,近似镰刀形,具 15～16 鳍条,中部鳍条稍长。臀鳍一个,具 13～15 鳍条,与背鳍几乎同形,基底与背鳍基底几乎相对。无腹鳍。胸鳍侧中位,短宽,近似方形,后缘呈稍圆形或半截形。尾鳍宽大,后缘呈稍圆形。

4. 皮刺

皮刺是鉴别东方鲀属品种的一个十分简便可靠的特征,因为皮刺的有无、强弱及其分布特点在同一品种中变异很小,比较稳定(阳清发,2002)。菊黄东方鲀皮刺较强,体背面与腹面均被较强小刺,背刺区与腹刺区分离。背刺区呈舌状,前端始于眼间隔中间,后端不达背鳍起点。

2.1.2 内部构造

1. 肌肉系统

肌肉可视为无毒,所以只要挖去东方鲀的内脏,再剥去皮,洗得干净,是不会有毒的。但东方鲀死后较久,内脏的毒素溶在体液中,时间一久,可以渗入肌肉,不可不防。特别是制作鱼片(鱼生),用 2%～5% 碱液浸洗,更加安全。

2. 骨骼系统

东方鲀的骨骼主要功能在于支持身体、保护器官及配合肌肉产生各种动作。鱼体骨片数目和形态在各个类群的分类及系统演化,骨骼往往具有重要作用,同时也常利用骨骼作为判断特性和鉴定种属的依据。成庆泰等(1975)通过对东方鲀属鱼类头骨的深入研究,依据其头骨的不同形态将东方鲀属分为 7 个型:虫纹东方鲀型、星点东方鲀型、弓斑东方鲀型、红鳍东方鲀型、暗纹东方鲀型、黄鳍东方鲀型、横纹东方鲀型。

菊黄东方鲀的头骨形态类型属于暗纹东方鲀型。头骨骨质硬而细密,呈白色。中筛骨短而宽,前缘分叉中等凹入。额骨隆起面中等宽,呈箭头形,具众多纵走细纹。左右额骨纵走隆起线呈细腰形,细腰中部中等宽,前端向外弧形弯曲,达到前额骨后缘内侧,后端达到额骨后缘稍内侧。额骨后缘两侧具齿状突起。额骨长稍大于宽。前额骨大,呈三角形,前缘微凹,向内侧倾斜,外侧角锐尖,外缘长而微圆突,下方向内倾斜收敛。前额骨外缘显著长于额骨外缘。眶上缘中等长,由长前额骨、短额骨和短蝶耳骨外缘构成。额骨与蝶耳骨外缘成锐角。蝶耳骨突起中等宽,中等长,稍向上倾斜伸出。

3. 生殖系统

生殖系统包括卵巢及精巢。菊黄东方鲀卵巢与精巢为长圆形,位于腹腔后部,肛门附近。生殖时期,易于辨别,卵巢为浅黄色,精巢为乳白色;横断切面,卵巢呈颗粒状,精巢则呈白乳糜状。生殖期过后,卵巢与精巢皆萎缩,两者间较难辨别。自然界菊黄东方鲀卵巢为剧毒,精巢微毒或无毒。

4. 消化系统

菊黄东方鲀口前端牙齿发达,齿为愈合齿,呈鸟喙状,起撕咬食物的作用。胃部甚大,一部分特化为可伸缩的膨胀囊,能吸入水或空气,使其膨大,是具有胀腹习性的前提条件。胃后端为肠,肠道短,仅体长的一半左右,在腹腔内作二回折即达肛门。肝脏发达,形状较特殊,为一较大纵长的器官,位于腹腔的右侧,上接膨大的胃部,下部尖端达肛门附近,呈灰褐色,内侧具有一绿色的胆囊。肝脏是一实质性独立的消化器官,占鱼体比重较其他鱼高,富含脂肪,肝指数为 20%～30%。在性腺发育成熟的过程中肝脏积累物质转化到性腺中去,因而肝脏体积和重量随性腺发育成熟有所减小。野生菊黄东方鲀的肝脏为剧毒部分,特别注意在食用前,务必剖除干净,胃和肠也有毒,但毒性比卵巢及肝脏小得多。人工养殖的菊黄东方鲀肝脏可以油煎后食用。

5. 血液系统(顾曙余等,2007)

鱼类的血细胞经过原始细胞阶段、幼稚细胞阶段和成熟细胞阶段,最终走向衰老和消亡。

东方鲀属鱼类红细胞经历原红细胞、幼红细胞、红细胞 3 个阶段,原红细胞主要在头肾和体肾中大量存在,肝脏可能不是东方鲀属鱼类的造血器官。红细胞在成熟过程中,细胞胞体及核质比由大变小,再变大。红细胞除经造血器官产生外,还可通过直接分裂而产生。

淋巴细胞的发育经历原淋巴细胞、幼淋巴细胞和淋巴细胞 3 个阶段,原淋巴细胞、幼淋巴细胞及淋巴细胞根据体积大小均可分为大小两种细胞。淋巴细胞在成熟过程中,核质比与其他血细胞相比要大得多,而细胞大小变化并不明显。原淋巴细胞和幼淋巴细胞在头肾和体肾中均有发现。

单核细胞的发育经历原单核细胞、幼单核细胞、单核细胞 3 个阶段。胞质中具有空泡是其主要特征,胞核由大到小。染色质由粗网状到细网状,逐渐呈致密状。单核细胞主要发生在头肾和体肾,成熟单核细胞在头肾、体肾、肝脏、脾脏及外周血中形态多样,大小不一。

粒细胞系的发育最复杂,要经历原粒细胞、早幼粒细胞、中幼粒细胞、晚幼粒细胞到成熟粒细胞 5 个时期,不同的粒细胞其变化过程也不尽相同。

东方鲀属鱼类的血液特别是两块脊血块即脾脏含有剧毒。

2.2 生态特性

2.2.1 生活习性

菊黄东方鲀与大多数东方鲀属鱼类一样,具有特殊的生活习性,包括腹胀习性、伏底钻沙习性、转动眼球和眨眼习性、残食和撕咬习性、呕吐习性和发声习性(江苏省淡水水产研究所,2011)。

1. 胀腹习性

菊黄东方鲀胃的一部分特化为可伸缩的膨胀囊或气囊,可吸入水和空气。由于无肋骨约束和皮肤的强收缩性,菊黄东方鲀腹部可以膨胀。此习性既可主动性地自卫和威吓敌害,又可装死逃避敌害。同时腹部体表皮刺发达,可增加胀腹时的防御效果。

2. 伏底钻沙习性

自然界,菊黄东方鲀经常会腹部朝下,"趴"在海底,左右晃动身体,拨开海底沙子,并用尾部将沙撒在身体上,埋于沙中,眼睛和背鳍露于外面。养殖越冬期间,在给土池大棚内的菊黄东方鲀喂食时,可见其体表黏附泥土;水泥池养殖时,可见其尾鳍触池底,头倚靠池壁静卧,这些都是菊黄东方鲀伏底钻沙习性的表现。

3. 转动眼球和眨眼习性

菊黄东方鲀眼球略外突,常可见其觅食时眼球不停转动,这是区别于其他鱼的转动眼球习性;并且眼周围有许多皮皱,通过来回运动这些皮皱可使其慢慢眨眼。

4. 残食和撕咬习性

菊黄东方鲀仔稚鱼阶段具有残食习性。鱼苗全长为 7 mm 左右时,齿板发育完全,鱼苗开始具有攻击性,出现相互残食的行为(施永海等,2010)。造成相互残食的可能原因是:① 养殖群体内个体间的大小差异;② 高饲养密度;③ 饲料不适口或不充足;④ 种内相互侵犯,相互排他的竞争占区本性。为提高菊黄东方鲀苗种培育的成活率,应从这 4 个方面原因考虑,加以解决。

菊黄东方鲀幼鱼至成鱼阶段具有撕咬习性。一定水域内密度过高或身体相互接触时,有撕咬的习性。撕咬可引起鱼鳍、皮肤和肌肉损伤,特别是相互撕咬吻端时,可造成吻端皮肤溃烂,严重时可致齿板外露,引起细菌感染而致死。

5. 呕吐习性

当菊黄东方鲀受到外界惊扰时,会产生应激反应,将胃中食物吐出。因此在养殖过程中,应尽量避免惊扰菊黄东方鲀正常摄食,当需要进行拉网操作时,应提前停食。

6. 发声习性

当受环境改变影响,受到惊吓或攻击时,菊黄东方鲀会产生应激反应,腹部膨胀成球形的同时,牙齿或其他骨骼相互摩擦,发出"哧哧"、"咕咕"声,用以威吓敌害,防止敌害攻击。

2.2.2　食性

菊黄东方鲀为肉食性鱼类,主要以小鱼和甲壳类、贝类等无脊椎动物为食。

甲壳类多为各种虾类,如中国毛虾、日本美人虾及虾蛄等;蟹类则多见于瓷蟹及其他小型蟹类;贝类稍少,多为蛤蛎等小型贝类(杨竹舫等,1991)。性贪食,上、下颌愈合成4个大牙,有利于咬住和切断坚硬食物。消化腺发达,消化能力强。性成熟个体在生殖季节其摄食能力有所下降。在人工养殖条件下,经驯食能摄食配合饲料。

2.3 性腺分化

菊黄东方鲀性腺早期发育可以分为3个阶段:性腺的原始阶段、性腺分化期和性腺分化完成阶段。在性腺的原始阶段无法分辨雌雄,性腺发育处于相对原始阶段。性腺的组织学特征出现后,可以作为判断菊黄东方鲀早期性腺开始分化的标志。

赵文江等(2012)运用组织切片法,观察了人工养殖的菊黄东方鲀早期性腺分化过程和性别分化的组织学特点:菊黄东方鲀鱼苗在40日龄前,原始性腺未分化。菊黄东方鲀雌鱼性腺分化时期早于雄鱼:40日龄,50%的雌鱼开始形成卵巢腔,分化为卵巢;60日龄,形成封闭的卵巢腔;70日龄,卵原细胞形成卵母细胞;120日龄,产卵板充分发育,卵巢结构已近完善。60日龄,雄鱼形成精小囊及精原细胞,开始分化;90日龄,形成精小管和精小叶;120日龄,初级精母细胞形成,性腺分化基本完成。

2.3.1 原始性腺的发育

菊黄东方鲀鱼苗20日龄(全长7.09~9.19 mm)为生殖腺形成初期。成对的生殖腺原基位于膀胱旁边中肾管下方,腹腔的后部(图2-1a)。性腺原基内可见单个的生殖细胞,其周围可见数量很少的体细胞;生殖细胞呈圆形(直径6.71 μm),细胞核(直径2.83 μm)较周围的体细胞大。细胞质呈弱嗜碱性,细胞核呈强嗜碱性,染色成深紫色,核大且透亮,核仁数个,位于边缘(图2-1b)。35日龄鱼苗(全长17.38~21.85 mm)的生殖腺随着鱼苗生长也明显增大,并向前伸长(图2-1c)。单个的生殖细胞分散在体细胞中间;生殖细胞体积(直径7.15 μm,细胞核直径为2.97 μm)较体细胞大(图2-1d)。

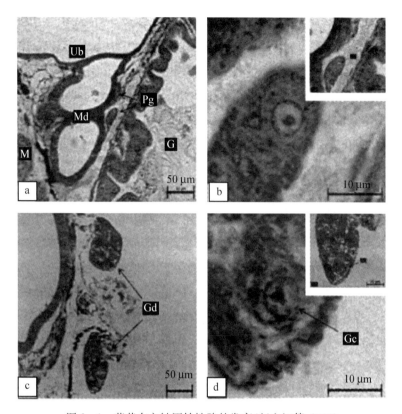

图 2-1　菊黄东方鲀原始性腺的发育（赵文江等，2012）

　　a. 20 日龄，全长为 8.21 mm 仔鱼的性腺；b. 图 a 的放大；c. 35 日龄，全长为 19.62 mm 稚鱼的性腺；d. 图 c 的放大。G. 肠；Gc. 生殖细胞；Gd. 性腺；M. 肌肉；Md. 中肾管；Pg. 原始性腺；Ub. 膀胱

2.3.2　卵巢的发育

　　菊黄东方鲀鱼苗 40 日龄（全长 21.60～24.71 mm），约 50% 的个体性腺随着发育，性腺体积增大；单侧性腺内部形成裂隙，几乎全部连通，前部尚未形成裂隙（图 2-2a），中部裂隙明显，后部裂隙较长（图 2-2b）。菊黄东方鲀性腺开始向雌性分化的标志是卵巢腔的形成。45 日龄（全长 23.44～26.93 mm），卵巢内裂隙逐渐增大（图 2-2d），从卵巢前部至后部形成封闭的内腔（图 2-2c），卵巢腔结构趋向完整。50～70 日龄（全长 26.37～54.75 mm），卵巢腔前后已完全合拢，卵巢体积增大，卵巢腔周边形成复杂的褶皱（图 2-2e），这种构造将形成产卵板。性腺的卵原细胞开始分裂，在性腺边缘形成生殖细胞群（图 2-2e, f）。

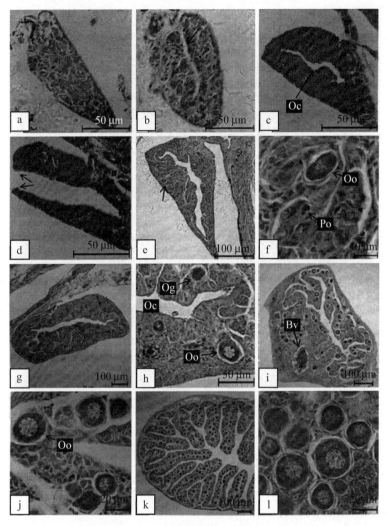

图 2-2　菊黄东方鲀卵巢的发育(赵文江等,2012)

a. 40 日龄幼鱼前部卵巢；b. 40 日龄幼鱼后部卵巢；c. 45 日龄幼鱼前部卵巢；
d. 45 日龄幼鱼后部卵巢；e. 70 日龄幼鱼卵巢；f. 图 e 的放大；g. 90 日龄幼鱼卵巢；
h. 图 g 的放大；i. 100 日龄幼鱼卵巢；j. 图 i 的放大；k. 120 日龄幼鱼卵巢；l. 图 k 的放
大。Bv. 血管；Oc. 卵巢腔；Og. 卵原细胞；Oo. 卵母细胞；Po. 增殖的卵原细胞

70 日龄时,卵母细胞(直径 20.17 μm,细胞核直径 10.53 μm)出现(图 2-2f)。
在卵巢腔完成的同时,输卵管形成,卵巢后部的左右卵巢腔连通。90～100 日龄
(全长 71.59～93.03 mm),产卵板进一步发育,卵巢腔褶皱不断生长、增厚、弯
曲(图 2-2g,i)。卵母细胞体积增大,但数量增加不多(图 2-2h,j)。100 日龄

(全长 85.38～93.03 mm),卵母细胞(直径 30.46 μm,细胞核直径 16.85 μm)内油球已经形成(图 2-2j)。120 日龄(全长 94.83～107.29 mm),产卵板充分发育,卵巢特征已十分明显,其外由一层结缔组织包裹,其内卵巢小叶排列整齐,核仁期的卵母细胞与卵原细胞同时存在(图 2-2k)。卵母细胞(细胞直径达 36.74 μm,细胞核直径 18.63 μm)体积继续增大(图 2-2l),卵巢结构已近完善。

2.3.3 精巢的发育

菊黄东方鲀鱼苗 40～50 日龄(全长 21.60～30.80 mm)生殖腺中未形成裂缝(卵巢腔),生殖细胞与体细胞无明显变化,其他组织学和形态学上无差

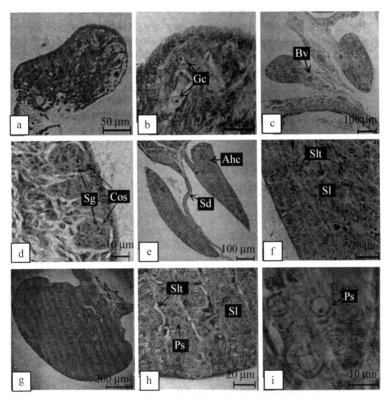

图 2-3 菊黄东方鲀精巢的发育(赵文江等,2012)

a. 50 日龄幼鱼精巢;b. 图 a 的放大;c. 60 日龄幼鱼精巢;d. 图 c 的放大;e. 90 日龄幼鱼精巢;f. 图 e 的放大;g. 120 日龄幼鱼精巢;h. 图 g 的放大;i. 图 h 的放大。Ahc. 嗜碱性血细胞;Bv. 血管;Cos. 精小囊;Gc. 生殖细胞;Ps. 初级卵母细胞;Sd. 精小管;Sg. 精原细胞;Sl. 精小叶;Slt. 精小叶腔

异(图 2 - 3a,b),与未分化的性腺基本相同。55～60 日龄(全长 30.78～43.60 mm),尚未形成卵巢腔的生殖腺随着体细胞的增大,而体积有所增加。60 日龄,性腺向精巢方向分化,在生殖腺边缘形成细胞簇,并进行旺盛分裂、增殖(图 2 - 3c,d)。70 日龄(全长 46.30～54.75 mm),输精管原基样构造初步形成于精巢的后端附近。80 日龄(全长 56.74～66.12 mm),仅观察到精巢的后部,而未观察到后端开口。90 日龄(全长 71.59～80.54 mm),精巢内部有许多嗜碱性血细胞,精小管已形成(图 2 - 3e),精小囊完全形成,与嗜酸性的结缔组织组合成精小叶(图 2 - 3f)。120 日龄(全长 94.83～107.29 mm),精巢形成多个明显的精小叶(图 2 - 3g,h),内含成簇的精原细胞和初级精母细胞,精小叶内部形成很多精小管,各个精小管与输精管相连(图 2 - 3g)。精小囊中包有许多初级精母细胞(细胞直径 6.47 μm,细胞核直径 1.58 μm),胞质半透明(图 2 - 3i)。

2.4 繁殖习性

菊黄东方鲀属于近海底层鱼类,一般不作长距离的洄游,只进行季节性迁移。春、夏季由外海游至近岸和河口产卵、肥育,秋、冬季再游至外海越冬。每年春夏季繁殖,产卵期为 5 月中旬至 6 月初。菊黄东方鲀为 2 龄以上性成熟,绝对怀卵量 20 万～50 万粒。繁殖季节雌鱼卵巢已进入Ⅳ～Ⅵ期,卵巢重占体重的 1/7～1/4,成年雄性个体精巢多达到Ⅳ期,其重量也占体重的 1/11～1/7,高龄个体精巢重可达体重的 1/4(杨竹舫等,1991)。

上海市水产研究所于 2011 年、2012 年春季检测了养殖菊黄东方鲀的子一代亲鱼、子二代亲鱼及成鱼的体长、体重和性腺重等数据。

2011 年春季检测养殖菊黄东方鲀子一代亲鱼、子二代亲鱼及成鱼共计 100尾(表 2 - 1)。菊黄东方鲀子一代亲鱼体长平均为 21.7 cm,体重平均为464.7 g,雌鱼卵巢平均重量为 86.0 g,雄鱼精巢平均重量为 47.7 g。子二代亲鱼规格为体长平均 18.0 cm,体重平均 291.8 g,雌鱼卵巢平均重量为 16.0 g,雄鱼精巢平均重量为 17.3 g。菊黄东方鲀子二代成鱼规格为体长平均 17.6 cm,体重平均 237.1 g。

表 2－1　2011 年春季菊黄东方鲀体长、体重和性腺重数据

种　　类	体长/cm Mean±SD (Min～Max)	体重/g Mean±SD (Min～Max)	肝脏/g Mean±SD (Min～Max)	卵巢/g Mean±SD (Min～Max)	精巢/g Mean±SD (Min～Max)
子一代亲鱼	21.7±1.4 (20.0～23.0)	464.7±80.6 (380.0～554.0)	47.0±10.9 (32.0～60.0)	86.0±15.4 (73.0～103.0)	47.7±10.3 (39.0～59.0)
子二代亲鱼	18.0±0.8 (16.5～19.0)	291.8±46.5 (217.0～341.0)	44.5±14.3 (28.0～63.0)	16.0±8.5 (8.0～25.0)	17.3±2.5 (15.0～20.0)
子二代成鱼	17.6±1.6 (14.0～20.0)	237.1±45.3 (178.0～305.0)	35.6±11.8 (16.0～58.0)	— —	— —

　　2012 年春季检测养殖菊黄东方鲀子一代亲鱼、子二代亲鱼及成鱼共计 80 尾(表 2－2)。菊黄东方鲀子一代亲鱼体长平均为 21.5 cm,体重平均为 509.5 g,雌鱼卵巢平均重量为 85.0 g,雄鱼精巢平均重量为 83 g。子二代亲鱼规格为体长平均 18.7 cm,体重平均 361.0 g,雌鱼卵巢平均重量为 40.0 g,雄鱼精巢平均重量为 40.5 g。与 2011 年春季相比,子一代亲鱼个体规格变化不大,子二代亲鱼规格增长较明显。菊黄东方鲀子二代成鱼规格为体长平均 16.6 cm,体重平均 218.7 g。

表 2－2　2012 年春季菊黄东方鲀体长、体重和性腺重数据

种　　类	体长/cm Mean±SD (Min～Max)	体重/g Mean±SD (Min～Max)	肝脏/g Mean±SD (Min～Max)	卵巢/g Mean±SD (Min～Max)	精巢/g Mean±SD (Min～Max)
子一代亲鱼	21.5±0.8 (20.3～22.5)	509.5±57.8 (414.0～573.0)	45.3±16.8 (32.0～71.0)	85.0±32.5 (62.0～108.0)	83.0±27.4 (57.0～117.0)
子二代亲鱼	18.7±1.0 (17.3～19.8)	361.0±16.9 (335.0～383.0)	38.0±8.9 (27.0～50.0)	40.0±10.2 (28.0～53.0)	40.5±0.7 (40.0～41.0)
子二代成鱼	16.6±1.0 (15.5～18.2)	218.7±43.1 (173.0～289.0)	25.3±11.8 (16.0～48.0)	9.0±1.4 (8.0～10.0)	18.5±1.9 (16.0～20.0)

第3章 菊黄东方鲀的人工繁殖技术

菊黄东方鲀具有很高的经济价值,受环境污染和酷渔滥捕等因素的影响,其自然资源量急剧下降。为了满足市场需求和恢复自然资源,自20世纪90年代开始,国内学者对菊黄东方鲀人工繁殖(张福崇等,2003b;尤颖哲,2006;林庆贵,2009,2010;钟建兴等,2009;毛连环,2010)等方面开展了深入的研究。上海市水产研究所自2003年起着手研究菊黄东方鲀的人工繁殖技术,2004年突破人工繁殖,经过多年关键技术参数的优化,形成了一整套全人工繁育的技术方案,现已具备规模化生产能力。本章节内容主要依据作者发表的文章和公开专利(严银龙等,2005;施永海等,2007;Zhang et al.,2010;Shi et al.,2010a,2012),总结如下。

3.1 繁育场的建设

3.1.1 场地选择

菊黄东方鲀人工繁育场宜选择在海水资源丰富、水质良好、无工业及城市排污影响的海边或河口处进行建设,也可以对沿海的河蟹育苗场、对虾育苗场、水产养殖场的设施加以改造利用。场地选择要求"三通",即通水、通电、通路。

3.1.2 繁育场水源

菊黄东方鲀的人工繁殖、苗种培育、人工养殖都必须在海水或河口半咸水中进行,水质的优劣是繁育场建设的重要参考指标。通常,作为菊黄东方鲀繁育场的水质应符合《渔业水质标准》的规定,培育用水水质应符合《无公害食品海水养殖用水水质》的规定。具体要求如下。

1. 海水条件

盐度为 8～25；pH 为 7.8～8.8；溶解氧不低于 4 mg/L；总氨氮 0.05 mg/L 以下；亚硝酸盐氮 0.01 mg/L 以下；水中重金属不超过《渔业水域水质标准》；水中杂质少，透明度较高，不含过多的浮游动植物。

2. 淡水条件

pH 为 7.0～8.2；溶解氧不低于 4 mg/L；总氨氮 0.05 mg/L 以下；亚硝酸盐氮 0.01 mg/L 以下；水中重金属不超过《渔业水域水质标准》；水中杂质少，透明度较高，不含过多的浮游动植物。

3.1.3　主要设施

1. 供水系统

供水系统主要由蓄水池、水泵及管道组成。蓄水池按照水质净化处理的功能又可细分为砂滤池、黑暗沉淀池、消毒池；蓄水池又分室外蓄水池和室内蓄水池，前者为池塘，主要用于初级沉淀、砂滤，后者通常为水泥结构，通过水泵和管道与繁育池连通，主要用于沉淀、消毒、曝气、预热等。水泵管道主要包括海水闸口纳水泵房机组、引水渠道、蓄水池与繁育池的连接水泵、管道和阀门。

2. 供电系统

供电系统主要由电源、配电房、输电线路组成。此外，需另外配置 1 台柴油发电机组，发电容量以保证繁殖培育场正常运作而定。

3. 供热系统

供热系统由锅炉、管道、阀门组成，为室内蓄水池、繁育池调控水温。除锅炉外，也可以利用地热、工厂余热等。一般按照每 1 000 m² 配套蒸发量为 1 t/h 的锅炉 1 台。管道使用不含重金属及有害物质的不锈钢管或铁管。

4. 供气系统

大型繁育场的供气系统由罗茨鼓风机（功率为 7.5 kW）和供气管道组成，小型繁育场供气系统可由小型（功率为 1.0～2.0 kW）气泵和供气管道组成。供气系统主要给亲鱼培育池、苗种培育池、生物饵料培育池等送气增氧。此外，为防止使用中供气设备出现故障，应加配 1 台同型号供气设备应急。

3.2 亲鱼的来源

亲鱼是人工繁殖的物质基础,获得一定数量高质量的亲鱼是人工繁殖成功的先决条件。亲鱼的来源主要有两个方面:自然海区捕捞的野生亲鱼和人工养成的亲鱼。

3.2.1 自然海区中捕捞的亲鱼

菊黄东方鲀繁殖季节,直接从自然海区捕捞性成熟的雌雄亲鱼。由于资源量锐减,捕捞一定数量亲鱼较难,制约了规模化人工繁殖的开展。此外,捕捞的亲鱼性成熟时间不同,集中繁殖的时间差异较大。自然海区中捕捞亲鱼是早期开展人工繁殖技术研究的重要亲鱼来源。

3.2.2 养殖群体中挑选的亲鱼

随着菊黄东方鲀人工繁殖技术的突破和全人工繁殖技术的发展,养殖群体中挑选的亲鱼是目前最重要的亲本来源。通常在养殖群体中选留蓄养 3 龄以上的菊黄东方鲀,并挑选其中生长发育良好的个体作为亲鱼(图 3-1),这种亲

图 3-1 养殖的菊黄东方鲀亲鱼(上为雌鱼;下为雄鱼)

鱼已适应驯养环境条件,野性减退,有利于开展人工繁殖相关操作,经强化培育后,可以用于人工繁殖。上海市水产研究所在前期采用野生亲本进行人工繁殖并获得成功的基础上,开展人工养殖技术研究,模拟其繁殖生态环境,经十余年的科技攻关,掌握了菊黄东方鲀全人工繁殖技术,储备了一定数量全人工培育的亲鱼。

3.3　亲鱼的培育与选择

3.3.1　后备亲鱼池塘培育

选择色彩纯正、体格健壮、无外伤的 3～4 龄菊黄东方鲀成鱼作为后备亲鱼,每年 6～11 月将后备亲鱼在外塘养殖,水深 1.5 m,放养密度为 300～400尾/亩,盐度为 8～25,每日投饵 2 次,日投饵量为后备亲鱼体重的 1%～3%,饵料为含粗蛋白 45% 的鳗鱼饲料,每次投喂后 2 h,要检查吃食情况,及时捞出残食,同时调整下次的投饵量,每月换水 1 次。

3.3.2　亲鱼的选择

江浙地区,菊黄东方鲀后备亲鱼经过一年的池塘培育,到 12 月要移入亲鱼越冬培育,应选择体格健壮、无外伤、肥满度较好、有性腺轮廓的后备亲鱼作为第二年繁育用亲鱼,亲鱼的雌雄比为 1:1。

3.3.3　亲鱼的运输

挑选好的亲鱼需立即置于帆布桶或渔用运输袋内运回繁育场。运输途中要保证溶氧充足(5 mg/L)。长途运输时要连续充气,装运密度不宜太大,一般5～10 kg/m³,也可采用麻醉法运输。车运时尽量不要停车,船运时要放活水舱。对亲鱼来说,不良环境的刺激会影响性腺发育,导致性腺退化或流产。

3.3.4　亲鱼的越冬及强化培育

菊黄东方鲀亲鱼越冬及强化培育方法常用的有两种: 池塘简易塑料大棚和室内水泥池。前者主要适用于江浙及南方地区,后者主要适用于北方地区。

1. 亲鱼池塘简易大棚越冬及强化培育

江浙地区,到 12 月,外塘水温下降到 13 ℃时,菊黄东方鲀亲鱼移入池塘简易塑料大棚内进行越冬培育,亲鱼迁入越冬棚前池塘必须清淤修整,然后用生石灰 150 kg/亩干法清塘消毒,注水 1 周后才可放鱼,放养密度为 500～600 尾/亩,盐度为 10～25;亲鱼进棚后,当水温在 13 ℃以上时,每日投饵 2 次,低于 13 ℃时,每日投饵 1 次,饵料为含粗蛋白 45%的鳗鱼饲料,每次投喂后 2 h,要检查吃食情况,及时捞出残食,同时调整下次的投饵量,当大棚内水温低于 12 ℃时不换水,12 ℃以上时,每次换水量不超过 30%,15 ℃以上时,每次换水量视水质状况可以增加到 50%以上,换水时棚内外的水温差小于 5 ℃,在越冬期间,水温控制在 10 ℃以上。

2. 亲鱼室内水泥池越冬及强化培育

外塘水温下降到 13 ℃时,菊黄东方鲀亲鱼移入室内进行越冬培育。放养密度为 3～4 尾/m³,盐度为 10～25,连续充气,气石密度为 0.3～0.4 个/m²。用双层遮荫膜遮光,光照度控制在 500 lx 以下,水温控制在 12 ℃以上。每日投喂 1 次。隔天吸污 1 次,每隔 20 天换水 1 次,每隔 40 天翻池 1 次。

当年 1 月开始对亲鱼进行强化培育。每日投喂 2 次鳗鱼配合饲料,每隔 10 天换水 1 次,每隔 30 天翻池 1 次。在水温 17～19 ℃下,强化培育时间为 70～80 天,其间其他管理同越冬培育。

3.3.5　催产亲鱼的选择

催产亲鱼应选择雌鱼腹部膨大,性腺轮廓明显,且较柔软,泄殖孔略扩大,生殖突微红的;雄鱼应体格健壮,腹部有性腺轮廓,轻压下腹部有乳白色精液溢出,且遇水不散的。一般催产亲鱼的雌雄比为 2∶3～3∶4。

3.4　催产

3.4.1　催产方法

东方鲀属鱼类的催产催熟方法有:背肌埋植激素、激素组合投喂、背肌注射激素和胸腔注射法。实验表明,这 4 种方法都可以获得成功。实际生产中可借鉴使用。目前,菊黄东方鲀催产方法主要采用胸腔注射法。

1. 背肌埋植激素

预先准备好一个铺上海绵的工作台,以及解剖刀、医用骨髓穿检针和麻醉液。植埋位置在背部肌肉,促黄体生成素类似物颗粒为直径 2 mm、长度 6 mm,植埋量为 2 mg/kg。植埋时先将鱼麻醉后,腹朝下、背朝上平置于工作台上,用解剖刀将鱼背部切一个小口,然后用骨髓穿检针在背肌上穿一个小孔,将颗粒放入孔内,然后用穿检针将促黄体生成素类似物颗粒推进鱼背肌肉中,经消毒后,放入亲鱼池。对于发育到Ⅳ期的雌鱼,经植埋激素处理后,一般 5～7 天后卵巢可发育至Ⅳ期末,此时就可开始催产。

2. 激素组合投喂

日本有学者对红鳍东方鲀亲鱼背肌注射 HCG、白鲑脑垂体抽出物(SP)及 LHRH-A,比较卵母细胞的最终成熟和诱导排卵的效果试验。实验结果表明,注射 HCG 或 SP 可有效促进红鳍东方鲀的卵发育成熟并排卵。

3. 背肌注射激素

日本学者对养成的红鳍东方鲀亲鱼用促黄体生成素类似物胆甾醇颗粒和人体绒毛膜促性腺激素甾醇颗粒组合投喂,开发了有效获取成熟卵的新方法。卵径 800 μm 以上的亲鱼一次投给促黄体生成素类似物胆甾醇颗粒 400 μg/kg,使 100% 个体达到卵成熟之后,接着投绒毛膜促性腺激素胆甾醇颗粒,经过96～120 h 后亲鱼集中排卵,可有效地得到成熟卵。运用本法可利用养成的 3 龄鱼作为采卵亲鱼进行采卵。

4. 菊黄东方鲀催产采用胸腔注射法

从左胸鳍基部向胸腔内与身体呈 45°入针,入针深度为 1～2 cm,不能太深,以免伤及脏器,一般注射液量为 1～2 mL/尾。

3.4.2 催产药物及剂量

目前,菊黄东方鲀常用的催产药物包括地欧酮(DOM)、促黄体素释放激素类似物(LHRH)、绒毛膜促性腺激素(HCG)等。单一或组合药物对菊黄东方鲀亲鱼催产均可获得良好效果。

(1) 尤颖哲(2006)采用(15 μg LHRH-A$_2$＋200 IU HCG)/kg 对亲鱼进行一次性注射催产,并认为催产药物混合使用比二者单一使用效果更好。

(2) 林庆贵(2009)采用 DOM、LHRH、HCG 进行菊黄东方鲀催产。其注射剂量分别为(按每千克雌鱼体重计算):DOM 2.0～2.5 mg/kg,LHRH 2.0～4.0 μg/kg,HCG 300～500 IU/kg。雄鱼注射剂量灵活掌握,通常为减半。第1针主要目的是催熟,注射DOM或LHRH,第2针后则注射LHRH与HCG混合物。

(3)张福崇等(2003b)给亲鱼注射LHRH,注射剂量为100 mg/kg,雄鱼注射剂量减半。72 h后给亲鱼注射HCG,注射剂量为2 000 IU/kg,雄鱼注射剂量减半。

(4)上海市水产研究所经过多年的积累科研生产经验,历年使用LHRH-A_2对菊黄东方鲀催产均获得良好效果。实际生产中,若单一药物能获得良好催产效果,则尽量使用单一药物,这样做既节约成本,又避免了药物配比可能造成的失误。

具体操作方法为LHRH使用时溶解于0.9%的生理盐水,现配现用。催产剂量:第1针主要目的是催熟,雌鱼2 μg/kg,雄鱼减半;第2针催产,与第1针间隔48 h,雌鱼20～30 μg/kg,雄鱼减半。

3.4.3 催产时间

江浙地区一般选择4月中下旬至5月上旬,此时段亲本发育成熟度最佳,最适宜催产。药物催产时间一般选择在18:00～19:00。

3.4.4 催产条件

催产水温21～22 ℃;盐度10～25,人工繁殖阶段用水盐度保持恒定;光照500～800 lx;亲鱼暂养设施为水泥池、网箱。水泥池面积16～18 m²,体积约20 m³,水泥池上覆盖塑料保温膜;网箱规格约为2 m×1.5 m×0.4 m,网箱置于水泥池中,网箱内放置2个气石,连续充气;亲鱼放入网箱中暂养,雌雄鱼亲鱼分放不同网箱,密度约30尾/网箱,同一水泥池内放置1个空网箱,用于产卵检查和周转亲鱼用。

3.4.5 催产中存在的主要问题及预防措施

催产过程中,主要存在以下问题:① 选择的催产亲鱼卵巢发育同步性差,导致催产效果不理想;② 注射催产激素时,下针深度和角度不正确,导致针头扎入心脏或血管而出血甚至死亡。针对以上两个问题,主要的预防措施为在选择催产亲鱼时,通过手感触摸亲鱼卵巢,选择卵巢充盈和柔软度相近的亲鱼进行统一批次催产,通常需要多年的经验积累才能获得对亲鱼卵巢较为精准的触感和判断。此外,在注射催产激素时,首先,应遮蔽亲鱼双眼,减少应激,待亲鱼平静不再挣扎后下针,避免在亲鱼剧烈运动时下针,造成机械损伤;其次,下针深度如无法准确把握,可在下针时用手指顶住针身插入体内深度的位置。

3.5 人工授精

3.5.1 亲鱼产前检查

1. 产前检查操作方法

催产后,临近效应期时,每隔 1~2 h 检查亲鱼 1 次。亲鱼检查主要检查雌鱼,检查时用捞网逐尾捞出雌鱼,并放入铺有湿毛巾的盆内,用湿毛巾包裹鱼体,一手持鱼,另一手自头部向尾部缓缓推挤腹部,若成熟卵能顺利流淌出来则进行人工授精。

2. 临产亲鱼特征

临产雌鱼,腹部特别柔软,泄殖孔松开,挤压下腹部,能看到游离卵粒形成的卵滴内塞于泄殖孔;临产雄鱼,轻轻挤压下腹部,泄殖孔有精液溢出,精液遇水散开。

3. 产前检查操作注意事项

产卵前检查时要注意操作手法,捞取待产雌鱼时动作要轻缓避免惊扰网箱内其他雌鱼,检查是否产卵时,要及时用湿毛巾包裹鱼体,主要是遮住雌鱼双眼,避免雌鱼见光应激强烈造成成熟卵子流出,挤压雌鱼腹部时,手法要轻盈,避免造成雌鱼机械性损伤。检查完后的待产雌鱼仍放回网箱中暂养。

3.5.2 采卵采精方法

菊黄东方鲀产卵方式与暗纹东方鲀(蔡志全等,2003)、双斑东方鲀(蔡志全等,2004)及红鳍东方鲀(孙中之,2002)类似,在人工环境条件下自行产卵亲鱼少,绝大多数亲鱼必须采用人工授精方式。菊黄东方鲀为一次性产卵型鱼类,卵子发育同步,人工授精时必须一次挤完。采卵时用半湿的毛巾吸干亲鱼体表的水分,特别是泄殖孔附近,并用半湿毛巾包裹亲鱼,防止滑落,一手置于亲鱼腹部,用手掌和手腕托住鱼体,再用该手手指和虎口挤压下腹部,成熟卵即会顺利流淌出来;另一手捏住亲鱼的尾柄,以防亲鱼挣扎。雌鱼有时会出现鼓气现象而影响挤卵,可手持亲鱼或把亲鱼倒放于湿毛巾上,轻拍其身体两侧,待气消后继续推挤。采精方法与采卵大致相同,也是先吸干鱼体表面水分,特别是泄殖孔附近,挤压下腹部,泄殖孔处白色精液就会流出来。

3.5.3 授精

采用半干法进行人工授精,整个授精过程避免阳光直射。具体做法为:当检查发现雌鱼临产时,先将雌鱼用湿毛巾包裹,降低雌鱼应激反应,避免应激甩动致卵子流出,随即准备白瓷盆,用0.9%的生理盐水润洗2次后,倒入100~150 mL 0.9%的生理盐水,然后挑选成熟度好的雄鱼,先采部分精液至白瓷盆

图3-2 人工授精

中,用纯羊毛制成的毛刷搅拌均匀,而后采卵至白瓷盆中,毛刷不停搅拌,待卵采空后再采精液至白瓷盆中,再进行充分搅拌均匀,若卵子较多可适量添加0.9%的生理盐水,利于精卵混合和搅拌均匀。为保证精液质量、提高受精率,可选择2~3尾雄鱼提供精液。精卵充分混合后,再向白瓷盆中缓慢注入与催产同温同盐的海水(水温21~22℃、盐度10~25),并用毛刷不停搅拌,激活精卵受精,完成人工授精。人工授精操作一般需要3人配合完成,采卵、采精、搅拌动作轻柔同步(图3-2)。整个过程避免阳光直射。

图3-3 洗卵

3.5.4 洗卵

人工授精完成后,进行洗卵,即将白瓷盆中多余的精子冲洗干净,具体方法为:将白瓷盆静置30~60 s,受精卵沉于盆底部后,将白瓷盆中的水缓慢倒出,随后缓慢加干净水,并用毛刷顺时针搅拌,使受精卵集中于盆底,再将盆中水缓慢倒出,重复数次至水清为止(图3-3)。

3.5.5　受精卵脱黏

菊黄东方鲀受精卵为黏性受精卵。目前,黏性受精卵的传统孵化方式有两种:一种是利用其黏性,受精卵受精后泼洒到水泥池池壁或者各种孵化板,让其黏附在孵化板上,进行孵化,但菊黄东方鲀黏性较弱,很容易从孵化板上脱落,导致受精卵沉入孵化池底,进而影响孵化率;另一种是去除其黏性,大多采用泥浆水或者滑石粉溶液对受精卵脱黏,这些脱黏技术大多适用于黏性较强、卵膜较薄的受精卵,菊黄东方鲀受精卵是沉性卵,如果再粘上大量的脱黏剂(泥沙或者滑石粉),受精卵更容易沉底积压,影响受精卵发育。所以传统的受精卵的脱黏方法不适合卵膜较厚、黏性较弱的菊黄东方鲀受精卵,而且传统的两种方法操作烦琐。

上海市水产研究所根据多年生产经验积累,发明了一种菊黄东方鲀受精卵的脱黏技术。该项技术适合卵膜较厚、黏性较弱的菊黄东方鲀受精卵的脱黏,适用于苗种规模化生产。

具体操作方法为:菊黄东方鲀鱼卵受精后,洗去多余的精液,在未产生黏性前,均匀泼洒于脱黏缸(图 3-4)。脱黏缸采用锥形底的圆水缸(一般脱黏缸容量为 200 L),脱黏缸内侧面光滑,脱黏缸盛满与亲鱼催产暂养用水同温同盐的清洁海水(水温 21～22 ℃、盐度 10～25),脱黏缸内设置一个气石,充气呈沸腾状,脱黏缸中泼洒鱼卵的密度为 500～1 000 粒/L(一般每个缸泼洒 15 万～20 万粒卵)。泼洒半小时后,待受精卵吸水膨大、卵膜变硬后,进行第 1 次刮刷:用纯羊毛制成的毛刷顺势刮刷脱黏缸的缸壁和锥形底,动作轻柔,以免弄破受精卵,把粘在脱黏缸上的受精卵尽量刮下。以后每隔 1 h,刮刷 1 次,一般再刮 2～3 次,90% 的受精卵不会黏附在脱黏缸上了,在水体中随充气翻滚;泼洒鱼卵 6～10 h 后,用 60 目筛绢换水 1 次;泼洒鱼卵 18～24 h 后,进行最后一次刮刷,把仍粘在脱黏缸上的受精卵全部刮下,然后停气,鱼卵沉底,用虹吸方法把脱黏受精卵吸出,移入受精卵孵化池。

图 3-4　受精卵脱黏缸

3.5.6 产后亲鱼的培育

人工繁殖中,科研人员往往更注重亲鱼产前强化培育、催产受精及苗种培育的操作过程,对产后亲鱼培育较为忽视,导致亲鱼产后恢复慢、成活率低下,同时也容易造成在后期度夏期间体质瘦弱、抗高温能力低。因此,对菊黄东方鲀亲鱼进行产后强化培育,加快亲鱼恢复,提高亲鱼产后成活率是菊黄东方鲀人工繁殖的关键技术。

产后亲鱼培育的技术方案主要包括:授精操作、人工放气、小水体暂养、水泥池暂养、产后强化培育5个生产步骤。该技术方案极大地提高了菊黄东方鲀在繁育期间及产后的成活率(80%~95%),相对于原来的成活率有明显的提高,同时,间接提高了亲鱼度夏期间体质和抗高温能力,进而最终提高了亲鱼次年的重复使用率,从而降低了苗种繁育的生产成本,提高了苗种繁育生产的效益,适合在规模化繁育生产中应用。

1. 授精操作

亲鱼人工挤卵和挤精操作要轻柔,特别是雌鱼一定要等到效应期,泄殖孔打开,才能进行人工挤卵,否则容易使亲鱼脏器受伤。

2. 人工放气

在人工授精操作过程中,亲鱼往往因为操作而应激吞气,这样鱼体内有大量的气体,如果直接放入养殖池中,亲鱼因为在人工授精过程中体力消耗较大,而不能自主吐气,最终导致死亡;这时,轻轻拍打亲鱼腹部,亲鱼会慢慢吐气,将体内大部分的气体排出,然后放入小水体暂养。

3. 小水体暂养

亲鱼体内大部分气体排出后,鱼体因人工操作有轻度昏迷,而且体内还有少量剩余气体,这样的亲鱼不能直接放入大水泥池里,需要将亲鱼在小水体中暂养,让其减少体力消耗,积累体力、慢慢苏醒,同时将鱼体内气体彻底排尽,小水体暂养采用小网箱或者大脚盆,用水与催产用水同温同盐,加大充气量呈沸腾状,一般暂养1~3 h,亲鱼苏醒、恢复体力而且彻底排空体内气体,就可以放入水泥池暂养。

4. 水泥池暂养

暂养池为20 m² 水泥池,放养密度为3~6尾/池,连续充气,加大充气量呈沸腾状,水温保持20~22 ℃,每天吸底2次,清除亲鱼排出的坏卵等,不投饵;

为了防止亲鱼伤口感染,使用 1~2 ppm① 的土霉素全池泼洒 1 次;经过 2~3 天暂养,亲鱼已经排空体内剩余的卵和精液,恢复体力,然后彻底翻池移入强化培育池。

5. 产后强化培育

产后强化培育池条件和放养密度同暂养池,减小充气量呈微波状,水温保持 19~21 ℃,每天 2 次投喂新鲜鱼肉、蛏子肉、螺蛳肉等,如新鲜饵料不足,可以用鳗鱼饲料补充,视摄食量定下次的投喂量,每天吸底 1 次,及时清除死亡的亲鱼,产后培育时间为 7~10 天。

3.6　受精卵孵化

3.6.1　孵化条件

目前,菊黄东方鲀受精卵常见的孵化容器有两种:一种是锥形网箱,此法福建地区菊黄东方鲀人工繁殖较为常用,一般使用 60 目的筛绢网做成的锥形网箱作为孵化器(尤颖哲,2006;毛连环,2010),体积 0.25 m³,使用时沉入水泥池中,网箱顶部离开水面 10 cm,网箱底部不接触池底;另一种是锥形底水泥池,上海市水产研究所奉贤基地长期生产实践,菊黄东方鲀受精卵的孵化效果较好。一般锥形底水泥孵化池,上口规格为 1 250 mm×850 mm×400 mm,锥底深 400 mm,孵化池容积 0.6 m³,实用水体 0.5 m³,为保持受精卵孵化时的水温和光照条件,专门建设受精卵孵化车间,车间主体为水泥结构,车间内每个孵化池设单独加温管道、进水管道、排水管道,车间上方为弓形镀锌管架覆盖尼龙保温膜及双层遮荫膜(图 3-5)。

图 3-5　受精卵孵化车间

---

① 1 ppm=1×10⁻⁶。

3.6.2 孵化管理

目前,菊黄东方鲀受精卵主要采用静水充气孵化,充气时池水呈沸腾状,使卵上下翻滚,不黏连、沉底。孵化水温为 21～22 ℃;盐度 15～25,孵化期间保持恒定;受精卵的密度控制在 15 万～20 万粒/m³;光照度以 800～1 000 lx 为宜。白天双层遮荫膜遮光,晚上开灯补光。每天换水 1 次,每次 4/5,换水使用 60 目带浮球换水框与换水管,操作时,先移出气石,将换水框置于孵化池中,换水框悬浮在水面,将气石置于换水框内,换水管放入换水框中利用虹吸作用抽水,抽水时保持换水管在换水框中央的上层水面,避免贴近换水框边抽水时将受精卵吸附于换水框上,加水时进水口用 130 目筛绢网过滤。

3.6.3 孵化管理注意事项

菊黄东方鲀成熟的未受精卵也能产生卵裂现象,表现形式与受精卵相似,但在发育到一定阶段陆续死亡。这些未受精卵在海水环境下,不是马上破裂解体,大多数未受精卵在受精卵发育到出膜前期(受精后 95 h)才开始破碎,在集中破碎时,水体中会出现大量的污染物,这给接下来的胚胎顺利出膜造成不良的环境影响。建议生产上,在孵化后期加大换水量,保持水质清新。

3.6.4 孵化计数

一般受精卵受精后 60 h 左右,肉眼已能看到胚胎的眼点,此时统计受精卵数,计算受精率;再经过 35 h 左右开始破膜,再经过 24 h,98% 以上发育正常的胚胎已破膜,此时统计初孵仔鱼数,计算孵化率。

人工繁殖的典型案例

上海市水产研究所近年来主要采用人工养殖的成鱼,经过后备亲鱼的池塘培育、亲鱼池塘简易大棚越冬及强化培育,使用 LHRH 对菊黄东方鲀亲鱼进行人工催产(表 3-1)。2004 年 4 批共催产雌鱼 19 组,催产率为 94.4%,获得受精卵 68.5 万粒,孵出仔鱼 58.1 万尾;2005 年催产雌鱼 12 组,催产率 83.3%,获得受精卵 110.3 万粒,孵出仔鱼 49.6 万尾;2014 年催产雌鱼 30 组,催产率 80.0%,获得受精卵 150.0 万粒,孵出仔鱼 70.0 万尾;2015 年催产雌鱼 25 组,催产率 84.0%,获得受精卵 121.0 万粒,孵出仔鱼 65.0 万尾。

表 3 - 1 历年菊黄东方鲀人工繁殖效果

年份-批次	亲鱼/尾		产卵鱼/尾	催产率/%	受精卵/万粒	初孵仔鱼/万尾	孵化率/%
	雌	雄					
2004 年-1	2	3	2	100.0	5.2	3.1	59.62
2004 年-2	4	7	4	100.0	24.7	21.3	86.23
2004 年-3	6	8	6	100.0	19.5	16.3	83.59
2004 年-4	7	10	6	85.7	19.1	17.4	91.10
2005 年	12	16	10	83.3	110.3	49.6	44.97
2014 年	30	40	24	80.0	150.0	70.0	46.67
2015 年	25	35	21	84.0	121.0	65.0	53.72

3.7 胚胎发育

菊黄东方鲀受精卵呈淡黄色或柠檬色,沉性并具有弱黏性,球形,卵径为 (1.09 ± 0.03) mm,油球多个且大小不一。根据胚胎的主要特征,胚胎发育分为胚盘形成阶段、卵裂阶段、囊胚阶段、原肠期阶段、神经胚阶段、器官形成阶段和出膜阶段 7 个阶段及 27 个发育时期,在温度 21.0～22.5 ℃、盐度 13.0～13.5 条件下,历时 107 h 10 min 仔鱼出膜。初孵仔鱼全身透明,全长 (2.75 ± 0.07) mm,肛前长 (1.45 ± 0.06) mm,体高 (1.12 ± 0.10) mm,卵黄囊近椭圆形,长径 (1.02 ± 0.06) mm,短径 (0.96 ± 0.04) mm(施永海等,2010b)。

上海市水产研究所(施永海等,2010b)于 2009 年 3～6 月在地处杭州湾北部沿岸的奉贤基地对养殖菊黄东方鲀的胚胎发育进行了连续观察,研究了菊黄东方鲀胚胎发育的时序和特点。菊黄东方鲀胚胎样品取自养殖菊黄东方鲀的受精卵孵化生产现场,每次随机取样 30 粒,各阶段取样间隔时间分别为:受精后 0～2 h 内间隔 20 min,2～8 h 内间隔 30 min,8～13 h 内间隔 1 h,13～30 h 内间隔 2 h,30～60 h 内间隔 3 h,60～95 h 内间隔 6 h,95 h 后到破膜间隔 3 h。采用 Olympus 体式显微镜对受精卵进行观察、测量及摄影,同时记录胚胎发育的各期典型特征,以 50% 个体出现新特征作为各发育时期的时序。

3.7.1 受精卵

成熟卵子沉性,卵子挤在一起后呈六边形,卵径为 (1.02 ± 0.02) mm($n=$

10)。卵遇水受精后,卵膜同时吸水膨胀,受精卵呈球形,弹性增强,卵周隙较小,油球多个且大小不一,卵径为(1.09±0.03)mm($n=20$),受精卵沉性且弱黏性,呈淡黄色或柠檬色。

3.7.2 胚胎发育时序及过程

菊黄东方鲀的胚胎发育属于典型的硬骨鱼类的端黄卵盘状卵裂,按其主要形态特征发生顺序分为7个阶段27时期,其发育进程与多数硬骨鱼类大致相似,如暗纹东方鲀(*Takifugu obscurus*)、似刺鳊鮈(*Paracanthobrama guichenoti*)、卵形鲳鲹(*Trachinotus ovatus*)、黄姑鱼(*Nibea albiflora*)、扁吻鱼(*Aspiorhynchus laticeps*)、唐鱼(*Tanichthys albonubes*)、条石鲷(*Oplegnathus fasciatus*)、翘嘴红鲌(*Erythroculter ilishaeformis*)、鳡(*Elopichthys bambusa*)等。

菊黄东方鲀受精卵在温度21.0～22.5 ℃,盐度13.0～13.5条件下,历时107 h 10 min、经历7个阶段27个时期仔鱼孵化出膜(表3-2)。

表3-2　菊黄东方鲀胚胎发育过程(施永海等,2010b)

序号	发育时期	受精后时间	温度/℃	主 要 特 征	图 版
1	胚盘原基期	20 min	22.0	原生质集中于卵子动物极而突出形成胚盘原基	3-6-1
2	胚盘期	1 h 30 min	22.5	胚盘原基继续突起形成隆起的小丘状胚盘	3-6-2
3	2细胞期	2 h	22.5	第1次经裂,2个大小相似的分裂球	3-6-3
4	4细胞期	2 h 35 min	22.5	第2次经裂,4个大小相似、前后排列的分裂球	3-6-4
5	8细胞期	3 h 15 min	22.5	第3次经裂,分裂球2列,每列4个,大小相似	3-6-5
6	16细胞期	4 h 30 min	22.5	第4次经裂,16个相似的分裂球	3-6-6
7	32细胞期	5 h 40 min	22.5	第5次经裂,分裂球排列开始不整齐,大小差异出现	3-6-7
8	64细胞期	7 h 10 min	22.5	第6次分裂,包括经裂和纬裂,分裂球分层	3-6-8
9	多细胞期	9 h 40 min	22.5	细胞数量增多、体积变小,但界面清晰可见	3-6-9
10	囊胚早期	10 h 40 min	22.5	高帽状囊胚	3-6-10

（续表）

序号	发育时期	受精后时间	温度/℃	主 要 特 征	图 版
11	囊胚中期	11 h 40 min	22.0	囊胚层外沿细胞向外扩展,囊胚趋于扁平	3-6-11
12	囊胚晚期	13 h	22.0	囊胚呈新月形	3-6-12
13	原肠早期	14 h 30 min	22.0	囊胚下包1/3,形成裙边,胚环隐约可见	3-6-13
14	原肠中期	18 h 15 min	21.5	囊胚下包1/2,胚环明显,胚盾出现	3-6-14
15	原肠晚期	22 h 30 min	21.0	囊胚下包2/3~4/5,胚盾延伸,胚体雏形出现	3-6-15
16	神经胚期	24 h	21.0	胚盾中线纵向凹陷形成神经沟	3-6-16
17	胚孔封闭期	26 h	22.0	卵黄被全部包起	3-6-17
18	肌节出现期	27 h 30 min	22.5	出现1~3对肌节,胚体包围卵黄1/2周	3-6-18
19	眼基出现期	30 h	22.5	胚体头部出现一对蚕豆形眼基	3-6-19
20	眼囊出现期	37 h 20 min	22.5	椭圆形眼囊形成,脑开始分化	3-6-20
21	晶体出现期	54 h 50 min	21.7	圆形晶体形成,胚体包围卵黄2/3周	3-6-21
22	肌肉效应期	57 h 15 min	22.5	胚体出现微弱间隙性颤动	
23	体色素出现期	68 h 10 min	21.0	胚体背部及近胚体侧卵黄囊上出现零星黑色素	3-6-22
24	心跳期	70 h 45 min	22.0	心脏有规律地搏动,耳石出现,胚体包围卵黄4/5周	3-6-23
25	眼色素出现期	83 h 30 min	21.5	晶体出现黑色素,胚体下包卵黄近1周	3-6-24
26	出膜前期	95 h	21.0	卵膜变薄,胚体转动	3-6-25
27	出膜期	107 h 10 min	21.5	卵膜在胚体头部处隆起、溶解、破裂,胚体头部先出	3-6-26

1) 胚盘形成阶段[图3-6(1~2)]

受精卵受精后,原生质开始向卵球一极集中,原生质不断集中最终隆起形成小丘状胚盘(高度约为卵黄的1/3),此极即为胚胎的动物极,另一极为植物极。

2) 卵裂阶段[图3-6(3~9)]

受精后2h,隆起的胚盘顶部中央出现分裂沟,分裂沟逐渐向下延伸,最后完成第1次经裂;第2次经裂,分裂沟与第1次垂直;第3次经裂,2条分裂沟平行分裂;到第5次分裂后,分裂球排列开始不整齐,大小出现差异;第6次分裂包括经裂和纬裂,分裂球分层;分裂球体积越来越小、数量越来越多,但界面清晰可见,进入多细胞期。

3)囊胚阶段[图3-6(10～12)]

受精后10 h 40 min,随着分裂球继续分裂,分裂球体积变小、数量增加、界面变模糊,原来胚盘高高隆起,形成帽状囊胚;随后囊胚层外沿细胞开始向外扩展,胚层逐渐趋向扁平,胚层高度不断降低,最终形成新月形囊胚。

4)原肠期阶段[图3-6(13～15)]

受精后14 h 30 min,囊胚边缘细胞开始向植物极移动,胚盘下包,形成裙边,裙边内卷,内外胚层分化,胚环、胚盾相继出现,随着胚盾不断伸展,胚体雏形形成,卵黄呈梨形。

5)神经胚阶段[图3-6(16～17)]

受精后24 h,囊胚层细胞下包至卵黄底部,植物极部分卵黄囊露出胚环外,形成卵黄栓,胚盾背中线纵向凹陷形成神经沟;随着卵黄外露部分不断减少,卵黄最终被全部包起,胚孔封闭,胚体匍匐在卵黄上。

6)器官形成阶段[图3-6(18～24)]

受精后27 h 30 min,进入器官形成期,首先肌节出现,胚体前段膨大、隆起,然后胚体头部出现1对蚕豆形眼基;随着眼基膨大,椭圆形眼囊形成,脑开始分化;受精后54 h 50 min,眼囊逐渐变圆形,视杯扩大,视杯口出现圆形晶体,胚体内嵌于卵黄囊上;继而在57 h 15 min,胚体出现微弱的间歇性抽动;随后胚体背部及近胚体侧卵黄囊上出现零星黑色素;受精后70 h 45 min,心脏开始有规律地搏动,血液循环开始,胚体抽动明显,晶体边缘出现红色素,耳囊中出现2个大小不一的耳石,胚体上黑色素细胞明显增多;受精后83 h 30 min,晶体周围开始出现黑色素,随着黑色素增多,眼点逐渐变黑,胚体背部及卵黄囊上的黑色素斑和红色素进一步增多,胚体绕卵黄近1周,此时,肉眼能看到受精卵内有2个眼点。

7)出膜阶段[图3-6(25～26)]

受精后95 h,此时卵膜明显变薄,卵质量变轻,在水体中的浮力变强,胚体及晶体黑色素继续增加,肉眼看,受精卵明显变黑;受精后107 h 10 min,随着胚体扭动频率增加,卵膜在靠近胚体头部处逐渐隆起,最后卵膜溶解破裂,胚体头部先行出膜,随着尾部剧烈摆动,仔鱼摆脱卵膜。

3.7.3　初孵仔鱼［图 3-6(27)］

刚孵出的仔鱼,全长(2.75±0.07)mm($n=10$,下同),肛前长(1.45±0.06)mm,体高(1.12±0.10)mm,肌节数 24~26 对,全身透明,略显淡黄色,体圆而粗短,背部略弯,头伏于卵黄囊上,卵黄囊大且近椭圆形,长径(1.02±

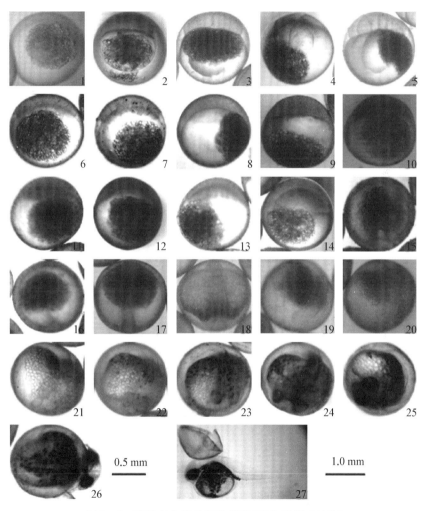

图 3-6　菊黄东方鲀的胚胎发育(施永海等,2010b)

　　1.胚盘原基期;2.胚盘期;3.2 细胞期;4.4 细胞期;5.8 细胞期;6.16 细胞期;7.32 细胞期;8.64 细胞期;9.多细胞期;10.囊胚早期;11.囊胚中期;12.囊胚晚期;13.原肠早期;14.原肠中期;15.原肠晚期;16.神经胚期;17.胚孔封闭期;18.肌节出现期;19.眼基出现期;20.眼囊出现期;21.晶体出现期;22.体色素出现期;23.心跳期;24.眼色素出现期;25.出膜前期;26.出膜期;27.初孵仔鱼

0.06)mm,短径(0.96±0.04)mm,油球大小不均,多分布于近胚体侧,卵黄囊上有较大枝状黑色素;眼大色黑,脑部中央有一个明显的缺刻,耳石一大一小晶莹明亮,血管流明显,消化肠管直,前后端均未开启,有肛凹雏形;鳍膜明显,由头部前端延伸至尾部。

3.7.4 菊黄东方鲀胚胎发育特点

河口区养殖菊黄东方鲀胚胎发育虽然有着与其他东方鲀属鱼类相似的特性,但也有其自身的特点。① 其受精卵与大多数东方鲀属鱼类一样属于偏小型卵,其卵径为(1.09±0.03)mm,略小于暗纹东方鲀(1.118~1.274 mm),略大于黄鳍东方鲀(0.9~1.06 mm,平均 1.005 mm)。另外,菊黄东方鲀的卵径及初孵仔鱼全长[(2.75±0.07)mm],明显大于郑惠东等(2007)报道的卵径(0.96~1.04)mm、初孵仔鱼全长(2.5~2.6 mm)的结果,这与繁殖所用亲鱼的营养积累有关。② 其大部分胚胎是头先出,与暗纹东方鲀的出膜方式相似,出膜前胚胎先将卵膜溶出一个洞,胚胎头从孔钻出,然后依靠尾部摆动挣脱卵膜。但也有少部分胚胎尾部先出,这些胚胎往往不能成功整体出膜,需要借助外力来破膜,这现象与似刺鳊鮈相似,其原因可能与亲鱼卵子的发育成熟度有关。③ 同批受精卵在相同的条件下孵化,破膜时间相差不大,90%的胚胎在出膜期前后各 12 h 出膜,一般历时 24 h,但郑惠东等(2007)研究发现,同批受精卵在相同条件下全部孵化需历时 2~3 d,这可能是因为在生产条件下,孵化池为锥形底且配有大气量的充气,受精卵能在池内上下翻腾,这使每个受精卵所接受的光照强度、光周期、水温、溶解氧等孵化条件差别相对较小,而这些孵化条件与胚胎发育快慢密切相关。

3.8 影响胚胎发育的主要环境因子

影响鱼类胚胎发育的环境因子包括:温度、盐度、光照及光周期、pH、溶解氧、物理刺激等,本节根据近年来对菊黄东方鲀的相关研究,列述了温度、盐度、光周期对菊黄东方鲀胚胎发育的影响(Zhang et al.,2010;Shi et al.,2010a,2012)。

3.8.1 水温

温度是鱼类早期发育阶段中重要的外部影响因子。温度是通过酶反应的速度来决定个体发育的。温度影响个体发育有两个方面：一方面，在能存活的范围内，温度明显影响的是个体发育速度，而超过这个温度范围将是某个品种的致死因子；另一方面，温度影响鱼类受精卵的孵化率、孵化时长、初孵仔鱼的个体大小(Shi et al., 2010a)。

2010 年，上海市水产研究所(Shi et al., 2010a)开展了温度对菊黄东方鲀胚胎发育影响的研究：菊黄东方鲀受精卵发育的最佳温度为 23～26 ℃。温度与孵化时长关系用有效积温模型[$y=52.356/(T-11.340)$, $r^2=0.987\ 2$]拟合效果较好，受精卵的发育生物学零度和有效积温分别为 11.34 ℃和 52.356 d·℃。

对养殖的菊黄东方鲀亲本催产，经过人工授精和孵化得到受精卵，受精卵受精后 24 h，胚胎发育到原肠后期，这时可以通过肉眼分辨出未受精的卵，未受精的卵颜色发白，不透明，采用大口径的吸管去处死卵和受机械损伤的卵，只有发育良好的受精卵才用于试验。受精卵置于 700 L 的锥形孵化池内孵化，盐度 13.5，温度(21.7±0.5) ℃连续充气。孵化密度为(1.5～2.0)×10^5/m^3，每天换水率为 70%。受精后大约 100 h，胚胎开始孵化，再经过 24 h，90%的胚胎孵化出膜，成为初孵仔鱼。

试验温度设置 5 个梯度，分别为 17 ℃、20 ℃、23 ℃、26 ℃和 29 ℃，每个梯度设有 3 个重复，受精卵孵化容器采用盛有 250 mL 半咸水的 300 mL 烧杯，每个烧杯放置 60 个受精卵，同一个梯度的 3 个烧杯放置在一个水浴池内。受精卵在自然光照和自然光周期下进行孵化。所有的温度梯度的调节以 1 ℃/h 的速率来逐步调整到位。每天换水 50%，每天去除死亡的卵。在孵化期间，盐度为 13.5，溶解氧为 5.0～6.5 mg/L，pH 为 8.0～8.5。

温度对菊黄东方鲀受精卵影响的评估标准为：① 总孵化率，初孵仔鱼与总的所放置的胚胎(60)的百分比，不管初孵仔鱼是否成活；② 孵化时长，即 50%胚胎孵化出膜所需要的时间，为了确定这个时间段，需要每隔很短的时间去观察有多少胚胎已经出膜，然后记录时间；③ 初孵仔鱼的 24 h 成活率，为确定这个指标，所有初孵仔鱼刚刚出膜后就要从孵化烧杯中移出，放置到盛有同温的半咸水的 1 L 烧杯中，观察 24 h 后仔鱼的成活率；④ 总死亡率，即死卵、死鱼苗和畸形苗总数与总放置受精卵的百分比。

水温测量采用 YSI 型号 30‑10 FT(0.1 ℃，USA)每天测量 4 次，盐度、pH

和溶解氧每天测量 1 次,分别采用 YSI 型号 30 - 10 FT salinity meter(0.1, USA),YSI 型号 No. pH 100(0.1 pH unit,USA)及 YSI 型号 58 dissolved oxygen meter(0.1 mg /L,USA)。

所有数据采用 Mean±SEM 表示。采用 Excel 和 SPSS 13.0 处理数据及图表,用单因子方差分析(one-way ANOVA)来分析温度对各个指标的影响,用 Student-Newman-Keuls test (SNK)做多重比较,如果是百分数的话,采用反正弦转化后再方差处理分析,以 $P<0.05$ 为差异显著;以 $P<0.01$ 建立各回归曲线。用有效积温模型来表达温度和孵化时长的关系:$y=k/(T-t_0)$。y 是孵化时长(天),T 是温度,k 是积温总值,t_0 是胚胎发育的生物学零度。

菊黄东方鲀受精卵在 26 ℃的孵化率明显比在 17 ℃的高,而 20 ℃、23 ℃ 和 29 ℃的孵化率与 26 ℃或者 17 ℃的孵化率之间都没有明显的差异(表 3 - 3)。初孵仔鱼在 23 ℃、26 ℃ 和 29 ℃的 24 h 成活率明显比在 17 ℃ 和 20 ℃的高,同时初孵仔鱼在 20 ℃的 24 h 成活率又明显比在 17 ℃的高,而在 23 ℃、26 ℃ 和 29 ℃之间,初孵仔鱼 24 h 成活率没有明显差异(表 3 - 3)。在 17 ℃的总死亡率明显比在其他高温的要高,而 20 ℃、23 ℃、26 ℃ 和 29 ℃的总死亡率之间没有明显差异(表 3 - 3)。温度与孵化率、初孵仔鱼 24 h 成活率及总死亡率之间的关系都可以用二次函数来表达($r^2>0.90$)(图 3 - 7)。根据温度与孵化率、初孵仔鱼 24 h 成活率及总死亡率拟合的二次函数可以预测出:菊黄东方鲀最高的受精卵孵化率、最佳初孵仔鱼 24 h 的成活率和最低的总死亡率都产生在 23~26 ℃内,因此,可以断定菊黄东方鲀的受精卵孵化的最佳温度为 23~26 ℃。这个最佳温度与 5~6 月渤海湾海水温度相似(杨竹舫等,1991)。另外,菊黄东方鲀受精卵的最佳温度范围明显高于它的同属鱼类暗纹东方鲀(19~23 ℃)(Yang and Chen,2005)。

表 3 - 3　在不同温度下菊黄东方鲀受精卵的孵化率、孵化时长、初孵仔鱼 24 h 成活率及总死亡率(Mean±SEM,$n=3$)(Shi et al.,2010a)

梯度/℃	温度/℃	孵化率/%	初孵仔鱼 24 h 成活率/%	总死亡率/%	孵化时长/天
17	17.47±0.15	73.33±1.67[b]	74.81±4.51[c]	45.00±4.41[a]	8.49±0.08[a]
20	20.07±0.05	83.33±0.96[ab]	83.90±4.32[b]	30.00±4.41[b]	5.78±0.01[b]
23	23.12±0.04	83.89±3.89[ab]	97.39±0.55[a]	18.33±3.47[b]	4.74±0.01[c]
26	26.07±0.04	87.22±3.38[a]	97.40±0.74[a]	15.00±3.85[b]	3.40±0.00[d]
29	28.97±0.09	83.33±3.47[ab]	96.64±0.72[a]	19.44±3.64[b]	3.01±0.17[e]

注:同列上标中的不同小写字母表示显著性差异($P<0.05$)

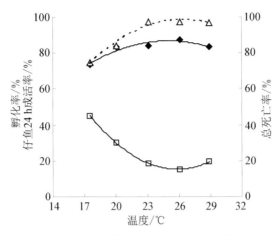

图 3-7　温度与孵化率、初孵仔鱼 24 h 成活率及
总死亡率的回归关系(Shi et al. ,2010a)

◆孵化率：$y=-52.872+11.152x-0.2227x^2$,$r^2=0.9152$。
△初孵仔鱼 24 h 成活率：$y=-116.05+16.241x-0.3075x^2$,$r^2=0.9709$。
□总死亡率：$y=303.04-22.271x+0.4308x^2$,$r^2=0.9992$。
数据用均值表示,$n=3$

受精卵的临界孵化温度与它们的死亡率相关,往往通过它们的死亡率来确定其临界温度。菊黄东方鲀最高的总死亡率和最低的初孵仔鱼 24 h 成活率出现在 17 ℃。这说明 17 ℃ 或者低于 17 ℃ 对菊黄东方鲀受精卵来说是不适宜的。这临界低温与暗纹东方鲀的相似(Yang and Chen,2005)。

菊黄东方鲀受精卵孵化时长随着孵化温度(17~29 ℃)升高而缩短(8.49~3.01 天),同时,所有温度梯度之间,受精卵的孵化时长都有明显的差异。许多研究表明,在能成活的温度范围内,鱼类发育在低温比较慢,在高温就比较快。

温度和受精卵孵化时长关系可以用有效积温模型来表达($r^2=0.9872$;$P<0.01$)(图 3-8)。理论上说,温度和孵化时长的关系可以用很多模型来表示,如幂函数、二次函

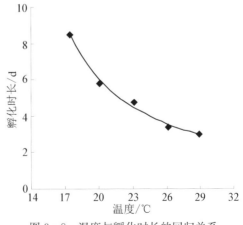

图 3-8　温度与孵化时长的回归关系
(Shi et al. ,2010a)

有效积温模型：$y=52.356/(T-11.340)$,
$r^2=0.9872$。◆ 为数据均值,$n=3$

数、指数函数和有效积温模型,同一个品种的受精卵可以同时适合两个或者两个以上的上述模型。虽然温度和菊黄东方鲀受精卵的孵化时长的关系可以用 4 个模型(幂函数、二次函数、指数函数和有效积温模型)来确定,但是在这里之所以仅仅选择有效积温模型,是因为其生物学意义、方便计算而且又能很好地拟合数据。

基于有效积温模型,菊黄东方鲀受精卵发育的生物学零度(t_0)为 11.34 ℃,有效积温(k)为 52.356 d·℃。Yang 和 Chen(2005)研究发现,暗纹东方鲀受精卵的生物学零度和有效积温分别为 7.603 3℃、78.905 d·℃。Kamler(2002)研究显示,冷水性鱼类受精卵发育的生物学零度往往较低,同时伴有较高的有效积温,而温水性鱼类则相反。基于这些研究结果,我们同时也可以推测菊黄东方鲀受精卵孵化的最佳温度要高于暗纹东方鲀。

3.8.2 盐度

盐度也是海水和半咸水的鱼类生活史中重要的外部影响因子。河口及近海水产养殖日益增加,在这样的生态系统中,盐度每天波动变化。而鱼类的早期发育阶段往往对盐度非常敏感,另外,由于鱼类调节渗透压需要大量的能量,盐度同样也影响着鱼类早期阶段的生长和成活,如鱼类受精卵的孵化,仔鱼的成活和生长。

2010 年,上海市水产研究所(Zhang et al.,2010)开展了盐度对菊黄东方鲀胚胎发育影响的研究:盐度明显影响菊黄东方鲀受精卵的孵化、初孵仔鱼 24 h 的成活率。虽然在盐度 5～45 菊黄东方鲀受精卵都有胚胎破膜,但是较高的孵化率(>95%)和较低的总死亡率(<11%)都产生于盐度 10～20。低盐(5)和高盐(45)对初孵仔鱼来说都是有害的。菊黄东方鲀受精卵可耐受的盐度为 10～40,受精卵的最佳盐度为 10～20。

试验盐度设置 10 个梯度,分别为 0、5、10、15、20、25、30、35、40 和 45,每个梯度设有 3 个重复,受精卵孵化容器采用盛有 250 mL 半咸水的 300 mL 烧杯,每个烧杯放置 60 个受精卵,所有烧杯都放置在一个水浴池内。低于 13.5 的盐度梯度采用逐步加淡水来稀释,高于 13.5 的盐度梯度采用逐步加浓缩海水来提高盐度(浙江舟山),盐度梯度的调节是以 2 h^{-1} 的速率来逐步调整到位的。期间为了补偿蒸发的水分,适量加少量淡水,以维持盐度水平。受精卵获得方法、孵化管理、水质检测和指标控制、评估标准及数据统计分析同前(3.8.1 小节相关内容)。

菊黄东方鲀胚胎能耐受很广的盐度范围(10～40)。菊黄东方鲀受精卵在盐度 5、25、30、35、40 和 45 的孵化率(70.92%～84.11%)明显比在盐度 10～20 的(95.15%～98.77%)低。受精卵在盐度 10、15 和 20 之间或者在盐度 5、25、30、35、40 和 45 之间的孵化率都没有明显差别。淡水中的所有受精卵死亡于受精后第四天(图 3 - 9)。

菊黄东方鲀受精卵的孵化时长不受盐度的影响,与溯河产卵的品种暗纹东方鲀(*T. obscurus*)(Yang and Chen,2006)相似。受精卵在盐度 5、10、15、20、25、30、35、40 和 45 的孵化时长分别为(106.78±0.22)h、(102.42±5.55)h、(106.75±0.31)h、(107.45±0.17)h、(107.03±0.32)h、(105.32±2.62)h、(104.68±0.85)h、(102.64±1.07)h 和 (104.89＋0.68)h,它们之间都不存在明显的差异。

初孵仔鱼在盐度 5 和 45 条件下的 24 h 成活率(68.42% 和 64.22%)明显比在 10～40 的(90.88%～99.40%)低。同时,初孵仔鱼在 10 盐度的 24 h 成活率明显比在盐度 15、25、30、35 和 40 条件下的高,而初孵仔鱼 24 h 成活率在盐度 15、25、30、35 和 40 之间没有明显差异(图 3 - 10)。

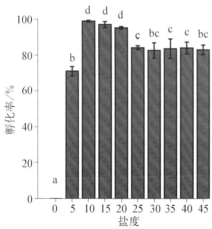

图 3 - 9　受精卵在不同盐度下的孵化率(Mean ± SEM，$n = 3$)(Zhang et al.，2010)

不同的上标小写字母表示各梯度之间有显著性差异($P < 0.05$)

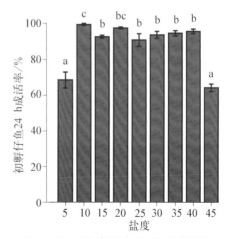

图 3 - 10　初孵仔鱼在不同的盐度下的 24 h 成活率(Mean±SEM，$n=3$)(Zhang et al.，2010)

不同的上标小写字母表示各梯度之间有显著性差异($P < 0.05$)。

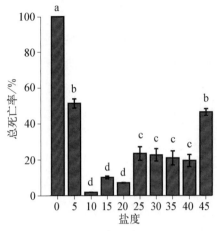

图 3-11　胚胎在不同盐度下的总死亡率（Mean±SEM，$n=3$）（Zhang et al.，2010）

不同的上标小写字母表示各梯度之间有显著性差异（$P<0.05$）

在盐度 25～40 的总死亡率（19.61%～23.50%）明显比在盐度 10～20 的（1.82%～10.21%）高，但又明显低于在盐度 5 和 45 的（51.60% 和 46.77%）。总死亡率在盐度 10、15 和 20 之间，25、30、35 和 40 之间或者 5 和 45 之间都没有明显的差异（图 3-11）。

菊黄东方鲀受精卵的最佳盐度（10～20）接近且略低于该鱼自然产卵的盐度条件（15～25）（杨竹舫等，1991）。胚胎的最佳盐度接近于其自然产卵的盐度条件是常见的，因为在许多鱼类品种上都发现了这点，如大菱鲆（*Scophthalmus maximus*）。然而，菊黄东方鲀受精卵的最佳盐度略低于该鱼自然产卵的盐度条件，这可能是因为其亲本从出生开始长期（4 年）饲养于低盐环境（8～15），亲本长时期的低盐适应可能导致其受精卵低盐趋向。在亲本雌鱼产卵前，盐度可能已经影响了卵，因为在低盐水环境下，鱼类通过卵巢体液会从血液运输水分到卵。也就是说，菊黄东方鲀亲本饲养在自然盐度环境下（15～25），其产的受精卵最佳盐度可能会比本研究的结果高。也正因如此，其他科研人员对菊黄东方鲀受精卵耐受盐度和适宜盐度范围的研究略有差异，如郑惠东（2008）认为菊黄东方鲀受精卵在盐度 5～40 内均能孵化，最适盐度 30～35；陈林等（2012）确认的盐度为 0～50；最适盐度为 20～25。

3.8.3　光周期

2012 年，上海市水产研究所（Shi et al.，2012）开展了光周期对菊黄东方鲀胚胎发育影响的研究，结果表明，菊黄东方鲀胚胎发育最理想的光周期为 3～6 h 日照。

试验设 5 个光照试验组：① 连续日光照；② 18 h 日照：6 h 黑暗；③ 12 h 日照：12 h 黑暗；(4) 6 h 日照：18 h 黑暗；(5) 连续日黑暗。试验测定菊黄东方鲀受精卵孵化率、孵化 24 h 存活率、胚胎发育总死亡率、孵化周期,依次分析光周期对菊黄东方鲀胚胎发育的影响。受精卵获得方法、孵化管理、水质检测和指标控制、评估标准及数据统计分析同前(3.8.1 小节相关内容)。

不同光周期下菊黄东方鲀受精卵孵化率、孵化 24 h 存活率、胚胎发育总死亡率无显著性差异(表 3-4)。较高的受精卵孵化率(>82%),最理想的孵化 24 h 存活率(>90%)及低胚胎发育总死亡率(<27%)出现在不同的试验组。然而,光周期仍然影响受精卵的孵化周期,孵化周期随着光周期由 6 h 日照至 24 h 日照的增长具有显著性差异。光周期对受精卵孵化周期拟合的二次函数为:$y = 0.037\ 8x^2 - 0.268\ 9x + 128.62, r^2 = 0.917\ 6, n = 4$,由此预测最短孵化周期所需光周期为 3.65 h 日照(图 3-12)。

表 3-4　不同光周期下菊黄东方鲀受精卵孵化率、孵化 24 h 存活率、胚胎发育总死亡率(Mean±SEM, $n = 4$)(Shi et al. , 2012)

光周期(光照:黑暗;h)	0:24	6:18	12:12	18:6	24:0
孵化率/%	82.09±4.21[a]	87.08±3.43[a]	89.17±2.76[a]	90.83±1.44[a]	91.25±2.99[a]
孵化 24 h 存活率/%	90.09±2.70[a]	93.88±2.60[a]	90.46±2.26[a]	92.60±5.24[a]	91.45±4.49[a]
胚胎发育总死亡率/%	26.25±3.15[a]	18.33±3.40[a]	19.17±4.33[a]	15.84±5.29[a]	16.25±6.47[a]
孵化周期/h	128.27±1.13[a]	128.76±0.24[a]	131.73±0.61[b]	134.42±0.39[c]	144.56±1.39[d]

注:不同的上标小写字母表示各梯度之间有显著性差异($P < 0.05$)

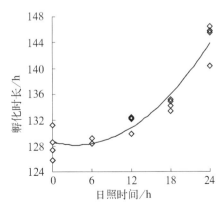

图 3-12　光周期对受精卵孵化周期的拟合关系(Shi et al. , 2012)

第4章 菊黄东方鲀的仔稚幼鱼培育技术

　　根据菊黄东方鲀仔稚幼鱼生活习性和食性的变化情况,仔稚幼鱼的培育分成两个阶段。鱼苗孵化后到全长 1.0～1.5 cm 为仔稚鱼培育阶段,该阶段主要为室内水泥池集约化培育;鱼苗全长 1.0～1.5 cm 到鱼苗全长 3.0～3.5 cm 为幼鱼(夏花鱼种)培育阶段,该阶段培育方法有两种:一种为土池培育,另一种为塑料大棚水泥池培育。

4.1 仔稚鱼培育(严银龙等,2005;施永海等,2007)

4.1.1 培育条件

　　菊黄东方鲀仔稚鱼室内水泥池集约化培育,采用育苗池(图 4-1),面积一

图 4-1　菊黄东方鲀育苗池

般为 20 m²,长宽比约 2:1,池深 1.3 m,水位 1.2 m。放苗前育苗池用 50 mg/L 漂白精消毒,清洗后干燥 24 h 再使用。放苗时气石的密度为 1.5 个/m²,到后期密度减少到 1 个/m²。

4.1.2　放苗

放苗时水温为(21.5±0.5)℃,水深 0.4 m,盐度 10~25,放苗密度一般控制在 10 000 尾/m²。

4.1.3　饵料系列及投喂方法

仔鱼孵化 60~72 h 后,卵黄囊逐渐消失,鱼体水平游动,此时鱼苗已开始摄食,故要及时投喂适口的饵料。目前,菊黄东方鲀仔稚鱼培育的饵料系列及投喂方法主要有两种:一种是活饵料系列,另一种是可控饵料系列。当然有时技术员也会因地制宜,用两种系列的饵料互相补充。

1. 鲜活饵料系列及投喂方法

鲜活饵料系列的开口饵料—S 型褶皱臂尾轮虫(以下简称轮虫),然后依次是轮虫、丰年虫幼体、淡水枝角类。鲜活饵料系列种类与鱼苗培育天数及全长的相关示意图(图 4-2)如下。

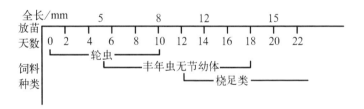

图 4-2　鲜活饵料系列种类与鱼苗培育天数及全长的关系

鲜活饵料系列各饵料的投喂方法如下。

(1)轮虫投喂方法

每日补充 2 次,维持密度为 5~7 个/mL,轮虫投喂前必须经过 24 h 的单胞藻强化。轮虫培育方法详细见附录。

(2)丰年虫幼体投喂方法

每日投喂 2 次,投喂量视池内残饵量而定,随鱼体长大,逐渐增加投喂量。丰年虫幼体孵化方法详细见附录。

（3）淡水枝角类投喂方法

由于淡水枝角类到海水中会死亡、沉底，故待鱼苗有较强的主动摄食能力时，开始投喂小型淡水枝角类，投喂时应遵循"少量多次"的原则，一般每日投喂4～6次，投喂量以再次投喂时残饵量很少为准。同时随鱼体长大，逐步投喂大型淡水枝角类。淡水枝角类培育方法详细见附录。

鲜活饵料系列，投喂方便，管理简便，同时也存在以下局限性。① 培育鲜活饵料的高峰期和鱼苗培育的适口饵料时间匹配很难，而且还受环境、天气条件的影响，特别是开口饵料——海水轮虫，往往出现这样的情况：育苗生产大量需要的时候，轮虫高峰没有到，不能大量供应；而育苗生产不需要的时候，饵料培育池内有大量的轮虫。② 海水鲜活饵料的培育需要一定的土池池塘，特别是海水桡足类，桡足类培育较难，没有明显的高峰期，就是高峰期内，桡足类的密度也很低，这给饵料的采集造成一定的问题，这也给大规模育苗生产产生了制约因素。③ 鲜活饵料中，要培育大个体的饵料很难，特别是菊黄东方鲀鱼苗全长达到 1.5 cm 后，鱼苗具有很强的攻击性，这时即使大个体的桡足类也没有办法满足鱼苗喜欢摄食粒径与其口裂大小相当的饵料的要求，如果没有适口的饵料，菊黄东方鲀鱼苗会互相撕咬，互残概率上升，会降低苗种生产的成活率。

2. 可控饵料系列及投喂方法

上海市水产研究所在菊黄东方鲀苗种培育阶段经过数十年的科研生产经验积累，形成了一种适合菊黄东方鲀育苗各阶段的可控饵料系列及投喂方法。可控饵料是指商业化的饵料，这种饵料系列的供应不需要特殊的场地，没有时间限制，而且数量和质量都能得到保证。具体操作如下。

2～10 日龄：开口阶段的饵料为蛋黄，用 100 目筛绢过筛，采用全池均匀泼洒投喂，每天 6 次，分别为 5:00、8:00、11:00、14:00、17:00、20:00，每次 1 个蛋黄/10 t 水体。

7～10 日龄：饵料用刚刚孵化的卤虫幼体，用每克 20 万粒以上的卤虫卵孵化，孵化水温 27～28 ℃，孵化 18 h，卤虫幼体刚刚出膜投喂给鱼苗，维持密度 2～3 个/mL，每天补充 2 次，分别为 9:00、15:00。

11～19 日龄：饵料用卤虫幼体，投喂密度 3～5 个/mL，每天补充 2 次，分别为 9:00、15:00；此阶段为分苗阶段，降低鱼苗的培育密度。

14～19 日龄：饵料用冰冻桡足类，冰冻桡足类常温下融化后用 30 目筛绢过筛,采用全池均匀泼洒投喂,投喂密度 4~6 个/mL,每天补充 6 次,投喂时间同蛋黄投喂时间。

20~25 日龄:饵料用冰冻桡足类,20 目筛绢过筛,投喂方法采用全池均匀泼洒投喂,投喂密度 4~6 个/mL,每天补充 6 次,投喂时间同蛋黄投喂时间。

25~35 日龄:饵料用冰冻大卤虫,先在常温下融化,然后用开水烫,进行消毒,然后投喂到饲料台,饲料台规格为 0.5 m×0.5 m,20 目筛绢网,饲料台挂置于水面以下 0.5~0.8 m 处,每天补充 3 次,分别为 9:00、15:00、19:00。

30~35 日龄:引喂配合饲料,配合饲料揉成面团状,每个饲料台放置 4~6 块,每天投喂 2 次,分别为 9:00、15:00。

与鲜活饵料系列相比,可控饵料系列的突出特点是:① 解决了菊黄东方鲀苗种培育期间适口饵料时间匹配难的问题;② 可控饵料不需要大量的池塘,解决了育苗配套池塘难的问题,为菊黄东方鲀规模化苗种培育提供了适口饵料的技术支持;③ 大规格鱼苗的适口饵料问题,降低了鱼苗互残概率,提高了苗种培育成活率。

4.1.4　水质调控

1. 水温控制

放苗时水温为(21.5±0.5)℃,以后每隔 24 h 升温 1.0 ℃,升至水温(24.5±0.5)℃。

2. 水质控制

放苗时水深为 0.4 m,第 2 天开始逐步加水直至加满,第 4 天开始换水,以后隔天换水 2/3。前期育苗用水盐度为 15 以上,待鱼全长到 1.0 cm 左右时开始可以逐步淡化至接近天然半咸水盐度(约 10)。

4.1.5　日常管理

日常管理主要包括清污、换水、分池。

1. 清污(图 4 - 3)

清污工具主要包括吸污软管、吸污硬质透明管、吸污鸭嘴、吸污框、大脚盆。吸污软管、吸污硬质透明管、吸污鸭嘴三部分连接,吸污软管主要将吸污水导入置于大脚盆中的吸污框内,吸污硬质透明管主要用于观察吸污情况,吸污鸭嘴

图 4 - 3 清污

可紧贴池底并增加池底吸污的有效面积。根据苗种大小,吸污框网目依次使用 60 目、40 目、30 目、20 目。放苗后第 4 天开始清污吸底,以后每天 1 次。吸污时,停气将气石移出育苗池,吸污鸭嘴紧贴池底,小心轻移吸污管,通过虹吸作用将池底污水吸入吸污框。吸出的污物带水捞于盆内仔细分离出鱼苗放回苗池。

2. 换水

换水操作可分为排水与进水两个环节。排水工具包括换水框与虹吸管。加水通过进水管道系统,经蓄水池由水泵抽提至育苗池。排水时,将换水框置于育苗池内,换水框架可由钢筋或不锈钢筋制成,换水框根据苗种大小分别使用 60 目、40 目、30 目、20 目筛绢网,通过虹吸管利用虹吸作用将育苗池水排出,抽水时在换水框内放置 1～2 个气石,充气呈沸腾状,避免鱼苗因吸力过大吸附在换水框筛绢网上,造成机械损伤。加水时,注意保持加入新水与原池的温差小于 0.5 ℃,盐度差小于 1;在加水前,应先充分排出进水管道内的、上次使用时的遗留水,进水口套 130 目筛绢网过滤。

3. 分池(图 4 - 4)

苗种培育期间,一般分池 2 次,每次使鱼苗密度降低一半,时间分别为放苗第 10 天、第 18 天左右。首次分池使用 60 目筛绢网进行满池水拉网操作,操作时从育苗池中间向起网的池边移去气石,从育苗池中间下网,将收集的鱼苗使用脸盆或小水桶带水移入与原池同温同盐的新池中。分池在当天原池完成吸

图 4 - 4 拉网分池

污清底和换水后进行较为适宜。第二次分池时鱼苗全长约 1 cm,此时可用 20 目筛绢网进行分池,分池可抽水后操作。

4.1.6 乌仔鱼苗的出池计数

目前,鱼苗的传统计数方式有 3 种:第一种,直接人工数苗,此法只适用于少量鱼苗的计数,对于大批量的鱼苗计数来说是十分烦琐的,而且几乎很难实现;第二种,把鱼苗高密度集中到一个容器中,用单位体积水体中(如 1 L)的鱼苗数来计算整个容器内的鱼苗数,此法由于东方鲀鱼苗活动能力强,集群性强,整个容器中往往有些地方鱼苗很集中,有些地方相对较少,通过单位体积来计数会造成计数准确度下降;第三种,采用"打杯"的方法,就是把鱼苗集入筛绢网兜中,然后用小型密网漏斗来捞,记录漏斗数,然后乘以各抽样漏斗(2~3 次)的平均数就是总的鱼苗数量,此法是传统常规鱼苗计数的常用方法,但是不适合东方鲀乌仔鱼苗,如果东方鲀鱼苗也用此法,在将该鱼苗高密度集入网兜时或用漏斗捞离水后,东方鲀就会很快鼓气,导致每漏斗的数量相差很大,各抽样漏斗数量相差超过 15%,造成计数不准。只有计数前尽量降低鱼苗应激反应、计数时特殊处理,才能获得较精确的数据。

为解决菊黄东方鲀乌仔鱼苗计数误差大的问题,提高该鱼苗计数准确度,上海市水产研究所研发了一种适合特殊应激反应(鼓气)的菊黄东方鲀乌仔鱼苗出池计数的方法。此法操作简便、方法实用、适合苗种规模化生产,误差控制在8%以内。

具体操作方法:菊黄东方鲀乌仔鱼苗计数前2天进行拉网锻炼,拉网锻炼是用30目柔软的筛绢网作为拉网工具,拉网时缓慢拉网到池顶头后,将筛绢网两侧慢慢收拢形成网围,将鱼苗集中于网围内,让鱼苗在较小的活动空间内适应5～10 min,然后网围放开一口,让鱼苗自由游出网围,这样连续锻炼2～3次,使鱼苗适应拉网操作。鱼苗计数前,停食4～5 h,让其胃肠的饵料尽量排空,用拉网方式将鱼苗集中到20目的网围内,用水瓢或水盆将鱼苗舀入同温同盐干净水的20目网箱中,整个操作过程鱼苗不离水。待鱼苗在网箱中把饵料全部吐出,时间为30～60 min,再进行翻箱清理,即将网箱一边抬高,并对网箱轻轻拨水,使鱼苗顶水逆流集群到网箱抬高的一边,这时用网目为60～80的柔软筛绢的捞网将鱼苗分级放入不同的干净网箱中,让垃圾杂物沉淀在原来网箱中,减少混在鱼群中的杂物,同时也确保同一个网箱内的鱼苗规格均匀。鱼苗分级后在新网箱中再适应30～40 min,用网目为60～80的柔软筛绢的捞网从网箱底部往上垂直捞取鱼苗,每次捞网中的鱼苗平均规格与网箱中的相似,将盛有鱼苗的捞网半置于水中,以免鱼苗离水鼓气,若发现捞网中的鱼苗有鼓气现象必须马上放回网箱中,一般鱼苗置于捞网中的时间不超过1～2 min。用样杯(即小型密网漏斗)在捞网中捞鱼苗并在鱼苗鼓气前放入目标容器中,每次样杯捞取的时间尽量短且相等,时间一般为2～3 s。记录样杯捞鱼苗的次数,抽取捞鱼苗过程中的前、中、后3～5次样杯内的鱼苗进行人工数苗,每样杯内数量相差小于5%,取平均值,然后乘以捞取样杯数就是总的鱼苗数量。

仔稚鱼培育典型案例

上海市水产研究所近年来主要人工养殖亲鱼,通过人工催产、人工授精获得受精卵,经室内水泥池培育获得菊黄东方鲀乌仔鱼苗(1.0～1.5 cm),2004～2016年共计获得609.4万尾,实现全人工规模化繁育。历年培育菊黄东方鲀乌仔鱼苗情况如表4-1所示,其中2004～2007年,每年培育菊黄东方鲀鱼苗(1 cm)约50万尾,根据生产和科研的需要,2009年、2012年培育鱼苗超过100万尾,分别达到124.0万尾和108.9万尾。而近几年,根据市场和科研需要,苗种培育规模控制在30万左右,且大部分鱼苗经过夏花鱼种培育后用于增殖放流。

表 4-1 上海市水产研究所历年苗种培育情况

年　份	数量/万尾
2004	52.1
2005	49.6
2007	54.0
2008	28.8
2009	124.0
2010	38.0
2011	15.0
2012	108.9
2013	36.0
2014	38.0
2015	25.0
2016	40.0
总计	609.4

上海市水产研究所经过多年关键技术参数的优化,形成了较为完善的苗种培育技术方案,已具备菊黄东方鲀规模化苗种培育的能力。

4.2　幼鱼(夏花鱼种)培育

一般在菊黄东方鲀室内育苗池培育到鱼苗全长至 1.0～1.5 cm 时,需要移出育苗池,即进入幼鱼(夏花鱼种)培育阶段。目前,幼鱼(夏花鱼种)培育主要有两种方法:一种是土池培育;另一种是塑料大棚水泥池培育。

上海市水产研究所近几年主要采用土池培育夏花鱼种,2012～2015 年累计培育夏花鱼种 86 万尾。其中,2012 年培育 30 万尾,2013 年培育 21 万尾,2014年培育 20 万尾,2015 年培育 15 万尾。

4.2.1　土池培育

由于土池相对水泥池面积大,水质比较稳定,饵料生物也容易培养,条件要求低,因此,菊黄东方鲀幼鱼(夏花鱼种)培育大多采用此方法。

1. 池塘条件

用于鱼种培育的池塘应选择在水源充足,水质无污染,进排水方便的沿海或河口区域,池塘朝向以东西为佳,池底平坦淤泥少,保水性能好,面积以 3～5

亩,水深 1.5~2.0 m 为宜。养殖环境条件:水温 20~33 ℃,最适水温 25~30 ℃;盐度 8~25,最适盐度 10~15;溶解氧大于 5 mg/L,pH 7.5~8.5。池塘周围不应有高大的树木和房屋,避免阻挡阳光照射和风的吹动,配备 1.5 kW 叶轮式增氧机 1~2 台。

2. 放苗前准备

放苗前进行塘内杂物清理和塘底平整,排水口用 30 目闸网,近池面用 20 目弧形围网防止鱼苗逃逸,检查并确认牢固无漏洞。根据放苗时间提前用生石灰 100~200 kg/亩或 20 mg/L 漂白精制成水溶液对池塘进行泼洒消毒,彻底杀灭野杂鱼、致病菌及有害生物。待池塘消毒 2 天后,进水至淹没池底浸泡,浸泡 48 h 后彻底排干曝晒待用。

3. 进水施肥

根据放苗时间,提前进水,正常情况提前 10~20 天进水,先进水 0.5 m,然后施入基肥:有机肥采用已发酵的牛粪、猪粪等 100 kg/亩或无机复合肥 2.5 kg/亩,使用时沿池边多点投放,根据水色情况和饵料生物量等逐步少量多次追肥和添加水直至水位达到 1.0~1.2 m。

4. 增氧设施的配置和使用

进水后即安装增氧机,按照每 3~5 亩配备 1.5 kW 增氧机 1 台,肥水期间晴好天气中午开机 1 h,晚上则基本不开机。鱼苗下塘前,提前打开增氧机以使池水不分层及饵料生物分布均匀。放苗后,晴天中午开机 1 h,下半夜开机 5 h,天气恶劣则增加开机时间。

5. 饵料生物培养

鱼苗放养前要充分培养好饵料生物,而且最好能确保池内中小型饵料生物占比较高,同时又有一定量的大型饵料生物,这样鱼苗一下塘就有充足的适口饵料,还能保证后续饵料生物的繁殖和补充。放苗前池内饵料生物量的掌握可以用一个 250 mL 烧杯在池内多点取样,每杯达到 5~30 个为宜,少于 5 个则可通过从其他饵料生物较丰富的池塘内捞取进行接种。由于发塘用水是低盐度海水,其饵料生物往往以剑水蚤为多,因此当水色较浓时(藻类大量繁殖),可从其他鱼塘内捞取一些中大型的枝角类等浮游生物进行接种。

6. 放苗(图 4-5)

当室外池塘水温升至 20 ℃ 以上时,鱼苗即可放养,但放苗前要进行"试水",看鱼苗是否能适应池水。选择晴好天气在池塘的上风处放苗,放养前要提前 1~2 h 开启增氧机,使池水溶解氧保持在 5 mg/L 以上,池水盐度同室内育苗盐度应基本一致,温差控制在 2 ℃以内,盐度差控制在 3 以内。放养密度根据池内饵料生物量一般以 8 000~12 000 尾/亩为宜。

具体操作方法有两种。第一种是苗袋放苗,适用于远距离运输的鱼苗下塘。先将打包运输的苗袋飘于池内 15~30 min,然后打开苗袋,向袋内缓缓灌入池水(少量多次),并晃动苗袋,当苗袋内的水温、盐度等与池内相当时才能放苗。第二种是活水车放苗,适用于近距离运输的鱼苗下塘。将育苗池内鱼苗计数后,采用带水操作方式转运至活水车内,活水车转运密度一般以 30 000~40 000 尾/m³为宜,下塘时用虹吸法将鱼苗带水虹吸至池塘内(图 4-5)。

图 4-5　菊黄东方鲀池塘放苗

7. 日常管理

日常管理主要是既要保持足够的饵料生物,又能维持一定的水色。水质常规指标:自然水温 16~28 ℃,溶解氧大于 5 mg/L,pH 7.5~8.5,透明度 30~50 cm,如遇恶劣气候则增加增氧机的开机时间,保证鱼苗对氧气的需求。调控好池塘水质,适时加水或换水,平时根据池水水色、饵料生物量添换水。培育期间,天然饵料不足时,每天清晨按 0.25~0.5 kg/亩的黄豆量的豆浆进行全池泼洒,或从其他海水池塘内捞取饵料生物,滤除野杂鱼后直接投喂,此外,还可以采用倒池的方法,即将鱼苗拉网移入另一个已培养好有足够饵料生物的池内继续培育。平时加强值班巡逻,掌握池鱼动态。清除塘边的高大杂草(如芦苇之类),及时捞起塘内漂浮的杂物、死鱼。做好养殖期间各项管理内容的详细记录。

8. 驯食

菊黄东方鲀鱼苗经 20～30 天的饲养,鱼苗全长长至 3.0～3.5 cm,当池内饵料生物量已明显减少而鱼苗开始沿池边游时,就可以开始驯食。具体方法是:人工饵料选用鳗鱼饲料,先将鳗鱼饲料拌成浆液沿池边泼洒,然后用鳗鱼饲料做成小面团,沿池边 0.5～1 m 水域隔 2～3 m 投一小团,多点引食,即俗称"笃滩",先投四边,后逐步缩至正常养殖投饵区(饲料台区),最后将饵料逐步投放到饲料台上,让鱼种习惯在饲料台上吃食,并做到定时定点,这样便于检查剩料和观察鱼种的吃食活动情况。当有一部分鱼已明显转食人工饵料后,一定要及时分塘,否则鱼的大小分化严重,影响小鱼生长且易发生同类相残。一般通过 7～10 天的驯化,驯化率可达 85%～95%。

9. 拉网锻炼与分池

经饲养管理,鱼苗长至全长 3.0 cm,而池内饵料生物量又已明显减少时,就应及时分池。为了减少鱼种在移池与分池时的应激反应,减少分塘时计数、运输等操作的损伤,提高搬运成活率,需要对鱼种进行拉网锻炼。拉网锻炼分三步:第一步,先用网将全池鱼拉到一边,不用起网直接放开;第二步,将全池鱼用网拉到一边后起网,然后直接放开;第三步,将全池鱼用网拉到一边后起网,并在网中停留 5～10 min 再放开。

菊黄东方鲀抢食能力强,部分鱼转食后生长速度加快,并与其他鱼的个体差距拉大,要将这部分鱼及时筛选分离,另选池塘集中饲养,分池前应提前一天停食。夏花鱼种的分塘放养密度可以根据后续分塘次数及空塘数量灵活掌握,一般为 1 500～5 000 尾/亩。筛选需定期进行,在此期间投饵量要充足,摄食时间可适当延长。

典 型 案 例

2014 年,上海市水产研究所奉贤基地采用编号为 7# 和 8# 的池塘,每口池塘面积均为 0.33 hm² (即约 5 亩),长方形,池深 1.5～2.0 m,开展菊黄东方鲀幼鱼(夏花鱼种)培育。5 月 14 日先用漂白精 20 mg/L 消毒池塘,5 月 16 日 150 kg/亩生石灰再次消毒,彻底杀灭野杂鱼、致病菌及有害生物。5 月 18 日施有机肥并进水 0.5 m,至 5 月 28 日放苗时水位已逐步加高到 1 m,并每口池都配备 2 台 1.5 kW 叶轮式增氧机。5 月 28 日放苗,菊黄东方鲀乌仔鱼苗平均规格为 1.0～1.2 cm,由室内育苗池移入池塘,每口池塘放养 60 000 尾,平均亩放 12 000 尾。放苗时,水温 22 ℃,盐度 11。6 月 12 日后养殖池内浮游动物已稀少,故从其他池塘用 4 寸①潜水泵和 80 目网袋抽滤浮游动物,投入养殖池,补充养殖池内饵料生物量。6 月 20 日后开始用蛋白质含量为 45% 的鳗鱼粉状配合饲料多点多天引食,引诱夏花鱼种转吃鳗鱼料,直至夏花鱼种上饲料台完全吃食人工饲料。在精心养殖管理下,于 7 月 8 日拉网分塘:7# 池塘起捕总尾数 48 000 尾,平均规格在 3.3 cm,成活率 80%;8# 池塘起捕总尾数 45 600 尾,平均规格在 3.0 cm,成活率 76%。分塘后即进入 1 龄鱼种培育阶段。

4.2.2 塑料大棚水泥池培育

目前,菊黄东方鲀幼鱼(夏花鱼种)培育大多采用土池培育方法,此方法受自然气候条件制约及池塘底质情况影响,存在着培育成活率低(40%～60%)、鱼苗因温度低而生长缓慢(40～50 天)、占地面积大的问题。塑料大棚水泥池培育区别于现有土池培育,是一种快速高效的菊黄东方鲀幼鱼(夏花鱼种)培育方法,这种方法提高了菊黄东方鲀幼鱼(夏花鱼种)培育的成活率,由原来常规土池培育的 40%～60% 提高到了 85%～95%,从而降低了幼鱼(夏花鱼种)培育的成本;经过 20 天的培育就能获得全长 4.0～5.0 cm 的幼鱼,相对于常规池塘培育 40～50 天的培育时间,缩短了近 1 个月,拉长了菊黄东方鲀当年常规养殖的时间,缩短了菊黄东方鲀整个养殖周期,节约了养殖成本。技术方案包括水泥池条件、放苗前准备、放苗、日常管理、驯食、拉网锻炼与分池。

1. 水泥池条件(图 4 - 6)

采用长方形水泥池,面积为 220 m²,深 1.8 m,池底平坦,有 3°～5° 的坡度,便于自流水,进排水方便。水泥池上方设置弓形环顶,顶部覆盖透光保温塑料薄膜,为防止藻类快速繁殖,降低透光率,在顶部加盖可调光的遮荫膜。水泥池

---

① 1 寸≈0.03 m。

进水口用 60 目筛网过滤,出水口用 15 目筛网阻挡排水时鱼苗逃逸。水泥池内放置气石,气石放置密度为 1.2 个/m²,用罗茨鼓风机 24 h 连续充气,冲气量以水面泛起水花为准。

图 4 - 6　塑料大棚水泥池

2. 放苗前准备

放苗前对水泥池消毒,进水 20 cm,用 20 ppm 漂白粉溶解后全池泼洒,浸泡48 h 后,排水冲洗干净,晾干 3～4 天再使用。培育用水使用前最好经过池塘一级沉淀、80 目筛绢网过滤。水质常规指标:海水盐度 10～25,自然水温 25～28 ℃,溶解氧大于 5 mg/L,pH 7.5～8.5。

3. 放苗

放养规格为全长 1.0～1.2 cm/尾,放养密度为 1 000～1 500 尾/m²。放苗时水位 70 cm,第二天起每天注入 20 cm 新水,4 天后加满,水深达到 1.5 m。随着水位的升高水体加大,稚鱼的养殖密度由此渐稀。第 5 天开始隔天换水 50%。

4. 日常管理

勤巡池、勤观察、勤记录,随时掌握池鱼动态,发现问题及时处理。水泥池不能停止充气,避免缺氧引起浮头。调控好水质,适时加水或换水。投饵工具和饲料台等需定期清洗和消毒。发现鱼种规格有大小差异时需及时过筛分开养殖。

5. 驯食

前期鱼苗(全长 1 cm)投喂由池塘打捞上来的中型枝角类和桡足类,中期鱼苗(全长 1.5～2.5 cm)开始投喂冰冻大丰年虫。生物饵料投喂方法:定时、定点、少量多次,引诱鱼集群上来觅食,边吃边投,投到鱼群吃得差不多散开为止,做到投饵量即为摄食量,不让多余的饵料污染水体。鱼苗全长达到 3.0 cm 时,鱼苗饵料开始由冰冻大丰年虫过渡到配合饲料,将鳗鱼饲料做成饼放在饲料台上,鱼苗会慢慢接近鳗鱼饲料撕咬,半小时后取走饲料台,补充投喂冰冻大丰年虫,过渡 3～4 天后全部投喂鳗鱼饲料,直至迁移至外塘进入正常的商品鱼养殖。

6. 拉网锻炼与分池

由于池底不吸污,养殖 10～15 天后(稚鱼长到 3 cm)需要倒池,以清理大量的饵料碎屑和鱼类排泄物。倒池的具体方法:将满池水放去 2/3,拉网将鱼搬到隔壁事先备好的清水池中,同时将 2 池鱼稀分成 3 池,更有利于稚鱼的快速生长。

典 型 案 例

2004 年 5 月 2～19 日,在上海市水产研究所奉贤的苗种技术中心基地,菊黄东方鲀鱼苗(1.0～1.2 cm)58 万尾经过 20 天简易塑料大棚水泥池培育,共培育出 4.0～5.0 cm 的幼鱼 52 万尾,平均成活率 89.7%,获得了良好的效果。

4.3　仔稚幼鱼的发育和生长特点

4.3.1　仔稚幼鱼的形态发育(施永海等,2010)

上海市水产研究所(施永海等,2010)依据菊黄东方鲀的形态变化、食性转变、行为能力的增强,将菊黄东方鲀仔稚鱼发育分为前期仔鱼(0～4 日龄)、后期仔鱼(5～8 日龄)、前期稚鱼(9～12 日龄)、中期稚鱼(13～20 日龄)和后期稚鱼(21～35 日龄)5 个阶段,每个阶段由若干个时期组成,总共为 17 个时期。在盐度 10.0～13.5、温度 20.5～26.0 ℃条件下,鱼苗历时 35 天完成从初孵仔鱼至夏花鱼种的发育。期间,鱼苗食性经历开口和转食配合饲料 2 个关键时期,食物转换依次为:卵黄、轮虫、卤虫幼体、中型枝角类、大型桡足类和枝角类、底栖生物和虾类幼体、配合饲料。同时,鱼苗完成了由水体中上层向中下层的活动区域的转变。游泳行为经历了平游、巡游和池塘觅食巡游 3 个模式。

1. 前期仔鱼

从鱼苗孵化出膜至卵黄大部分被吸收、开始摄食外界营养。此阶段,随着鳔的充气、胸鳍的形成,鱼苗由长时间侧卧水底慢慢上浮,逐渐建立为平游模式,但总体活动能力比较弱,营养主要来自卵黄。到此阶段结束时,仔鱼由完全内生性营养转为内源、外源混合营养,仔鱼能主动自由地水平游动,此时是仔鱼从孵化池转入室内苗种培育池的最佳时期。共历时 4 天。

初孵仔鱼 0 日龄,水温(21.2±0.7)℃,积温 0.00 d·℃,全长(2.75±0.07) mm,肛前长(1.45±0.06) mm,体高(1.12±0.10) mm,肌节数 24～26 对,全身透明,略显淡黄色,体圆而粗短,背部略弯,头伏于卵黄囊上,卵黄囊较大、近椭圆形,长径(1.02±0.06) mm,短径(0.96±0.04) mm,油球小而密,多分散于近胚体侧,卵黄囊上有较大枝状黑色素;眼大色黑,脑部中央有一个明显的缺刻,耳石一大一小晶莹明亮,血管流明显,消化肠管直,前后端均未开启,有肛凹雏形;鳍膜明显,由头部前端延伸至尾部[图 4 - 7(1)]。仔鱼常侧卧于水底,运动能力不强,游泳时呈螺旋形向水面窜游,然后自由慢慢落入池底。

鳔原基出现期 1 日龄,水温(21.5±0.5)℃,积温 31.60 d·℃,全长(2.91±0.10) mm,肛前长(1.54±0.09) mm,体高(1.16±0.03) mm,头端从卵黄囊上抬起,身体伸直;口凹洞穿,口窝形成,上、下颌分开,并有张合动作,肛窝形成,体色明显变黑,黑色素由芒状变成星状,鳔的原基(腰点)出现[图 4 - 7(2)]。仔鱼多静卧水底,能做间歇性短距离上下窜动。

胸鳍雏形出现期 2 日龄,水温(21.2±0.7)℃,积温 52.95 d·℃,全长(3.05±0.09) mm,肛前长(1.61±0.08) mm,体高(1.14±0.07) mm,眼径0.31～0.32 mm,卵黄囊继续变小,口窝变大,张合频率增加,口裂高 0.22～0.23 mm,口裂宽 0.31～0.32 mm,体色继续变深,红色素出现,点状分布于鱼体中部、卵黄囊上方。鳔发育,充气变大,胸鳍雏形出现,长 0.40～0.42 mm[图 4 - 7(3)]。随着鳔的充气,仔鱼上浮,能借助雏形胸鳍作间歇水平游动,同时伴有窜游,仔鱼能长时间停留在水体中上层,静卧水底的时间明显减少。

口裂发育完成期 3 日龄,水温(21.0±1.0)℃,积温 74.05 d·℃,全长(3.26±0.05) mm,肛前长(1.69±0.05) mm,体高(1.16±0.08) mm,口发育完全,做有规律的张合动作,口裂高 0.44～0.45 mm,口裂宽 0.31～0.32 mm,

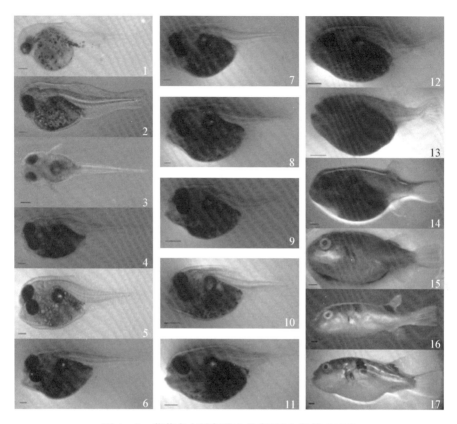

图 4 - 7　菊黄东方鲀仔稚鱼发育(施永海等,2010)

1. 初孵仔鱼；2. 出膜后 1 d；3. 出膜后 2 d；4. 出膜后 3 d；5. 出膜后 4 d；6. 出膜后 6 d；7. 出膜后 7 d；8. 出膜后 8 d；9. 出膜后 9 d；10. 出膜后 10 d；11. 出膜后 11 d；12. 出膜后 12 d；13. 出膜后 14 d；14. 出膜后 20 d；15. 出膜后 25 d；16. 出膜后 30 d；17. 出膜后 35 d。1~8 图的标尺：0.2 mm。9~12 图的标尺：0.5 mm。13~17 图的标尺：1.0 mm

胸鳍鳍条形成[图 4 - 7(4)]。鱼苗能借助发育较完全的胸鳍作较长时间的水平游动,并伴有前冲运动,鱼体能保持平衡。

开口摄食期　4 日龄,水温(21.7±0.7)℃,积温 95.40 d・℃,全长(3.39±0.07) mm,肛前长(1.75±0.04) mm,体高(1.18±0.05) mm,卵黄囊物质大部分被吸收,油球集合变大。口裂张合频率明显加大,鳃裂形成,肠发生弯曲且有蠕动,消化管前后贯通,肛门发育完全,有绿色胎粪便排出[图 4 - 7(5)]。仔鱼开始摄食小型轮虫(0.2 mm×0.3 mm),如 S 型褶皱臂尾轮虫,仔鱼表现为被动摄食行为：食物必须离口裂非常近,仔鱼才张口摄食。仔鱼活动能力明显增强,主动自由地水平游动,鱼体能长时间水平静止于水体中上层。

2. 后期仔鱼

从仔鱼摄取外界营养至仔鱼卵黄物质消耗殆尽、完全依靠外界营养生活。此阶段为混合营养阶段,仔鱼继续以卵黄物质为营养,并从外界摄取食物。期间,各鳍形成,器官开始分化。本阶段,仔鱼摄食的主要外界食物是轮虫,主要活动于水体的中上层,活动能力进一步增强,逐渐建立巡游模式。历时 4 天。

皮刺出现期 6 日龄,水温(23.6±0.6)℃,积温 141.05 d·℃,全长(3.51±0.15) mm,肛前长(1.95±0.10) mm,体高(1.32±0.14) mm,腹部出现小皮刺,并有菊花状黑色素,消化肠进一步弯曲,肠蠕动明显加快[图 4-7(6)]。仔鱼活动能力明显增强,表现为主动摄食行为,摄食量明显增加,能摄食 L 型褶皱臂尾轮虫,摄食后鱼体腹部膨大发红。鱼苗集群性、趋光性明显,同时建立了巡游模式。

臀鳍原基出现期 7 日龄,水温(23.6±0.6)℃,积温 164.65 d·℃,全长(3.62±0.30) mm,肛前长(1.98±0.25) mm,体高(1.34±0.33) mm,臀部鳍膜向下扩张,形成臀鳍原基。鱼体腹部皮刺进一步增加,体表大量分布星状色素,已经很难看清内脏团[图 4-7(7)]。

肌肉分化期 8 日龄,水温(23.5±0.5)℃,积温 188.20 d·℃,全长(3.85±0.20) mm,肛前长(2.14±0.15) mm,体高(1.38±0.19) mm,卵黄囊已经吸收完全;鱼体背部出现黑色素,腹部出现点射状色素;臀鳍鳍条的雏形出现,肌肉分化,由原来的"V"形分化为"W"形[图 4-7(8)]。随着身体肌肉的发育,仔鱼活动能力进一步增强,开始摄食卤虫幼体,大小差异出现。

3. 前期稚鱼

从鱼苗完全摄取外界营养至尾椎上翘。此阶段鱼苗形态发育主要集中于各鳍的发育,随着鳍的发育,鱼苗平衡能力明显增强,主要活动范围为水体中层。鱼苗主要摄食卤虫幼体。历时 4 天。

背鳍原基出现期 9 日龄,水温(24.5±0.5)℃,积温 212.20 d·℃,全长(4.16±0.35) mm,肛前长(2.40±0.29) mm,体高(1.62±0.23)mm,背部鳍膜上举,形成背鳍原基[图 4-7(9)]。大多数鱼苗能摄食卤虫幼体,大小差异进一步明显。

齿板原基出现期 10 日龄,水温(24.5±0.5)℃,积温 236.70 d·℃,全长

(4.08±0.35) mm,肛前长(2.35±0.25) mm,体高(1.57±0.15) mm,齿板原
基出现[图 4－7(10)]。

尾扇形成期　11 日龄,水温(24.5±0.5) ℃,积温 261.20 d·℃,全长
(5.05±0.70) mm,肛前长(3.04±0.46) mm,体高(2.12±0.31) mm,背鳍鳍
条的雏形出现,尾鳍呈椭圆形,形成扇形。背鳍、臀鳍、尾鳍的鳍条出现[图
4－7(11)]。

尾椎上翘期　12 日龄,水温(24.5±0.5) ℃,积温 285.70 d·℃,全长
(4.69±0.68) mm,肛前长(2.77±0.48) mm,体高(1.92±0.36) mm,尾部脊
椎向上翘起。背鳍、臀鳍、尾鳍鳍条数分别为 10、8、7[图 4－7(12)]。

4. 中期稚鱼

从鱼苗齿板形成至各鳍发育完成。随着鱼苗齿板的形成,鱼苗出现互相残
杀现象,遇到攻击时会出现"鼓气"现象。到此阶段结束时,鱼苗全长 1.0～
1.5 cm(俗称乌仔),随齿板的发育完全,鱼苗捕食能力明显增强,此时是鱼苗下
塘的最好时期。本阶段,鱼苗主要生活于水体中下层,主要摄食枝角类、桡足
类,能撕食不能吞下的食物。历时 8 天。

齿板发育完成期　14 日龄,水温(24.5±0.5) ℃,积温 334.90 d·℃,全长
(7.64±0.71) mm,肛前长(4.87±0.55) mm,体高(3.48±0.38) mm,背鳍、臀
鳍、尾鳍鳍条数分别为 10、11、11。齿板发育完全,外鼻孔出现分化,鱼体前半部
分出现黄色素,身体外观呈橙黄色,身体肛后部分仍然透明[图 4－7(13)]。鱼
苗开始具有攻击性,鱼苗之间经常出现相互撕咬,鱼苗能摄食中型枝角类,同时
能撕碎不能吞食的食物,分而食之。此时,鱼苗遇到攻击或者危险时出现"鼓
气"现象。

鳍发育完成期　20 日龄,水温(24.5±0.5) ℃,积温 481.90 d·℃,全长
(13.61±1.09) mm,肛前长(8.45±0.68) mm,体高(5.42±0.61) mm,各鳍发
育完全,背鳍、臀鳍、尾鳍鳍条数分别为 14、12、11。头部、背部及臀鳍基部黑色
素明显增加,鱼体外观青黑色,俗称"乌仔"[图 4－7(14)]。鱼苗能摄食大型桡
足类和枝角类。鱼苗活动由水体的中上层转向中下层,活动能力强,生性好斗。

5. 后期稚鱼

从乌仔下塘至夏花鱼种。鱼苗形态发育主要集中于体表斑纹的形成。此
阶段鱼苗主要摄食大型桡足类、底栖生物及人工配合饲料;鱼苗建立池塘觅食

巡游模式。本阶段结束时,鱼苗发育完全、斑纹接近成体,开始摄食配合饲料,过筛分级后,开始正常的养殖生产。历时 15 天。

纵向色带形成期 25 日龄,水温(25.5±0.5)℃,积温 608.90 d·℃,全长(16.12±2.03) mm,肛前长(9.82±1.22) mm,体高(5.75±0.47) mm,鱼体外观青绿色,出现两条纵向色素带,鳃盖发育完全[图 4 - 7(15)]。鱼苗能摄食大型桡足类、腹足类幼体、水生昆虫等。

色斑形成期 30 日龄,水温(25.5±0.5)℃,积温 736.40 d·℃,全长(24.56±3.06) mm,肛前长(13.74±1.62) mm,体高(7.38±0.92) mm,鱼体色斑明显,背鳍基部一个黑斑,身体中部两侧(胸鳍后方)各出现一个圆形黑斑,尾鳍出现橘黄色,鱼体背部外观青绿色[图 4 - 7(16)]。鱼苗能摄食底栖生物、虾类幼体及仔虾、多毛类幼体,同时也能少量摄取悬浮人工配合饲料,鱼苗环池塘边作逆时针巡游,建立觅食巡游模式。鱼苗进入转食期。

夏花期 35 日龄,水温(25.5±0.5)℃,积温 863.90 d·℃,全长(28.74±2.05) mm,肛前长(16.18±1.17) mm,体高(8.48±0.84) mm,鱼体斑纹发育完全,呈"满天星"花纹,尾鳍橘黄色加深,臀鳍、胸鳍同时也出现橘黄色,身体中部圆形色斑颜色变深,面积变大,此时鱼苗体形、斑纹与成体基本一样[图 4 - 7(17)],鱼苗进入夏花幼鱼期(片子)。鱼苗开始摄食面团状人工配合饲料,同时个体间差异突显,此时是过筛分级的最佳时期。

菊黄东方鲀仔、稚鱼发育分期时,应以形态特征为主要依据,并兼顾其行为生态和摄食习性等特点。有关鱼类仔、稚鱼发育的研究中,大多数学者研究主要集中于形态的发育,并以此为标准来划分各发育阶段,往往忽视形态发育与行为生态及食性转变相结合的研究。形态特征的转变往往伴随着行为和摄食生态的改变,如随着口裂的发育完全,鱼苗出现首次摄食;随着各鳍的发育,鱼苗游泳和捕食能力逐步增强;鱼鳔的发生又增强了鱼苗保持身体平衡的能力;齿板的形成,改变了鱼苗的摄食行为,同时也因此出现了互相残杀的现象。在苗种培育生产中,弄清这些关联现象比单一地以形态特征来划分发育分期更有实际意义(施永海等,2010)。

4.3.2 仔稚幼鱼的骨骼发育

上海市水产研究所采用软骨-硬骨双染色法对初孵仔鱼到 56 日龄

[SL(34.87±4.24) mm]菊黄东方鲀的脊柱、附肢骨骼及皮刺的早期发育进行系统研究。结果表明,第 5 天[SL(3.19±0.08) mm]髓弓长出,第 9 天[SL(3.95±0.28) mm]脊柱开始软骨染色,第 13 天[SL(6.83±0.23) mm]脉弓长出,第 17 天[SL(8.75±0.43) mm]出现硬骨环,并从前往后开始硬骨化。第 29 天[SL(13.81±1.20) mm]脊柱硬骨化完成。每一髓弓、脉弓、髓棘和脉棘都是从基部向末端硬骨化的。所有髓弓、脉弓、髓棘和脉棘相对应的硬骨化顺序都是从前向后。附肢骨骼的发育顺序依次为胸鳍、臀鳍和背鳍、尾鳍。胸鳍的发育以 2 日龄[SL(2.84±0.09) mm]胸鳍的支鳍骨原基的出现为起点,28 日龄[SL(12.56±1.70) mm]软骨质的胸鳍支鳍骨形成,42 日龄[SL(22.30±2.67) mm]胸鳍硬骨化基本完成。背鳍和臀鳍出现在 9 日龄[SL(3.95±0.28) mm],29 日龄背鳍、臀鳍同时开始硬骨化,至 38 日龄[SL(18.46±1.64) mm]时,硬骨化完成并且鳍条末端出现分支鳍条,尾鳍发育以 11 日龄[SL(5.05±0.29) mm]脊索末端长出鳍条为起始特点,至 38 日龄硬骨化完成。期间伴随着鳍条转移、两个尾下骨及两侧尾骨的生长发育、长出两个镰刀状横骨、尾椎骨退化、出现分支鳍条等特点。皮刺发育始于 4 日龄[SL(3.00±0.08) mm]鱼少量肚皮刺的出现,16 日龄[SL(8.48±0.62) mm]开始长出头皮刺,单个皮刺硬骨化顺序为从皮刺中间开始向末端和基部进行。所有肚皮刺硬骨化几乎同时进行,而头皮刺则是从前往后。

菊黄东方鲀仔稚幼鱼骨骼发育的顺序(表 4 - 2)为:胸鳍(2 日龄)最先开始发育,其次是皮刺(4 日龄),脊柱、背鳍、臀鳍和尾鳍都是在第 9 天开始发育,脊柱在第 9 天时,最早开始软骨化,其他都是在第 12 天才开始。脊柱在第 17 天时最早开始硬骨化,胸鳍、背鳍、臀鳍是在第 29 天开始硬骨化,皮刺最晚,在第 36 天才开始硬骨化。脊柱第 29 天时最先硬骨化完成,其次是尾鳍,在第 38 天完成,然后是胸鳍在第 42 天完成,背鳍、臀鳍和皮刺最后,在第 56 天时完成。这是与鱼类对环境的适应相联系的,脊柱起着支持身体和保护脊髓、主要血管等作用,要首先硬骨化完成,而尾鳍起着提供动力和转向的作用,在尾鳍之后完成硬骨化。胸鳍、背鳍、臀鳍起着保持鱼体平衡的作用,皮刺为防御。根据所司功能的主次依次完成硬骨化。整个硬骨化过程中,尾鳍硬骨化持续时间最短,为 9 天,其次是脊柱 12 天,胸鳍 13 天,皮刺 20 天,背鳍、臀鳍为 27 天。

表 4-2 菊黄东方鲀脊柱、附肢骨骼及皮刺的发育和骨化进程

鳍名＼天数	开始发育日龄	开始软骨化日龄	开始硬骨化日龄	硬骨化完成日龄	硬骨化持续天数	开始发育到硬骨化完成用时
脊柱	9	9	17	29	12	20
胸鳍	2	12	29	42	13	40
背鳍、臀鳍	9	12	29	56	27	47
尾鳍	9	12	29	38	9	29
皮刺	4	12	36	56	20	52

1. 脊柱的发育

菊黄东方鲀脊椎骨数量为22节。第20节后节点处为躯椎和尾椎的分界点,其中躯干椎20节,尾椎2节。0日龄[SL(2.60±0.07) mm]仔鱼的脊索呈柳叶状,未见分节现象[图4-8(1)]。脊椎软骨化的顺序是从后往前,第9天时[SL(3.95±0.28) mm],脊柱软骨开始染色,尾尖处染色最深,往前逐渐浅染[图4-8(3)]。第17天时[SL(8.75±0.43) mm],出现硬骨环,开始硬骨化,发育顺序是从前往后[图4-8(5)],椎体前、后关节突也同时长出,第6对脊椎骨的椎体前关节突首先长出,发育顺序为从中间到两边。椎体后突则与硬骨环同步发育。第22天时[SL(9.89±0.40) mm],硬骨环全部长出[图4-8(8)]。脊椎的分节也越来越明显,第29天时[SL(13.81±1.20) mm],脊椎硬骨化完成[图4-8(9)]。前端硬骨化程度最高,往后依次降低。关于髓弓、髓棘、脉弓、脉棘的发育,第5天时[SL(3.19±0.08) mm],髓弓长出,这是脊柱发育的起始标志[图4-8(2)]。脊椎最前端的髓弓首先长出,发育顺序为从前往后。刚长出时均为倒"八"字形,随着发育的进行,有的髓弓合拢形成髓棘。至硬骨化完成时为止,共有20对髓弓,一般前6对髓弓一直为倒"八"字形,后面髓弓合拢形成髓棘[图4-8(7)]。脉弓比髓弓发育较晚。第13天时[SL(6.83±0.23) mm],第16对髓弓刚长出,同时第6对髓弓对应的脉弓才开始发育,呈叉形[图4-8(4)]。发育顺序是从中间到两边,后面脉弓全部长出后第4对髓弓对应的脉弓才最后长出。刚开始后面的脉弓也都为叉形,与臀鳍基部交汇处及后面的逐渐变为合拢型。至硬骨化完成时为止,共有20对脉弓,一般第1～7对为叉形,有的则为锥形[图4-8(6)],第8～18对合拢形成脉棘。从侧面看,第8～13对为反"L"形。这种结构展现出诸多优点:① 能够更好地辅助脊柱支

持身体、保护尾动脉和尾静脉;② 为鳔的充气腾出了空间,为配合"胀气"提供了有利条件;③ 为臀鳍支鳍骨基节延伸提供了附着平台,稳定了臀鳍支鳍骨的结构。每一髓弓、脉弓、髓棘和脉棘都是从基部向末端硬骨化的。所有椎体和髓弓、髓棘、脉弓、脉棘相对应的硬骨化都是由前向后进行的。

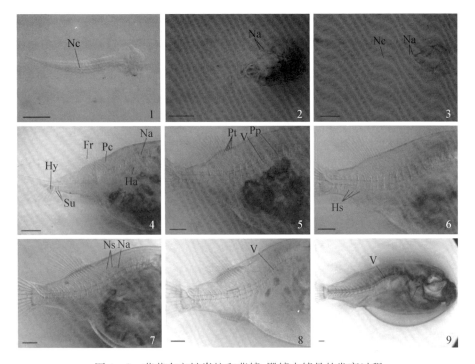

图 4 - 8　菊黄东方鲀脊柱和背鳍、臀鳍支鳍骨的发育过程

1.0 日龄仔鱼;2.5 日龄仔鱼;3.9 日龄稚鱼;4.13 日龄稚鱼;5.17 日龄稚鱼;6.18 日龄稚鱼;7.21 日龄稚鱼;8.22 日龄稚鱼;9.29 日龄稚鱼。

Fr. 鳍条;Ha. 脉弓;Hs. 脉棘;Hy. 尾下骨;Na. 髓弓;Nc. 脊索;Ns. 髓棘;Pc. 支鳍软骨;Pp. 椎体横突;Pt. 支鳍骨;Su. 侧尾下骨;V. 椎骨

2. 胸鳍

菊黄东方鲀胸鳍鳍条数为 17 枚。胸鳍骨骼发育较早,在第 2 日龄 $[SL(2.84\pm0.09)$ mm],可见支鳍骨原基,此时为软骨,染色较浅[图 4 - 9(1)]。第 3 日龄[$SL(2.88\pm0.07)$ mm],匙骨和乌喙骨出现,乌喙骨前端连接细长的匙骨,后端连接支鳍骨原基,此时匙骨还未软骨化。第 7 日龄[$SL(3.45\pm0.11)$ mm],匙骨和乌喙骨软骨化染色较深,可以清晰地看到[图 4 - 9(2)]。第 9 日龄[$SL(3.95\pm0.28)$ mm]从前往后已经长出 9 个鳍条,此时鳍条还未软骨化,所以透明无染色[图4-9(3)]。到第12天[SL(6.01±0.33) mm]时,支鳍骨原基逐渐发育成为支鳍软骨,染色逐步加深,肩胛骨出现,与乌喙骨上方相连接[图4-9(4)]。第15天[SL(7.97±0.56) mm]时,5个支鳍软骨染色进一步加深,鳍条基部的支鳍骨也在不断长出,肩胛骨退化消失[图4-9(5)]。第20天[SL(8.91±0.67) mm]时,5个支鳍骨清晰可见,支鳍骨软骨化,染成一个个蓝点。但是第一个鳍条基部并无软骨染色,支鳍骨软骨化完成[图4-9(6)]。第28天[SL(12.56±1.70) mm]时,鳍条逐渐由膜骨向软骨化发育,逐渐染成浅蓝色。第29天时,匙骨硬骨化完成,支鳍骨软骨染色正逐渐被硬骨化染色所替代,顺序从前至后[图4-9(7)]。第36天时,4个支鳍骨都进行了硬骨化,鳍条基部也进行了硬骨化,硬骨化进行进一步加深。第42天[SL(22.30±2.67) mm]时,胸鳍硬骨化基本完成,鳍条中后部出现明显分叉,支鳍骨边缘保留部分软骨。鳍条的前1/3均硬骨化[图4-9(8)]。与第56天[SL(34.87±

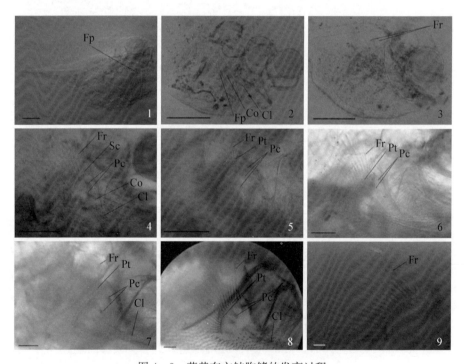

图4-9 菊黄东方鲀胸鳍的发育过程

1.2日龄仔鱼;2.7日龄仔鱼;3.9日龄稚鱼;4.12日龄稚鱼;5.15日龄稚鱼;6.20日龄稚鱼;7.29日龄稚鱼;8.42日龄幼鱼;9.56日龄幼鱼。

Cl.匙骨;Co.乌喙骨;Fp.支鳍骨原基;Fr.鳍条;Pc.支鳍软骨;Pt.支鳍骨;Sc.肩胛骨

4.24) mm]的幼鱼差异不大[图 4 - 9(9)]。

3. 背鳍和臀鳍

作为附肢骨骼中的奇鳍,背鳍和臀鳍的发育几乎同步。菊黄东方鲀背鳍鳍条数为 14～16 枚,臀鳍鳍条数为 13～14 枚。第 9 天时,背鳍支鳍软骨出现。同时在臀鳍处 5 枚臀鳍支鳍软骨长出并以从中间到两边的顺序发育,它们以臀鳍着生处为生长点向体内生长[图 4 - 10(1)]。第 11 天时[SL(5.05±0.29) mm],背鳍中间长出 3 枚支鳍骨,与之相对应的鳍条也同时长出。臀鳍中间长出 6 枚支鳍骨,与之相对应的鳍条也同时长出,更多支鳍软骨长出,同时继续向脊椎方向延伸。到第 12 天时,出现了更多支鳍骨、支鳍软骨和鳍条,鳍条生长过程中同时进行软骨化。臀鳍第 1 支鳍软骨和第 2 支鳍软骨在延伸过程中合并,生长成为一枚支鳍软骨并继续向前延伸。支鳍软骨染色明显加深。到第 17 天时[SL(8.75±0.43) mm],背鳍鳍条和臀鳍鳍条全部长出,此时鳍条还未软骨化,未染色。支鳍软骨继续延伸与髓棘呈交叉排列,背鳍第一支鳍软骨延伸得最长,穿过髓棘之间的空隙,其顶点到达髓管处,从前往后各支鳍软骨的延伸依次变短。臀鳍支鳍软骨与之类似,第 1 支鳍软骨的顶端已到达脉弓处。背鳍鳍条末端和臀鳍鳍条末端均开始出现第一分节点,鳍条出现分节点的顺序为从中间到两边。第 18 天时[SL(8.76±0.76) mm],可以清晰地看到臀鳍支鳍骨和鳍条基部紧密连接,以及背鳍支鳍软骨、臀鳍支鳍软骨在体内的分布,鳍条与支鳍骨结合之处染色明显,呈现一个个蓝点[图 4 - 10(2)]。第 20 天时[SL(8.91±0.67) mm],背鳍支鳍软骨和臀鳍支鳍软骨软骨化完成。可以看到背鳍的第 2 支鳍软骨与其他支鳍软骨生长方向不一致,而是从基部绕过第 1 支鳍软骨按着与脊柱平行的方向生长,其软骨化尚未完成[图 4 - 10(3)]。第 24 天时[SL(10.79±1.05) mm],鳍条软骨化完成[图 4 - 10(4)]。第 29 天时,背鳍、臀鳍鳍条软骨化完成,同时支鳍软骨开始硬骨化。从支鳍软骨中部开始,逐渐向两端扩展[图 4 - 8(9)]。第 36 天时,背鳍支鳍软骨和臀鳍支鳍软骨硬骨化完成,可以清晰地看到支鳍软骨的硬骨染色到软骨染色的过渡和软、硬骨的明显界限,支鳍软骨基部为软骨。支鳍骨与鳍条连接处既有软骨又有硬骨,支鳍骨为软骨,鳍条逐渐硬骨化,硬骨化顺序从中间到两边。从前往后随着骨头由大到小的变化染色面积也依次减少。鳍条上分节点增加,从中间到两边分节数依次减少[图 4 - 10(5)]。第 38 天时[SL(18.46±1.64) mm],背鳍和臀鳍从中间到两边鳍条硬骨化程度加深。鳍条上分节点增多,节点清晰可见,被染成红色。中间的鳍条末端出现分叉,从中间往后鳍条分叉程度依次减轻[图4-10(6)、(7)]。背鳍、臀鳍鳍条发育的最终状态[图4-10(8)、(9)],为第56日龄幼鱼的照片。与之前相比,鳍条硬骨化的程度更深,范围更大,硬骨染色已经蔓延到鳍条的第二排分节点往后,但之后到鳍条末端仍为软骨,背鳍、臀鳍鳍条最终还是硬骨和软骨并存。随着中间鳍条的生长,鳍条末端的分叉起点往前推移至鳍条中部。从中间的鳍条往后,分叉点往鳍条末端推移。背鳍、臀鳍的前几根鳍条没有分叉。

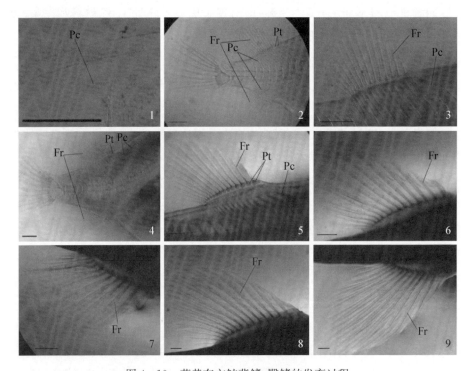

图4-10 菊黄东方鲀背鳍、臀鳍的发育过程

1.9日龄稚鱼;2.18日龄稚鱼;3.20日龄稚鱼;4.24日龄稚鱼;5.36日龄幼鱼;6.38日龄幼鱼;7.38日龄幼鱼;8.56日龄幼鱼;9.56日龄幼鱼。

Pc.支鳍软骨;Pt.支鳍骨;Fr.鳍条

4. 尾鳍

早期仔鱼的脊索为直线状[图4-8(1)]。直到第9天时,脊索末端开始软骨化染色[图4-8(3)]。第11天时,在靠近脊索末端腹侧出现了1枚单独的鳍条和1枚长在1个尾下骨上的鳍条,两个鳍条几近透明。在未成形的脊柱中央,可见一条直线形的脊索[图4-11(1)]。第12天时,长出6个鳍条,其中3个鳍条长在软骨质的尾下骨上,同时侧尾下骨出现。只有尾下骨和尾尖呈现软骨化浅染[图4-11(2)]。第13天时,脊索末端开始上翘。出现1枚侧尾上骨和腹面与之相对的1枚侧尾下骨即第一侧尾下骨,同时第二尾下骨出现。由中间到两边鳍条末端开始出现分节点。此时共长出10个鳍条。第一尾下骨上4个,第二尾下骨上4个,第二侧尾下骨上1个,第一侧尾下骨上1个。第二侧尾下骨与第一尾下骨基部形成联合,围成一个倾斜的勺子形。侧尾上骨、尾下骨、侧尾下骨都呈现出较深的软骨化染色,之前长出的鳍条软骨化染色较浅,尾尖和新长出的鳍条逐渐由透明到软骨化浅染[图4-11(3)]。第15天时,脊索上翘幅度增大,在第一尾下骨和第二尾下骨处明显弯曲,在弯曲处可见脊索由弯曲处向前一分为二。鳍条数量未变,布局发生变化,之前第一侧尾下骨生长的1个鳍条转移到第二侧尾下骨上,第二侧尾下骨的1个鳍条转移到第一尾下骨上。第二侧尾下骨基部与第一尾下骨基部连接为一个整体。第一尾下骨与第二尾下骨间的距离变小。两者的形状也略有变化,软骨染色进一步加深[图4-11(4)]。第16天时[SL(8.48±0.62) mm],脊索上翘幅度更大。第二尾下骨上方靠近脊索的地方新长出1个鳍条,鳍条基部紧贴最后一节尾椎。鳍条全部长出,总数达11个。鳍条出现第二排分节点。到第17天时,末端的脊索部分游离出来,在第一侧尾上骨后面出现一块新的侧尾上骨,第一侧尾上骨基部相连,呈软骨化染色,侧尾上骨和侧尾下骨染色清晰,形状相似,呈钟形。第19天时,在第一、第二尾下骨基部与尾杆骨连接处分别长出1个横状的软骨,紧贴尾下骨并分布在二者之间的空隙中[图4-11(5)]。第20天时,脊索消失。第21天时[SL(9.34±0.60) mm],两个横状骨继续生长,呈镰刀形,中间两个鳍条末端开始分叉,之后中间到两边鳍条依次进行。第二侧尾上骨变得细长,第一侧尾下骨形状变为不对称的叉形。第22天时,长出椎体前突。第24天时,髓弓等椎骨结构生长完全。但其髓弓髓棘、脉弓脉脊的朝向与躯椎骨的朝向相反,以第20节点为轴对称分布。第29天时,可清楚看到最上端的鳍条由与最后一节尾椎骨并列的骨骼支撑,两个镰刀状横骨基部与最后一节尾椎骨相连接。除了尾尖两尾椎骨已完成硬骨化,尾鳍其他骨骼均开始硬骨化,尾下骨、鳍条、侧尾上骨均由基部开始,向末端进行,侧尾下骨则由中间开始,向两端进行。第36天时[SL(17.28±1.60) mm],最后一节尾椎骨退化,其上的镰刀状横骨完成硬骨化。第一节尾椎骨宽大而扁平,形状发生变化,其上的髓弓髓棘、脉弓脉脊的末端朝向逐渐与躯椎保持一致,其椎体后突比较发达,以便与最后一节尾椎骨紧密连接。硬骨化完成后属于尾椎的第 21 块脊椎骨也在发生变化,髓弓髓棘、脉弓脉棘在此节前端长出,而且其偏折方向和躯椎的偏折方向相反,椎骨上方下方都和软骨相连接。发育完成后与前面的脊椎骨基本保持一致,其他骨骼也有不同程度的生长,如图 4 - 11(6)。第 38 天时,第一尾下骨和第二尾下骨之间从基部到末端连接逐渐紧密,鳍条硬骨化完成。第一、第二尾下骨末端,第一侧尾下骨末端、第二侧尾下骨基部和第一侧尾上骨顶端仍保留部分软骨。中间鳍条末端分叉已延伸至鳍条中前部。鳍条末端没有硬骨化。鳍条硬骨化完成后尾鳍继续发育,第 40 天时[SL(19.34±1.63) mm],第一、第二尾下骨之间仅剩一小缺口,镰刀状横骨分布在二者连接处[图 4 - 11(7)]。第 42 天时,最后一节尾椎骨逐渐变得尖锐,尾部最上面的鳍条基部深入第二尾下骨中[图 4 -

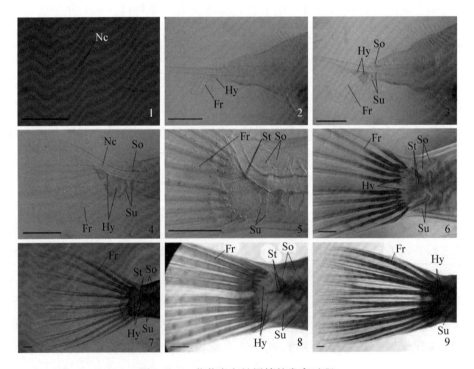

图 4 - 11　菊黄东方鲀尾鳍的发育过程

1.11 日龄稚鱼;2.12 日龄稚鱼;3.13 日龄稚鱼;4.15 日龄稚鱼;5.19 日龄稚鱼;6.36 日龄幼鱼;7.40 日龄幼鱼;8.42 日龄幼鱼;9.56 日龄幼鱼。

Fr. 鳍条;Hy. 尾下骨;Nc. 脊索;So. 侧尾上骨;Su. 侧尾下骨;St. 镰刀状横骨

11(8)]。第 56 天时,在鳍条末端,由中间鳍条向两边鳍条开始出现第二级分叉,之后的尾鳍仅存在鳍条硬骨化程度的差异,鳍条末端始终为软骨[图 4 - 11(9)]。

菊黄东方鲀的胸鳍、背鳍、臀鳍、尾鳍均为分支鳍条,而且均为软条,无鳍棘。

5. 皮刺

菊黄东方鲀的皮刺按着生部位可以分为两种:肚皮刺和头皮刺。肚皮刺发育比较早,在第 4 天时,腹部中央出少量肚皮刺,同时向四周扩散,四周可见皮刺原基[图 4 - 12(1)]。第 9 天时,皮刺变长,覆盖面积扩大,从后颌骨往下至前门前部腹面及侧面的一部分均有皮刺覆盖[图 4 - 12(2)]。第 12 天时,皮刺开始软骨化[图 4 - 12(3)]。第 16 天时,鱼头上开始长出少量皮刺,由颅骨正上方向周围扩展[图 4 - 13(1)]。第 17 天时,头皮刺在生长的同时进行软骨化,可见头皮刺和肚皮刺的原基[图 4 - 12(4)、图 4 - 13(2)]。第 24 天时,随着鱼体的发育,有的肚皮刺开始有分节点,有的则末端带有小钩,肚皮刺基部从皮肤的表皮形成小的隆起。而此时,头皮刺则与头皮呈一定倾斜角度向后生长。第 27 天时,头皮刺生长更加粗壮[图 4 - 13(3)]。第 28 天时,肚皮刺仍显示出非常明显的软骨染色[图 4 - 12(5)],头皮刺也呈软骨染色[图 4 - 13(4)]。第 32 天时[SL(15.25±0.95) mm],可见肚皮刺上有小钩。第 36 天时,肚皮刺开始硬骨化,单个肚皮刺的硬骨化顺序从皮刺中间开始,往末端和基部延伸。对所有皮刺总体来说几乎是同步进行的[图 4 - 12(6)]。同时,头皮刺也开始硬骨化,单个头皮刺的硬骨化顺序也是从中间向皮刺末端和基部进行延伸。对所有的头皮刺来说,从前往后进行硬骨化[图 4 - 13(5)]。到第 40 天时,肚皮刺硬骨化程度加深,鱼通体透明,软骨硬骨染色分界明显[图-12(7)]。此时,头皮刺开始硬骨化,单个头皮刺硬骨化顺序为从中间到两端,即从皮刺中间向末端和基部进行,总体的顺序是从前往后[图 4 - 13(6)]。第 42 天时,可以非常清楚地看到,肚皮刺硬骨化完成。从正面看,可以看到肚皮刺基部肥大。每个肚皮刺基部与表皮间均有 4~5 分支的处鸭蹼状的连接。该连接以皮刺基部为中心点,向四周发散。几条发散的分支与皮肤表皮相连。以便能够与皮肤牢固地连在一起,同时又不失皮刺活动时的灵活性。连接点在一起呈星形或五角星形。平时肚皮刺紧贴着表皮与皮肤平行,当遇到紧急情况或危险时,则竖立起来,起警示作

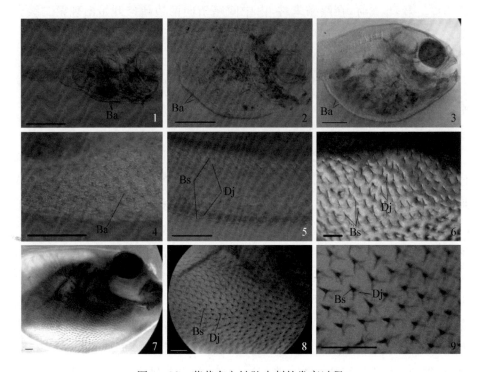

图 4 - 12　菊黄东方鲀肚皮刺的发育过程

1.4 日龄仔鱼；2.9 日龄稚鱼；3.12 日龄稚鱼；4.17 日龄稚鱼；5.28 日龄稚鱼；6.36 日龄幼鱼；7.36 日龄幼鱼；8.42 日龄幼鱼；9.56 日龄幼鱼。

Ba.肚皮刺；Bs.骨刺；Dj.鸭蹼状连接

用[图 4 - 12(8)、(9)]。头皮刺硬骨化未完全，整齐排列[图 4 - 13(7)]。到了第 50 天时[SL(29.51±3.44) mm]，头皮刺正在硬骨化，位于中间的皮刺仍然呈现软骨染色[图 4 - 13(8)]。直到第 56 天时，头皮刺硬骨化才完全完成[图 4 - 13(9)]。

4.3.3　仔稚幼鱼的生长特性(施永海等,2010)

上海市水产研究所(施永海等,2010)对同一批鱼苗进行连续观察，采用 Olympus 体式显微镜对 0～35 日龄鱼苗进行观察、测量及摄影；后期(20 日龄后)，采用卡尺测量鱼体各部分长度。仔鱼出膜当天记为 0 日龄。

1. 生长基本情况

鱼苗全长平均的特定生长率为 6.71%/d,前期仔鱼(0～4 日龄)、后期仔鱼

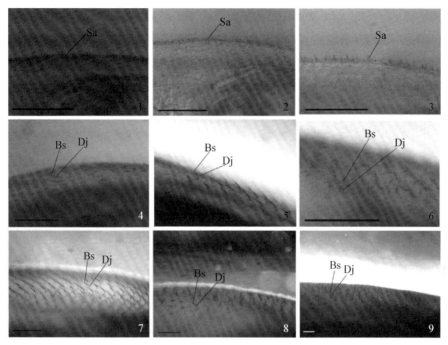

图 4 - 13 菊黄东方鲀头皮刺的发育过程

1. 16 日龄稚鱼；2. 17 日龄稚鱼；3. 27 日龄稚鱼；4. 28 日龄稚鱼；5. 36 日龄幼鱼；6. 40 日龄幼鱼；7. 42 日龄幼鱼；8. 50 日龄幼鱼；9. 56 日龄幼鱼。

Bs. 骨刺；Dj. 鸭蹼状连接；Sa. 头皮刺

（5～8 日龄）、前期稚鱼（9～12 日龄）、中期稚鱼（13～20 日龄）、后期稚鱼（21～35 日龄）各阶段的全长特定生长率分别为 5.27%/d、3.18%/d、4.95%/d、13.31%/d 和 4.98%/d。其中后期仔鱼阶段最低（3.18%/d），中期稚鱼阶段最高（13.31%/d）。

2. 全长与日龄及积温的关系

全长与日龄及积温均呈指数函数相关关系，关系式分别为 $L=2.415\ e^{0.077\ 1t}$（图 4 - 14）、$L=2.538\ 7\ e^{0.003\ 1D}$（图 4 - 15）。由于在 13 日龄前鱼苗的密度限制了其生长，鱼苗在 11～13 日龄全长明显低于拟合曲线（图 4 - 14），而在 13 日龄时，进行了分池疏苗的操作，分池后鱼苗生长明显加快，导致了 14～20 日龄鱼苗全长高于拟合曲线。同时，由于鱼苗 35 日龄前开始转食配合饲料，但还是有许多鱼苗没有及时转食，造成 35 日龄的鱼苗全长大大低于曲线拟合值。

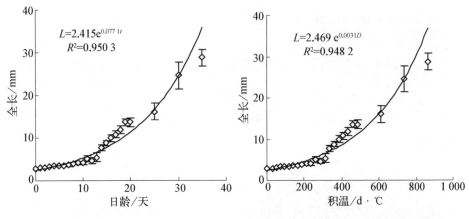

图 4-14 菊黄东方鲀全长与日龄的
关系（Mean±SD）

图 4-15 菊黄东方鲀全长与积温的
关系（Mean±SD）

3. 肛前长、体高与全长的关系

菊黄东方鲀肛前长、体高生长相对于全长均呈现有拐点的、可分段的异速生长相关（$y=ax^b$），拐点前肛前长和体高生长优于全长生长，拐点后则相反。肛前长与全长异速生长拐点出现在鱼苗 16～17 日龄、全长 10.0 mm，在拐点前，肛前长生长快于全长（$b=1.188\ 1>1$）；拐点后，肛前长生长明显慢于全长（$b=0.868\ 3<1$）（图 4-16）。体高与全长异速生长拐点出现在鱼苗 16～17 日龄、全长 10.5 mm，在拐点前，体高生长快于全长（$b=1.193>1$）；拐点后，体高生长明显慢于全长（$b=0.609\ 6<1$）（图 4-17）。

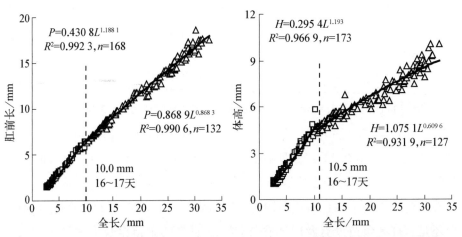

图 4-16 菊黄东方鲀肛前长与全长异速
生长曲线及分段函数表达式

图 4-17 菊黄东方鲀体高与全长异速
生长曲线及分段函数表达式

4.3.4 仔稚幼鱼消化酶与非特异性免疫酶活性变化规律(刘永士等,2014)

上海市水产研究所(刘永士等,2014)对 2~30 日龄菊黄东方鲀鱼苗主要消化酶和两种抗氧化酶活性进行了测定。菊黄东方鲀仔稚鱼未检测到脂肪酶活性,胰蛋白酶与胃蛋白酶活性存在"互补性"变化;在 2~6 日龄期间,胰蛋白酶活性快速降低至最低值,胃蛋白酶则显著升高至最大值,10 日龄后,胰蛋白酶活性开始增强,最大值出现在 19 日龄,胃蛋白酶活性保持稳定。淀粉酶活性在 2 日龄和 19 日龄最大,至 15 日龄降至最低。碱性磷酸酶活性在 2 日龄最低,15 日龄达到最大。2~10 日龄,超氧化物歧化酶(SOD)和过氧化氢酶(CAT)活性的变化趋势相似,均在 6 日龄最大;10 日龄后,SOD 活性逐渐增强,CAT 活性呈"波浪形"变化。研究表明,菊黄东方鲀开口前体内就已存在相应的消化酶和抗氧化酶,其活性与菊黄东方鲀发育阶段、外界环境及食性密切相关。

1. 菊黄东方鲀仔稚鱼阶段消化酶活性变化

胰蛋白酶比活力呈现先降低后升高再降低的变化趋势(图 4-18a)。19 日龄的稚鱼达到活力的最高值 721 U/(mg·prot),显著高于其他日龄鱼(23 日龄

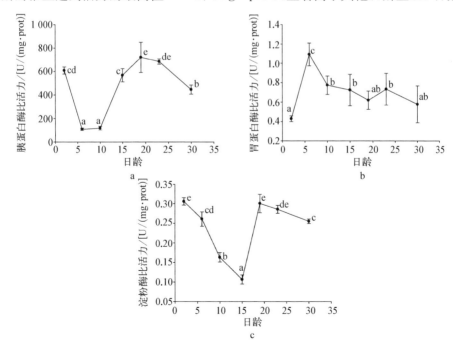

图 4-18 不同发育阶段菊黄东方鲀仔稚鱼消化酶活性变化(刘永士等,2014)

图中同一日龄上不同小写字母表示显著性差异($P<0.05$)

除外),6日龄与10日龄鱼的胰蛋白酶活力显著低于其他日龄的鱼。这个结果表明,胰蛋白酶比活力的变化可能与饵料的转变及鱼类从内源性营养转向外源性营养相关,尤其是在从仔鱼向稚鱼的转变过程中,菊黄东方鲀在从2日龄转向6日龄的过程中胰蛋白酶的比活力呈现下降的趋势。而当完全依靠外源性营养时胰蛋白酶的活性升高。

菊黄东方鲀胃蛋白酶的比活力呈现先升高再降低的趋势(图4-18b),6日龄菊黄东方鲀的胃蛋白酶比活力显著高于其他试验各组,6日龄以后各试验组胃蛋白比活力水平无显著差异。胃蛋白酶是由胃腺分泌的,胃蛋白酶水平的表达与饵料水平的相关性不是太大,与菊黄东方鲀的形态发育有关,菊黄东方鲀在由仔鱼转变成稚鱼的过程中,胃蛋白酶活性显著升高,达到1.091 U/(mg·prot),但与胰蛋白酶比活力相比,胃蛋白酶比活力水平比较低,表明在菊黄东方鲀初期的发育过程中胃蛋白酶对蛋白质的消化作用在整个蛋白酶的消化中可能不起关键性作用。

菊黄东方鲀淀粉酶比活力呈现先降低再升高再降低的趋势(图4-18c),最高组是2日龄组,最高值0.306 U/(mg·prot),2日龄组与19日龄组显著高于其他各组(除23日龄组)。淀粉酶比活力的变化趋势说明,菊黄东方淀粉酶的活性变化与其生长发育的阶段不同的新陈代谢水平有关,在菊黄东方鲀发育的早期,淀粉酶比活力相对较高,而后显著降低。淀粉酶比活力比较低,可能与菊黄东方鲀的食性相关,不同食性的鱼类其淀粉酶活性不同,一般是草食性鱼类>杂食性鱼类>肉食性鱼类。

2. 菊黄东方鲀仔稚鱼阶段非特异性免疫酶活性变化

菊黄东方鲀碱性磷酸酶比活力在试验阶段先升高再降低最后达到平稳阶段(图4-19a),15日龄的稚鱼的碱性磷酸酶比活力显著高于其他试验日龄的鱼,达到249.5 U/(g·prot),2日龄的仔鱼其碱性磷酸酶的比活力显著低于其他试验日龄的鱼,低至82 U/(g·prot)。碱性磷酸酶是动物代谢过程中重要的调控酶,对于钙质吸取、骨骼形成、磷酸钙化都具有重要作用,菊黄东方鲀仔稚鱼碱性磷酸酶的比活力都比较高,随着试验鱼日龄的增加,碱性磷酸酶活性逐渐升高,说明在菊黄东方鲀早期营养的调控过程中,从内源性营养转向外源性营养过程中营养调控显著。碱性磷酸酶主要存在于鱼类前肠上皮细胞的浅部和纹状缘上,随着稚鱼的生长,碱性磷酸酶逐渐进入平稳阶段,碱性磷酸酶活性

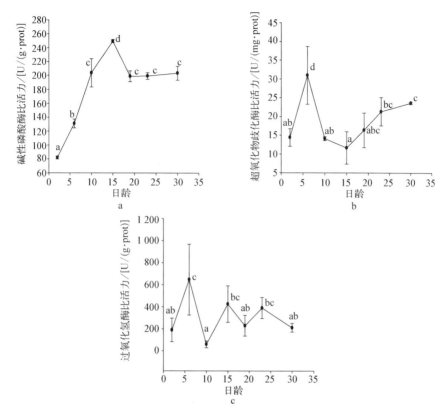

图 4 - 19　不同发育阶段菊黄东方鲀仔稚鱼非特异性免疫酶活性变化(刘永士等,2014)

图中同一日龄上不同小写字母表示显著性差异($P<0.05$)

稳定在恒定阶段,说明了菊黄东方鲀肠细胞的成熟和肠道消化功能的完善。

　　超氧化物歧化酶(50D)比活力呈现先显著升高,再降低再升高的变化趋势(图4-19b),6 日龄的试验鱼显著高于其他试验日龄的鱼。在这个试验阶段的发育过程中 SOD 比活力一直存在,说明 SOD 是持家基因的产物,在菊黄东方鲀的发育机制中是主要的防御机制。不同日龄的仔稚鱼,SOD 比活力不同,说明发育阶段与酶活力的变化密切相关,其变化呈现这样的趋势可能与呼吸率、组织重组及营养物质来源的改变有关。

　　过氧化氢酶(CAT)比活力呈现"波浪形"的变化趋势,最高值出现在 6 日龄时期(图 4 - 19c),为 646.4 U/(g · prot)。菊黄东方鲀仔稚鱼阶段,过氧化氢酶比活力的变化与 SOD 比活力变化趋势相同,都显著升高,这主要是过氧化氢酶清除 SOD 反应过程中带来的过量的 H_2O_2。过氧化氢酶是体内的一种主要抗氧化酶,能清除活性氧自由基,保护动物免受自由基的伤害,从而维持机体正常的机能,在菊黄东方鲀仔稚鱼的发育过程中,过氧化氢酶比活力较高,一直发挥着重要的作用,尤其是在仔稚鱼的营养转化期。

4.3.5 仔稚幼鱼脂肪酸变化规律

上海市水产研究所采用生化分析手段对菊黄东方鲀的未受精卵、胚胎(出膜前,受精后 $80\sim85$ h)、初孵仔鱼(0 日龄)、开口前仔鱼(3 日龄)、后期仔鱼(10 日龄)和稚鱼(21 日龄)的脂肪酸组成和含量进行了检测和分析。结果显示,菊黄东方鲀鱼卵和鱼苗水分含量随着个体发育而显著升高;鱼苗总脂含量随着个体发育呈现直线下降,从初孵仔鱼的 31.70% 急剧下降至稚鱼的 11.17%。各发育阶段的干样中检出 8 种饱和脂肪酸(SFA)、7 种单不饱和脂肪酸(MUFA)和 12 种多不饱和脂肪酸(PUFA)。菊黄东方鲀未受精卵脂肪酸组成与其亲本卵巢非常相似;胚胎期的脂肪酸利用率高低顺序是 SFA(15.08%)、MUFA(14.46%)、n6PUFA(10.20%)和 n3PUFA(0.19%),以 C16:0、C16:1、C18:1n9c 和 C18:2n6c 为主要能量来源,n3PUFA 被优先保存,特别是 DHA 得到完全保留;孵化后,在内源性营养阶段,仔鱼对 n3PUFA 利用迅速上升,仔鱼开口前的脂肪酸利用率高低顺序与胚胎期正好相反:n3PUFA(19.60%)、n6PUFA(16.98%)、SFA(13.50%)和 MUFA(13.01%),以 C18:2n6c、C22:5n3(DPA)、C20:5n3(EPA)、C22:6n3(DHA)、C18:1n9c 和 C16:0 为主要能量来源,其中仔鱼对 C22:6n3(DHA)实际利用量最高(14.44 mg/g),仔鱼在开口前期 n3PUFA(特别是 DHA)被大量利用消耗掉;开口摄食后,由于鱼苗主要摄食寡含 n3PUFA 的饵料,导致后期仔鱼和稚鱼的 EPA、DPA 和 DHA 又出现急剧减少;DHA 的实际含量从初孵仔鱼的 71.66 mg/g 直线下降到稚鱼的 2.82 mg/g。研究表明,菊黄东方鲀仔稚鱼发育需要消耗大量的 n3PUFA(特别是 DHA 和 EPA);开口摄食后,鱼体内 n3PUFA 含量与饵料密切相关。建议在菊黄东方鲀苗种培育中后期阶段,及时增加富含 EPA 和 DHA 饵料的投喂量,如海水的桡足类、藻类强化过的卤虫幼体,缓解苗种后期培育成活率低下的问题。

1. 菊黄东方鲀各发育阶段的水分和总脂含量变化

菊黄东方鲀卵和鱼苗水分含量随着个体发育而显著升高,开口前仔鱼水分含量显著高于未受精卵、胚胎和初孵仔鱼,显著低于后期仔鱼和稚鱼,但未受精卵、胚胎和初孵仔鱼之间、后期仔鱼和稚鱼之间的水分含量均没有明显差异(表4-3)。菊黄东方鲀未受精卵总脂肪占干物质百分含量(23.73%)略高于胚胎的总脂含量(21.27%)(表4-3),但两者的总脂含量(21.27%~23.73%)均显著低于初孵仔鱼(31.70%);鱼苗孵出后,随着个体发育,其总脂含量呈现直线下降,从初孵仔鱼的31.70%急剧下降至稚鱼的11.17%(表4-3)。

表 4-3　菊黄东方鲀各发育阶段水分和总脂含量($n=3$)

指　标	未受精卵	胚　胎	初孵仔鱼	开口前仔鱼	后期仔鱼	稚　鱼
水分(%湿重)	74.78 ± 1.75^a	74.53 ± 1.75^a	76.58 ± 0.88^a	82.49 ± 1.46^b	87.75 ± 0.18^c	87.33 ± 0.42^c
脂肪(%干重)	23.73 ± 1.70^c	21.27 ± 1.37^c	31.70 ± 2.70^a	26.73 ± 0.74^b	16.93 ± 1.12^d	11.17 ± 1.26^e

注:同行中具不同小写字母的值表示差异显著($P<0.05$)

2. 菊黄东方鲀各发育阶段脂肪酸的组成变化

检测了C6~C24的37种脂肪酸,在菊黄东方鲀早期各发育阶段的干样中,共检测到碳链长度为C14~C22的27种脂肪酸,分别为8种饱和脂肪酸(SFA)、7种单不饱和脂肪酸(MUFA)和12种多不饱和脂肪酸(PUFA),其百分比含量见表4-4。

表 4-4　菊黄东方鲀各发育阶段脂肪酸组成及含量($n=3$,%)

脂肪酸	未受精卵	胚　胎	初孵仔鱼	开口前仔鱼	后期仔鱼	稚　鱼
C14:0	1.47 ± 0.25^a	1.29 ± 0.03^a	1.04 ± 0.11^b	0.98 ± 0.08^b	0.56 ± 0.04^c	0.61 ± 0.09^c
C15:0	0.18 ± 0.01^a	0.16 ± 0.02^a	0.14 ± 0.02^a	0.14 ± 0.01^a	0.30 ± 0.01^b	0.53 ± 0.09^c
C16:0	19.81 ± 1.78^a	18.56 ± 0.28^{ab}	16.62 ± 0.63^c	16.62 ± 0.96^c	13.66 ± 0.30^d	17.34 ± 0.62^{bc}
C17:0	0.27 ± 0.08^a	0.22 ± 0.03^a	0.19 ± 0.05^a	0.17 ± 0.02^a	0.75 ± 0.01^b	1.18 ± 0.09^c
C18:0	8.35 ± 0.85^a	8.14 ± 0.74^a	7.95 ± 0.66^a	8.59 ± 0.75^a	7.91 ± 0.13^a	13.57 ± 0.58^b
C20:0	0.22 ± 0.01^a	0.26 ± 0.02^b	0.27 ± 0.01^b	0.31 ± 0.01^c	0.32 ± 0.00^c	0.52 ± 0.01^d
C22:0	0.03 ± 0.00^a	0.04 ± 0.00^a	0.03 ± 0.02^a	0.06 ± 0.01^a	0.38 ± 0.00^b	0.57 ± 0.13^c
C23:0	0.01 ± 0.00^a	0.02 ± 0.01^a	0.02 ± 0.01^a	0.03 ± 0.01^a	1.47 ± 0.25^b	1.29 ± 0.03^c
C16:1	6.51 ± 1.25^a	5.90 ± 0.60^{ab}	5.37 ± 0.37^a	5.39 ± 0.83^a	9.58 ± 0.22^c	7.20 ± 0.40^b
C17:1	0.32 ± 0.01^{ab}	0.46 ± 0.04^c	0.40 ± 0.09^{bc}	0.28 ± 0.01^a	1.31 ± 0.03^d	1.28 ± 0.05^d
C18:1n9t	0.20 ± 0.01^a	0.20 ± 0.02^a	0.20 ± 0.04^a	0.18 ± 0.02^a	0.06 ± 0.01^a	0.21 ± 0.01^a
C18:1n9c	27.55 ± 1.94^b	26.38 ± 1.73^b	25.75 ± 1.45^b	26.36 ± 2.01^b	32.01 ± 0.21^a	22.36 ± 0.24^b
C20:1n9	1.34 ± 0.08^a	1.30 ± 0.06^a	0.90 ± 0.65^{ab}	1.42 ± 0.07^a	0.54 ± 0.01^{bc}	0.24 ± 0.13^c
C22:1n9	0.15 ± 0.06^a	0.15 ± 0.04^a	0.17 ± 0.04^a	0.18 ± 0.05^a	0.05 ± 0.00^b	0.06 ± 0.01^b

（续表）

脂肪酸	未受精卵	胚胎	初孵仔鱼	开口前仔鱼	后期仔鱼	稚　鱼
C24:1n9	0.18 ± 0.07^{ab}	0.18 ± 0.04^{ab}	0.19 ± 0.07^{ab}	0.26 ± 0.06^{a}	0.10 ± 0.00^{b}	0.09 ± 0.01^{b}
C18:2n6t	0.11 ± 0.01^{a}	0.09 ± 0.02^{a}	0.09 ± 0.02^{a}	0.16 ± 0.13^{ab}	0.08 ± 0.03^{a}	0.29 ± 0.16^{b}
C18:2n6c	4.07 ± 0.31^{a}	3.91 ± 0.44^{a}	3.93 ± 0.43^{a}	3.56 ± 0.43^{a}	5.86 ± 0.06^{b}	5.27 ± 0.38^{b}
C20:2	0.51 ± 0.09^{a}	0.45 ± 0.02^{a}	0.45 ± 0.05^{a}	0.45 ± 0.04^{a}	0.22 ± 0.01^{b}	0.19 ± 0.00^{b}
C22:2	0.11 ± 0.02^{ab}	0.19 ± 0.12^{b}	0.10 ± 0.02^{ab}	0.08 ± 0.01^{a}	0.31 ± 0.01^{c}	0.37 ± 0.01^{c}
C18:3n6	0.06 ± 0.01^{b}	0.06 ± 0.00^{ab}	0.06 ± 0.01^{ab}	0.05 ± 0.01^{a}	0.39 ± 0.01^{d}	0.30 ± 0.00^{c}
C18:3n3	1.06 ± 0.13^{a}	0.99 ± 0.03^{a}	0.59 ± 0.30^{a}	0.94 ± 0.05^{a}	5.56 ± 0.06^{c}	4.72 ± 0.70^{b}
C20:3n6	0.11 ± 0.02^{a}	0.13 ± 0.01^{a}	0.13 ± 0.01^{a}	0.13 ± 0.01^{a}	0.19 ± 0.00^{b}	0.22 ± 0.01^{b}
C20:3n3	0.18 ± 0.08^{a}	0.21 ± 0.02^{ab}	0.24 ± 0.03^{ab}	0.24 ± 0.03^{ab}	0.33 ± 0.00^{c}	0.28 ± 0.04^{bc}
C20:4n6	0.86 ± 0.08^{a}	1.06 ± 0.05^{ab}	1.14 ± 0.11^{bc}	1.34 ± 0.10^{c}	2.47 ± 0.11^{d}	4.33 ± 0.26^{e}
C20:5n3 (EPA)	3.21 ± 0.58^{a}	3.47 ± 0.35^{a}	3.75 ± 0.22^{a}	3.53 ± 0.43^{a}	5.49 ± 0.14^{b}	7.73 ± 0.28^{c}
C22:5n3 (DPA)	5.42 ± 0.74^{b}	6.00 ± 0.26^{bc}	6.88 ± 0.13^{d}	6.37 ± 0.49^{cd}	3.76 ± 0.11^{a}	7.71 ± 0.39^{e}
C22:6n3 (DHA)	17.70 ± 2.10^{c}	20.17 ± 0.63^{d}	23.40 ± 1.25^{e}	22.21 ± 1.17^{de}	7.71 ± 0.38^{b}	2.61 ± 0.18^{a}
ΣSFA	30.35 ± 2.29^{b}	28.69 ± 0.82^{ab}	26.26 ± 1.42^{cd}	26.89 ± 1.31^{c}	23.98 ± 0.46^{d}	34.53 ± 1.38^{a}
ΣMUFA	36.25 ± 2.96^{a}	34.58 ± 2.27^{bc}	32.99 ± 1.17^{bc}	34.06 ± 2.62^{bc}	43.65 ± 0.43^{a}	31.43 ± 0.70^{c}
ΣPUFA	33.41 ± 4.08^{a}	36.73 ± 1.62^{ab}	40.76 ± 1.18^{b}	39.06 ± 2.73^{b}	32.38 ± 0.82^{a}	34.03 ± 1.65^{a}
EPA+DHA	20.91 ± 2.61^{c}	23.64 ± 0.97^{b}	27.15 ± 1.17^{a}	25.73 ± 1.56^{b}	13.20 ± 0.52^{d}	10.35 ± 0.46^{e}
Σn3PUFA	27.56 ± 3.55^{c}	30.84 ± 1.22^{bc}	34.86 ± 1.54^{a}	33.28 ± 2.09^{ab}	22.85 ± 0.63^{d}	23.06 ± 1.16^{d}
Σn6PUFA	5.22 ± 0.43^{a}	5.24 ± 0.46^{a}	5.36 ± 0.38^{a}	5.24 ± 0.60^{a}	9.01 ± 0.20^{b}	10.42 ± 0.51^{c}
ΣSFA/ΣUFA	0.59 ± 0.08^{b}	0.53 ± 0.02^{ab}	0.46 ± 0.02^{a}	0.48 ± 0.04^{a}	0.50 ± 0.02^{a}	0.72 ± 0.05^{c}
Σn3PUFA/Σn6PUFA	5.26 ± 0.25^{b}	5.90 ± 0.34^{ab}	6.55 ± 0.71^{a}	6.38 ± 0.31^{a}	2.54 ± 0.03^{c}	2.21 ± 0.04^{c}

注：SFA 为饱和脂肪酸，MUFA 为单不饱和脂肪酸，PUFA 为多不饱和脂肪酸，UFA 为不饱和脂肪酸；同行中具不同小写字母的值表示差异显著（$P<0.05$）

（1）各发育阶段的单个脂肪酸百分含量的变化

菊黄东方鲀早期各发育阶段的 C18:1n9c 占总脂肪酸的百分含量均为最高（22.36%～32.01%），其中后期仔鱼阶段的 C18:1n9c 的百分含量（32.01%）显著高于其他各发育阶段的（22.36%～27.55%）（表4-4）。C16:0 在各发育阶段的百分含量较丰富且较稳定（13.66%～19.81%），其中 C16:0 的百分含量在未受精卵、后期仔鱼及稚鱼阶段均排第二，在胚胎、初孵仔鱼及开口前仔鱼阶段均排第三；C16:0 的百分含量从未受精卵到后期仔鱼呈现明显下降趋势，数值从 19.81％下降到 13.66％,而发育到稚鱼阶段,C16:0 的百分含量(17.34％)反而显著增加(表 4-4)。C18:0 在稚鱼的百分含量(13.57％)显著高于未受精卵到后期仔鱼各阶段的(7.91％～8.59％),但 C18:0 百分含量在未受精卵到后期仔鱼各阶段之间无显著差异(表 4-4)。C16:1 在后期仔鱼的百分含量(9.58％)显著高于在其他各发育阶段的(5.37％～7.20％),C16:1 在稚鱼的百分含量(7.20％)显著高于在初孵仔鱼和开口前仔鱼的(分别为 5.37％和5.39％)(表 4-4)。C18:2n6c 在未受精卵到开口前仔鱼阶段的百分含量(3.56％～4.07％)显著低于在后期仔鱼和稚鱼阶段的(分别为 5.86％和5.27％),但 C18:2n6c 的百分含量在未受精卵到开口前仔鱼各阶段之间无显著差异,同时 C18:2n6c 的百分含量在后期仔鱼和稚鱼之间也无显著差异(表 4-4)。

菊黄东方鲀个体早期发育过程中,C22:6n3(DHA)的百分含量发生剧烈变化(表 4-4),从未受精卵、胚胎到初孵仔鱼阶段,DHA 的百分含量随个体发育显著升高,数值从 17.70％升高到 23.40％;开口前仔鱼的 DHA 百分含量(22.21％)与初孵仔鱼的之间没有显著差异;但随后个体发育过程中,DHA 百分含量急剧下降,后期仔鱼和稚鱼的 DHA 分别为 7.71％和 2.61％(表 4-4)。C20:5n3(EPA)百分含量在未受精卵到开口前仔鱼的各发育阶段之间无显著变化,但随后的发育过程中 EPA 百分含量显著升高,后期仔鱼和稚鱼的 EPA 分别为 5.49％和 7.73％(表 4-4)。随着个体发育,DHA＋EPA 变化与 DHA 的相似,从未受精卵、胚胎到初孵仔鱼的 DHA＋EPA 含量显著升高,数值从20.91％升高到 27.15％;开口前仔鱼的 DHA＋EPA 含量(25.73％)与初孵仔鱼及胚胎的均没有显著差异;但随后个体发育过程中,DHA＋EPA 含量显著下降,后期仔鱼和稚鱼的 DHA＋EPA 分别为 13.20％和 10.35％(表 4-4)。

(2) 各发育阶段的 SFA、MUFA 和 PUFA 百分含量的变化

菊黄东方鲀从未受精卵到后期仔鱼,脂肪酸组成中 SFA 的比例随个体发育呈现明显下降趋势,数值从 30.35％下降到 23.98％,而发育到稚鱼阶段,脂肪酸的 SFA 比例(34.53％)突然增加,明显高于前面各发育阶段的(表 4-4,图4-20)。后期仔鱼阶段的 MUFA 比例(43.65％)最高,且显著高于其他各发育阶段,但随后发育到稚鱼阶段的 MUFA 比例(31.43％)突然显著下降,且显著低于未受精卵的,与胚胎、初孵仔鱼及开口前仔鱼的比例没有显著差异(表 4-4,图 4-20)。初孵仔鱼和开口前仔鱼阶段的 PUFA 比例显著高于未受精卵、后期仔

鱼及稚鱼的(表4-4,图4-20)。另外,菊黄东方鲀稚鱼阶段的脂肪酸组成中SFA(34.53%)、MUFA(31.43%)和PUFA(34.03%)相对趋于平均(图4-20)。

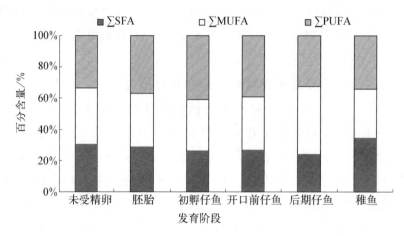

图4-20 菊黄东方鲀各发育阶段的SFA、MUFA和PUFA的变化

(3) 各发育阶段的∑SFA/∑UFA 和∑n3PUFA/∑n6PUFA 比率的变化

菊黄东方鲀早期阶段的饱和脂肪酸与不饱和脂肪酸的比率(∑SFA/∑UFA)随个体发育呈现"U"形变化(表4-4),最低值(0.46)出现在初孵仔鱼阶段,且呈现两边上升趋势;未受精卵的∑SFA/∑UFA(0.59)显著高于初孵仔鱼、开口前仔鱼和后期仔鱼的(0.46~0.50),显著低于稚鱼的(0.72)(表4-4)。相反,∑n3PUFA/∑n6PUFA 比率变化随个体发育呈现"n"形(表4-4),最高点(6.55)出现在初孵仔鱼阶段;在开口摄食前∑n3PUFA/∑n6PUFA 相对平稳,数值维持在 5.26~6.55,但开口摄食后,后期仔鱼和稚鱼的∑n3PUFA/∑n6PUFA出现剧烈下降,数值分别为 2.54 和 2.21(表4-4);另外,未受精卵的∑n3PUFA/∑n6PUFA(5.26)显著低于初孵仔鱼和开口前仔鱼的(6.55 和6.38),显著高于后期仔鱼和稚鱼的(2.54 和 2.21)(表4-4)。

3. 菊黄东方鲀各发育阶段主要脂肪酸的实际含量变化

由于菊黄东方鲀卵的卵膜相对较厚,卵膜占干物质重量相对较多,而脂肪酸实际含量受到个体干物质中总脂含量的影响,脂肪酸实际含量变化分成孵化前和孵化后两个阶段来分析。

(1) 孵化前主要脂肪酸实际含量的变化

菊黄东方鲀在孵化前,脂肪酸实际含量前三的均为 C18:1n9c、C22:6n3

(DHA)和 C16:0(表 4-5)。从未受精卵到孵化前胚胎,C14:0 和 C16:0 实际含量显著减少,其他主要脂肪酸实际含量的变化均无显著差异;另外,除了 C20:4n6 和 DHA 实际含量略上升外,其他各单个脂肪酸实际含量均略为下降(表 4-5)。未受精卵的 SFA、MUFA 和 PUFA 的实际含量(分别为 68.14 mg/g、81.91 mg/g 和 76.47 mg/g)均高于孵化前胚胎的(分别为 57.86 mg/g、70.06 mg/g 和 74.94 mg/g)(表 4-5)。

表 4-5　菊黄东方鲀各发育阶段主要脂肪酸实际含量($n=3$, mg/g)

脂肪酸	未受精卵	胚　胎	初孵仔鱼	开口前仔鱼	后期仔鱼	稚　鱼
C14:0	3.27±0.30[a]	2.59±0.20[b]	3.08±0.07[a]	2.45±0.14[b]	0.89±0.09[c]	0.63±0.05[c]
C16:0	44.38±0.78[b]	37.41±2.03[c]	49.85±2.45[a]	42.08±1.35[b]	21.94±1.65[d]	18.36±2.05[e]
C18:0	18.88±2.16[b]	16.46±1.26[bc]	23.93±1.30[a]	21.86±1.82[a]	12.77±1.03[d]	14.43±1.47[cd]
C16:1	14.75±2.35[ab]	11.89±1.43[c]	16.19±2.31[a]	13.64±1.88[ab]	15.37±1.07[a]	7.64±1.17[c]
C18:1n9c	62.19±5.00[bc]	53.51±6.08[cd]	77.80±8.91[a]	67.11±5.36[b]	51.61±3.24[c]	23.80±2.94[d]
C20:1n9	3.05±0.39[a]	2.66±0.28[a]	2.68±1.95[a]	3.63±0.28[a]	0.88±0.05[b]	0.27±0.17[b]
C18:2n6c	9.22±1.31[b]	7.93±1.18[b]	11.78±0.35[a]	9.08±1.30[b]	9.45±0.65[b]	5.59±0.62[c]
C18:3n3	2.41±0.46[a]	2.01±0.18[a]	1.82±1.01[a]	2.41±0.18[a]	9.01±0.51[b]	5.00±0.46[c]
C20:4n6	1.97±0.31[a]	2.15±0.07[a]	3.47±0.55[b]	3.45±0.22[b]	4.02±0.37[bc]	4.64±0.53[c]
C20:5n3 (EPA)	7.36±1.73[a]	7.09±0.69[a]	11.40±0.76[b]	9.07±1.21[a]	8.94±0.64[a]	8.33±1.20[a]
C22:5n3 (DPA)	12.31±2.48[c]	12.15±1.02[c]	20.78±2.14[a]	16.23±1.66[b]	6.07±0.47[e]	8.20±1.09[d]
C22:6n3 (DHA)	40.68±7.50[c]	41.31±2.52[c]	71.66±9.68[a]	57.22±4.24[b]	12.56±0.98[d]	2.82±0.47[e]
∑SFA	68.14±1.81[b]	57.86±2.58[c]	78.84±3.05[a]	68.20±1.71[b]	38.56±3.00[d]	36.62±3.94[d]
∑MUFA	81.91±6.24[bc]	70.06±7.72[c]	99.59±10.22[a]	86.63±6.66[b]	70.31±4.49[c]	33.44±4.45[d]
∑PUFA	76.47±14.30[c]	74.94±5.45[c]	124.16±13.51[a]	100.29±9.11[b]	52.51±3.66[d]	36.34±4.23[d]
EPA+DHA	48.04±9.11[c]	48.39±3.03[c]	83.06±10.30[a]	66.30±5.31[b]	21.50±1.60[d]	11.14±1.66[d]
∑n3PUFA	63.18±12.24[c]	62.99±4.24[c]	106.39±13.20[a]	85.54±7.16[b]	37.10±2.53[d]	24.65±3.01[d]
∑n6PUFA	11.86±1.75[ab]	10.65±1.31[a]	16.12±0.29[c]	13.38±1.80[bc]	14.56±1.08[cd]	11.09±1.14[ab]

注:SFA 为饱和脂肪酸,MUFA 为单不饱和脂肪酸,PUFA 为多不饱和脂肪酸,UFA 为不饱和脂肪酸;同行中具不同小写字母的值表示差异显著($P<0.05$)

(2) 孵化后主要脂肪酸实际含量的变化

菊黄东方鲀鱼苗孵化后发育到稚鱼阶段,除了 C18:3n3 和 C20:4n6 的实际含量显著上升外,其他各单个脂肪酸的实际含量随鱼苗发育而显著减少,这也导致了 SFA、MUFA 和 PUFA 实际含量也随鱼苗发育而显著减少(表 4-5)。

特别是 DHA 的实际含量从初孵仔鱼的 71.66 mg/g 直线下降到稚鱼的 2.82 mg/g（表4-5）。

4. 菊黄东方鲀胚胎和内源性营养阶段主要脂肪酸的实际利用

（1）胚胎阶段主要脂肪酸的实际利用

菊黄东方鲀胚胎单个脂肪酸中实际利用量最高的是 C18:1n9c（8.68 mg/g），其次是 C16:0（6.97 mg/g）和 C16:1（2.87 mg/g）（图4-21）。从利用率来看，C16:1 最高（19.43%），其次为 C16:0（15.70%）、C18:2n6c（14.00%）和 C18:1n9c（13.96%）。胚胎对 DHA 实际利用非常低，数据监测结果出现了负值（图4-21）。就 SFA、MUFA、PUFA 来看，胚胎利用量最高的是 MUFA（11.84 mg/g），而利用率最高是 SFA（15.08%），胚胎对 n3PUFA 的实际利用非常低，利用量和利用率分别为 0.19 mg/g 和 0.31%（图4-21）。

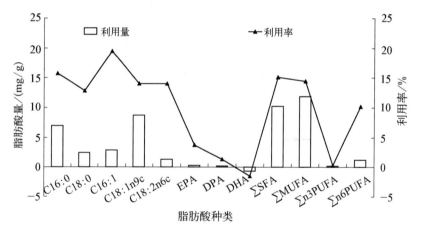

图4-21　菊黄东方鲀胚胎主要脂肪酸的实际利用程度

（2）仔鱼内源性营养阶段主要脂肪酸的实际利用

菊黄东方鲀仔鱼在内源性营养阶段，单个脂肪酸中实际利用量最高的是 C22:6n3（DHA）（14.44 mg/g），其次是 C18:1n9c（10.69 mg/g）和 C16:0（7.77 mg/g）（图4-22）。从利用率来看，C18:2n6c 最高（22.94%），其次为 C22:5n3（DPA）（21.88%）、C20:5n3（EPA）（20.41%）和 C22:6n3（DHA）（20.15%）（图4-22）。利用量和利用率均最低的是 C18:0，分别为 2.07 mg/g 和 8.64%。就 SFA、MUFA、PUFA 来看，利用量和利用率均最高的是 n3PUFA，分别为 20.85 mg/g 和 19.60%（图4-22）。

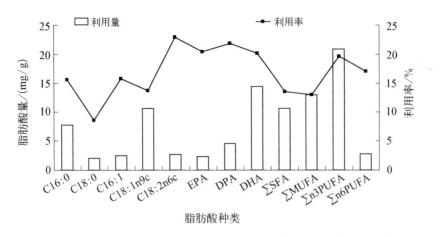

图 4-22　菊黄东方鲀仔鱼内源性营养阶段主要脂肪酸的实际利用程度

5. 菊黄东方鲀胚胎期和仔鱼开口前期脂肪酸消耗的特点及差异

　　鱼类在胚胎和仔鱼开口前的早期发育阶段,饱和脂肪酸(SFA)和单不饱和脂肪酸(MUFA)作为重要能源往往首先被利用,而 n3PUFA 会被适当地保存下来,脂肪酸利用先后顺序为 SFA、MUFA、n6PUFA、n3PUFA,这在许多鱼类中得到了证实,如条石鲷(*Oplegnathus fasciatus*)、大黄鱼(*Pseudosciaena crocea*)、塞内加尔鳎(*Solea senegalensis*)、虹鳟(*Maccullochella macquarensis*)等,菊黄东方鲀胚胎阶段对脂肪酸的利用完全符合这个顺序规律,但在其孵化后仔鱼内源性营养阶段对脂肪酸利用的顺序正好相反:在胚胎期脂肪酸的实际利用率高低顺序是 SFA(15.08%)、MUFA(14.46%)、n6PUFA(10.20%)和 n3PUFA(0.31%),单个脂肪酸实际利用较高的是 C16:0(15.70%)、C16:1(19.43%)、C18:1n9c(13.96%)和 C18:2n6c(14.00%),可以看出菊黄东方鲀胚胎对 n3PUFA 的实际利用非常低,n3PUFA 被优先保存下来了,特别是DHA,其数据监测结果出现了负值,数据显示在菊黄东方鲀胚胎期 DHA 得到了完全保留。而孵化后,在内源性营养阶段,仔鱼对 n3PUFA 实际利用迅速上升,仔鱼开口前的脂肪酸实际利用率高低顺序与胚胎期正好相反,分别是 n3PUFA(19.60%)、n6PUFA(16.98%)、SFA(13.50%)和 MUFA(13.01%),单个脂肪酸利用较高的是 C18:2n6c(22.94%)、C22:5n3(DPA)(21.88%)、C20:5n3(EPA)(20.41%)和 C22:6n3(DHA)(20.15%),另外,仔鱼对 C22:6n3(DHA)实际利用量最高(14.44 mg/g)。仔鱼在开口前 n3PUFA(特别是

DHA)被大量利用消耗掉,这也说明了 n3PUFA(如 DHA)对菊黄东方鲀开口前的仔鱼发育的重要性。这种仔鱼开口前 n3PUFA 被大量消耗掉的现象与日本鬼鲉(*Inimicus japonicus*)和条石鲷的研究结果相似,但对黄颡鱼(*Pelteobagrus fulvidraco*)的研究表明,在饥饿情况下其 7 日龄的仔鱼还优先保留大量的 DHA,DHA 百分含量比前期有所上升,这可能是因为海水鱼类发育早期对 DHA 的需求量比淡水鱼类更多。

此外,菊黄东方鲀初孵仔鱼的水分含量、总脂含量及各脂肪酸的实际绝对含量比其孵化前鱼卵的含量都要高,这可能是因为菊黄东方鲀的鱼卵卵膜比较厚,仔鱼孵化后脱离了较厚的卵膜,而卵膜的水分和脂肪含量较少,造成了初孵仔鱼一些物质的实际质量比例上升(特别是脂类)。

6. 菊黄东方鲀鱼苗体内脂肪酸组成与饵料种类的关系

菊黄东方鲀鱼苗开口后摄取的饵料种类密切关系着其体内的脂肪酸组成,在本研究中,随个体发育,后期仔鱼和稚鱼体内的 EPA、DPA 和 DHA 急剧减少,这些脂肪酸主要依靠外界摄入,但后期仔鱼主要摄食的是卤虫幼体,稚鱼期主要投喂的是淡水枝角类和桡足类,而卤虫幼体和淡水枝角类及桡足类的 n3PUFA 含量非常少,但这时的仔鱼发育还需要消耗大量的 n3PUFA,这也说明了菊黄东方鲀仔稚鱼必需脂肪酸组成除了与自身发育需求相关外,还与摄入的饵料种类密切相关。

鱼类脂肪中 n3PUFA 含量往往多于 n6PUFA,特别是海水性鱼类,这与鱼类属于变温动物有关,其双键结构降低脂肪酸熔点的特性可维持细胞膜良好的渗透性和流动性。菊黄东方鲀在开口前脂肪酸组成中的 $\sum$n3PUFA/$\sum$n6PUFA 呈现出海水鱼类的特点,其数值在 5.26～6.55,但到开口摄食后,由于仔稚鱼摄食寡含 n3PUFA 的卤虫幼体和淡水枝角类及桡足类后,其脂肪酸中的$\sum$n3PUFA/$\sum$n6PUFA 在 2.21～2.54 内呈现出了淡水鱼类的特点,这也再次说明菊黄东方鲀仔稚鱼阶段的饵料种类与其体内的脂肪酸组成密切相关,n3PUFA 主要依赖外界摄入。

7. 菊黄东方鲀仔稚鱼脂肪酸特点与苗种培育后期成活率低的成因探讨

海水鱼类 n3PUFA 中 DHA 和 EPA 主要是通过食物链的富集作用在体内积聚起来的,DHA 和 EPA 也已被称为人和动物生长发育的必需脂肪酸,仔稚鱼阶段是脑神经和视神经迅速发育的时期,仔稚鱼需要大量的 DHA 等重要营

养物质,来应对脑神经和视神经发育的需求。在菊黄东方鲀的苗种培育过程
中,由于在仔稚鱼期长期投喂寡含 n3PUFA 的饵料,菊黄东方鲀仔稚鱼体内
n3PUFA 十分匮乏,但过低的 DHA 会导致海水鱼类仔稚鱼应激能力的下降和
较高的死亡率,这也可能是菊黄东方鲀苗种培育后期成活率低下的原因之一。
因此,在菊黄东方鲀苗种培育中后期阶段,及时增加富含 EPA 和 DHA 饵料的
投喂量,如海水的桡足类、藻类强化过的卤虫幼体。

4.4　影响仔稚幼鱼生长和存活的主要环境因子

影响鱼类仔稚幼鱼生长和存活的环境因子包括:温度、盐度、光照及光周
期、pH、溶解氧、物理刺激等,本节根据近年来对菊黄东方鲀的相关研究,列述
了温度、盐度、光周期、氨氮对菊黄东方鲀仔稚幼鱼生长和存活的影响(Zhang et
al. ,2010;Shi et al. ,2010a,2010b,2012;徐嘉波等,2012)。

4.4.1　温度

1. 温度对仔稚幼鱼生长和存活的影响

2010 年,上海市水产研究所(Shi et al. ,2010a)开展了温度对菊黄东方鲀仔
稚鱼生长、存活影响的研究:菊黄东方鲀仔稚鱼培育的最佳温度为 23~29 ℃。
在 20~29 ℃的温度内,仔鱼的生长率随温度的升高而直线增长。

试验温度梯度设置为 20 ℃、23 ℃、26 ℃和 29 ℃,每个梯度设有 3 个重复。
从孵化池(700 L)中收集大约 2400 尾仔鱼[3 日龄;全长(3.26±0.02) mm,
Mean± SEM,$n=20$],然后自由地分入 15 个盛有半咸水(13.5 g/L;22.0 ℃)
的塑料桶(10 L)中。初始放置密度为 20 尾/L。所有的温度梯度的调节以
1 ℃/h的速率来逐步调整到位。在仔鱼全长 5.0~6.0 mm 以前,以被营养强化
过的轮虫为饵料,投喂密度为5~7 个/mL。当仔鱼全长达到 5 mm 时,丰年虫
幼体开始投喂,投喂密度随仔鱼生长而增加(1~10 个/mL),饵料每天投喂 2
次,分别为 09:00 和 15:00。每天吸污 1 次,记录死亡仔鱼。同时每天换水
40%。每个桶内提供柔和的充气;试验在自然光照和自然光周期(14 L:10 D)
下进行。试验持续 16 天。水质指标分别为:盐度 13.5~14.5,溶解氧 5.0~
6.5 mg/L,pH 8.0~8.5。

每4天从每个桶内收集10尾仔鱼样本,然后用MS-222麻醉,通过显微镜测量仔鱼的全长,为了避免操作引起的死亡,这些仔鱼将不再回到原来的桶内了,在计算成活率的时候,将仔鱼样本数从每个桶内初始放养仔鱼的总数中去除。

水温采用YSI型号30-10 FT(0.1℃,USA)每天测量4次,盐度、pH和溶解氧每天测量1次,分别采用YSI型号30-10 FT salinity meter(0.1,USA)、YSI型号No. pH 100(0.1 pH unit,USA)及YSI型号58 dissolved oxygen meter(1 mg/L,USA)。

所有数据采用Mean±SEM表示。采用Excel和SPSS 13.0处理数据及图表,用单因子方差分析(one-way ANOVA)来分析温度对各个指标的影响,用Student-Newman-Keuls test (SNK)做多重比较,如果是百分数的话,采用反正弦转化后再方差处理分析,以$P<0.05$为差异显著;以$P<0.01$建立各回归曲线。生长率计算方程为:生长率(mm/d)=[最后长度(mm)—初始长度(mm)]/试验天数(d)。

温度对菊黄东方鲀仔稚鱼存活的影响显著。菊黄东方鲀仔稚鱼在20℃的成活率明显低于其他高温(23℃、26℃及29℃)的,然而,菊黄东方鲀在23℃、26℃和29℃这么大的温度范围内仔鱼的成活率之间没有明显差异(表4-6)。有些鱼类品种也有类似情况,在适宜温度范围内,温度对仔鱼的成活率没有影响,如澳洲鲷(*Pagrus auratus*)。另外,菊黄东方鲀鱼苗早期培育的最佳温度范围与其在渤海湾自然产卵的温度非常相近(杨竹舫等,1991)。

表4-6 在不同温度下菊黄东方鲀鱼苗(3~19日龄)的成活率和
生长率(Mean±SEM, $n=3$)(Shi et al.,2010a)

梯度/℃	温度/℃	成活率/%	生长率/(mm/d)
20	20.12±0.02	24.86±4.22[b]	0.102±0.007[d]
23	23.00±0.01	47.93±3.08[a]	0.292±0.012[c]
26	26.00±0.01	37.48±1.48[a]	0.564±0.025[b]
29	28.95±0.03	40.00±0.62[a]	0.700±0.022[a]

注:同列上标中的不同小写字母表示显著性差异($P<0.05$)

菊黄东方鲀仔稚鱼的生长与温度直接相关,在鱼苗11日龄时就发现有明显生长差异(图4-23)。鱼苗在26℃和29℃的全长明显比在20℃和23℃的长,同时鱼苗在 23 ℃的全长比在 20 ℃的明显长,而在温度 26 ℃和 29 ℃之间鱼苗全长没有明显差异。从 15 日龄开始,鱼苗的生长在较高温度下明显比低温下的快(图 4 - 23)。在温度 20～29 ℃内,仔稚鱼生长率随温度的升高而明显增加,并显示出直线增长相关(表 4 - 6,图 4 - 24)。

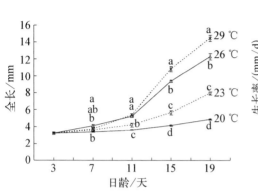

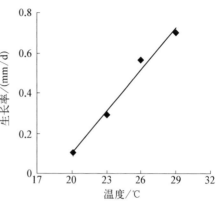

图 4 - 23　在不同温度下仔鱼(3～19 日龄)的全长增长(Mean ± SEM,$n=3$)(Shi et al.,2010a)

图中同一日龄上不同的小写字母表示显著性差异($P<0.05$)

图 4 - 24　温度和仔鱼生长率的回归关系($y=-1.306\,8+0.070\,2x$,$r^2=0.985\,5$;◆为数据的均值,$n=3$)(Shi et al.,2010a)

2. 温度对菊黄东方鲀稚鱼耗氧率的影响

环境最佳条件(如温度和盐度)的确定可以通过两个途径:一是直接分析其生长和死亡来确定;另一种方法是通过分析评估呼吸代谢的强度来间接确定,呼吸代谢强度是一种很好地反映生物体生理活动的指标,因为它考虑了能量的消耗和利用。

耗氧率作为一种新陈代谢指标而被广泛研究,耗氧率的测定经常被用来检测水生动物能量利用和应激反应,进而通过对生物体最大生长能的研究来确定其最佳的环境条件。因此,对鱼类耗氧率的测定不仅在鱼类呼吸生理学研究上有重要意义,在鱼类养殖上也有应用价值。代谢速率是一种最基础的生物率,它表示着能量摄入、转化和分配。温度直接影响着所有的生物速率,是影响水生生物耗氧量的重要的非生物因子之一。

2012 年,上海市水产研究所(Shi et al.,2012)开展了温度对菊黄东方鲀稚鱼耗氧率影响的研究,结果表明,温度明显影响菊黄东方鲀稚鱼的耗氧率,耗氧率随温度(20～29 ℃)的升高而增加,基于最低的 Q_{10} 值,稚鱼的最佳温度为23～26 ℃。

菊黄东方鲀稚鱼是通过人工繁殖所得。稚鱼暂养于 20 m³ 的水泥池中,盐度为 13.5,温度为 22.0～24.0 ℃。从水泥池中随机捞取大约 600 尾稚鱼(23 日龄),然后随机分入 200 L 的锥形水池中(每池 150 尾,共计 4 个池子)(盐度 13.5;温度 23.0 ℃)。适应暂养选择 4 个温度梯度(20 ℃、23 ℃、26 ℃和 29 ℃),温度梯度的调节以 1 ℃/h 的速率来逐步调整到位。等到温度到位后,稚鱼再适应 7～10 d,以确保稚鱼完全地适应。在适应期间,稚鱼每天投喂 2 次(09:00 和 15:00)丰年虫幼体。每天吸底 1 次,以去除死鱼、排泄物等,同时每天换水 1/2。每个桶内提供柔和的充气;实验在自然光照和自然光周期(14 L:10 D)下进行的。为了避免因为摄食和排泄干扰稚鱼的新陈代谢,已经适应的稚鱼在受试前 24 h 内不投饲;为了把稚鱼个体体重对耗氧率的影响降到最低限度,选取的受试鱼的个体体重范围很窄[Mean±SD 鲜重,(0.28±0.04) g]。在适应期间,溶解氧 5.0～6.5 mg/L、pH 8.0～8.5、盐度13.5。

耗氧率的测定采用密闭呼吸室法。呼吸室是一个 1.5 L 透明塑料瓶。4 个温度梯度(在盐度 13.5 条件下)分 3 个重复来进行测试。每一个温度梯度组有4 个呼吸室,有 3 个呼吸室内各放置 5 尾已经适应的稚鱼,剩下的一个呼吸室不放置鱼,作为空白对照。每个温度梯度分别放在不同水浴池内。为了把应激反应对稚鱼耗氧率的影响降到最低限度,受试鱼在呼吸室适应 30 min 左右,直到其鳃盖均匀张合。所有测量在一天的同一时间段(08:00～11:00)在自然光照(600～800 lx)下进行。

溶解氧水平采用型号为 YSI-58 的溶氧仪来测定。为了减少溶解氧水平对耗氧率的影响,每次测量持续 1～3 h 直到水中溶解氧饱和度到 60% 左右结束。为了确保实验前水体中的溶解氧水平,实验用水在装入呼吸室前至少在100 L 的水池里曝气 1 h。为确保测量结束时溶解氧饱和度保持在 60% 左右,所有的测试前都做了预备实验来估计测量的时间。最后,受试鱼称鲜重(精确到 0.000 1 g)。

耗氧率的确定用以下方程式:

$$R = \frac{(Ct_0 - Ct_1)V}{(t_1 - t_0)W} \tag{4—1}$$

式中，R 为耗氧率，表示每单位鲜重的耗氧率[mg O_2/(g·h)]；t_0 和 t_1 分别为测量开始和结束的时间(h)；Ct 为在 t 时间水中溶解氧溶度(mg O_2/L)；W 为稚鱼的鲜重(g)；V 为呼吸室的体积(L)。

耗氧率的热能效系数 Q_{10} 值计算公式为

$$Q_{10} = \left(\frac{R_2}{R_1}\right)^{10/(T_2 - T_1)} \tag{4—2}$$

式中，R_2 和 R_1 分别为在 T_2 和 T_1 温度下的耗氧率；采用 Excel 和 SPSS 13.0 处理数据及图表，用单因子方差分析(one-way ANOVA)来分析温度对耗氧率的影响，用 Duncan's 作多重比较。以 $P < 0.05$ 为差异显著；以 $P < 0.01$ 建立各回归曲线。

温度对菊黄东方鲀稚鱼耗氧率的影响明显，在适宜的温度范围内，高温能提高稚鱼的代谢率，然而超过这个温度范围，太高的温度可能不能提高代谢率，甚至产生负面的影响。在 20~29 ℃内，温度没有对菊黄东方鲀稚鱼的耗氧率产生负面影响，耗氧率随温度的升高持续上升，耗氧率与温度的关系可以很明确地用直线方程来表示($r^2 = 0.997\,9$)(图 4 - 25)，这可能表明 20~29 ℃在菊黄东方鲀稚鱼的适宜范围内。

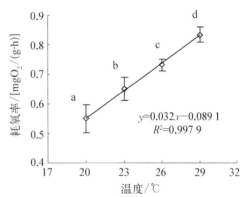

图 4 - 25　菊黄东方鲀稚鱼耗氧率(Mean± SD，$n = 3$) 与温度的回归分析 (13.5)(Shi et al.，2010b)

不同小写字母表示各梯度之间的显著性差异 ($P < 0.05$)

温度热能效系数(Q_{10})反映生物体对温度的敏感度，它常常用来测量水生生物对变化后的水温的调整能力。在适宜温度范围内，最低 Q_{10} 值产生于最佳温度，在最佳温度的两侧 Q_{10} 值上升，但是超过适宜温度范围，在适宜温度范围两侧的又会下降，也就是说水温在极限高温或者极限低温时 Q_{10} 值也较低，Q_{10} 值与温度关系呈现"M"形。菊黄东方鲀稚鱼在适宜温度范围内(20~29 ℃)，20~23 ℃的 Q_{10} 值最高(1.75)，最低的 Q_{10} 值(1.48)产生在 23~26 ℃，整个温度范围内(20～29 ℃)Q_{10}值为 1.59(表 4-7)。基于 Q_{10}值可以推断菊黄东方鲀稚鱼的最佳温度为 23～26℃,接近且稍低于菊黄东方鲀仔鱼的最佳温度(23～29 ℃)(Shi et al.,2010a)。

表 4-7　菊黄东方鲀稚鱼在不同温度范围下的 Q_{10}值(Shi et al.,2010b)

温度范围/℃	Q_{10}值
20～23	1.75
20～26	1.61
20～29	1.59
23～26	1.48
23～29	1.51
26～29	1.55

4.4.2　盐度

1. 盐度对仔稚鱼(3～23 日龄)生长、存活的影响

鱼苗在高盐或者低盐条件下的生长率会比在适应盐度条件下的明显低。这种生长率的减少最可能的关系是鱼类调节渗透压需要消耗能量,是由于或者至少有一部分是因在这样的环境下仔鱼鳃中的 Na^+/K^- - ATP 酶活动较高而消耗大量的能量。在高渗环境下,鱼苗需要消耗更多的能量去保持体液的平衡,也就是说鱼苗需要把原本用于生长的能量分一部分用于新陈代谢去维持体内平衡。

2010 年,上海市水产研究所(Zhang et al.,2010)为了探究盐度对菊黄东方鲀仔稚鱼的影响,开展了盐度对菊黄东方鲀仔稚鱼(3～23 日龄)生长、存活影响的研究:最高的仔鱼成活率产生于盐度 15～35 内、最高的仔鱼生长率发现于盐度 15～25 内。因此,菊黄东方鲀仔鱼生长和存活的最佳盐度为 15～25。

盐度梯度设置为 5、15、25、35 和 45,每个梯度设有 3 个重复。从孵化池(700 L)中收集大约 4 500 尾仔鱼[3 日龄;全长(3.26±0.02) mm,Mean± SEM,$n=20$],然后自由地分入 15 个盛有半咸水(盐度和温度分别为 13.5 和 22.0 ℃)的塑料桶(10 L)中。初始放置密度为 30 尾/L。低于 13.5 的盐度梯度采用逐步加淡水来稀释,高于 13.5 的盐度梯度采用逐步加浓缩海水来提高盐度(浙江舟山),盐度梯度的调节以 2 h^{-1} 的速率来逐步调整到位。饲养管理、水质检测和指标控制、取样方法及数据统计分析同前(4.4.1 小节相关内容)。

盐度明显影响菊黄东方鲀仔稚鱼的成活率,鱼苗在盐度 15、25 和 35 的成

活率明显比在盐度 5 的高,而在盐度 15、25 和 35 之间就没有明显的差异(表 4 - 8)。在盐度 45 的仔鱼全部死亡于试验的第 17 天(20 日龄)。

表 4 - 8 菊黄东方鲀在不同盐度下仔鱼(3~23 日龄)的生长率和死亡率
(Mean±SEM, *n*=3)(Zhang et al. ,2010)

梯 度	盐 度	生长率/(mm/d)	成活率/%
5	4.96±0.03	0.258±0.008[a]	13.33±3.67[b]
15	15.12±0.04	0.456±0.005[c]	33.81±3.83[c]
25	25.23±0.04	0.434±0.005[c]	42.62±1.46[c]
35	35.07±0.08	0.369±0.026[b]	40.24±1.37[c]
45	45.24±0.05	—	0[a]

注:同列中的不同小写字母表示显著性差异($P < 0.05$)

盐度同样影响着菊黄东方鲀仔稚鱼的生长。在鱼苗 15 日龄就发现明显的生长差异:鱼苗在盐度 35 的全长比在盐度 15 和 25 的明显小,而比盐度 5 的明显大;在盐度 15 和 25 之间仔鱼全长没有明显差异。这样的趋势在鱼苗 19 日龄和 23 日龄时也有发现(图 4 - 26)。同样的结果出现在仔鱼的生长率上,鱼苗在盐度 35 的生长率明显比在盐度 15 和 25 的低且明显高于在盐度 5 的。在盐度 15 和 25 之间鱼苗的生长率没有明显差异(表 4 - 8)。

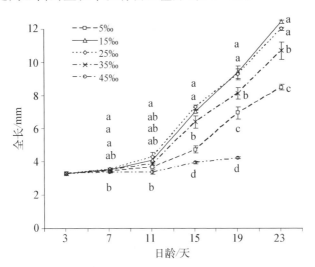

图 4 - 26 菊黄东方鲀仔鱼(3~23 日龄)不同盐度下的全长
(Mean±SEM, *n*=3)(Zhang et al. ,2010)
同一日龄上不同的上标小写字母表示各梯度之间有显著性差异($P < 0.05$)

2. 盐度对菊黄东方鲀稚鱼耗氧率的影响

盐度是影响水生生物耗氧量的另一个最重要的非生物因子,盐度通过渗透压来影响生物体,尤其是在那些河口和沿海养殖系统中,盐度随昼夜和季节性而变化。2012 年,上海市水产研究所(Shi et al.,2012)开展了盐度对菊黄东方鲀稚鱼耗氧率影响的研究,结果表明,盐度明显影响菊黄东方鲀稚鱼的耗氧率,菊黄东方鲀稚鱼耗氧率与盐度(5～35)呈现抛物线形,其最佳盐度为 23～25。

菊黄东方鲀稚鱼是通过人工繁殖所得。稚鱼暂养于 20 m³ 的水泥池中,盐度为 13.5,温度为 22.0～24.0 ℃。从水泥池中随机捞取大约 1 050 尾稚鱼(23 日龄),然后随机分入 200 L 的锥形水池中(每池 150 尾,共计 7 个池子)(盐度 13.5;温度 23.0 ℃)。适应暂养选择 7 个盐度梯度(5、10、15、20、25、30 和 35)。低于 13.5 的盐度梯度采用逐步加淡水来稀释,高于 13.5 的盐度梯度采用逐步加浓缩海水来提高盐度(浙江舟山),盐度梯度的调节以 2 h⁻¹ 的速率来逐步调整到位。盐度到位后,稚鱼再适应 7～10 天,以确保稚鱼完全适应。期间,为了补偿蒸发的水分,适量加少量淡水,以维持盐度水平。在适应期间,温度 22.0～23.0 ℃,其他水质要求及稚鱼适应期管理方法同 4.4.1 第二小节相关内容。

7 个盐度(在 22.5～22.6 ℃条件下)分 3 个重复来进行测试。每一个盐度梯度组有 4 个呼吸室,有 3 个呼吸室内各放置 5 尾已经适应的稚鱼,剩下的一个呼吸室不放置鱼,作为空白对照。所有盐度梯度都放置在同一个水浴池内。

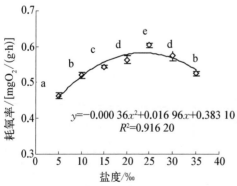

耗氧率的测定方法、受试鱼适应时间及称重、耗氧率的计算方法、数据分析等同 4.4.1 小节中温度对菊黄东方鲀稚鱼耗氧率的影响。

盐度对菊黄东方鲀稚鱼耗氧率的影响明显,该鱼稚鱼阶段的耗氧率与盐度(5～35)的关系可以用二次函数来表示($r^2 = 0.916\ 2$)(图 4 - 27),稚鱼在盐度 25 下的耗氧率最高,在 5～25 盐度内,耗氧率随盐度增加而增加,相反,在 25～35 盐度内,耗氧率随盐度增加而减小,通过二次函数

图 4 - 27 菊黄东方鲀稚鱼耗氧率(Mean±SD, $n = 3$)与盐度的回归分析(22.5～22.6 ℃)(Shi et al., 2010b)

不同小写字母表示各梯度之间的显著性差异($P < 0.05$)

可以预测最高的耗氧率将产生在盐度 23.56。在最佳盐度的两侧耗氧率减小，这对于海水生物体来说，特别是广盐性品种，是非常常见的，这样的新陈代谢反应被 Kinne(1963)确定为 4 型。基于这些发现，可以断定作为广盐性品种(Zhang et al.，2010)的菊黄东方鲀稚鱼的最佳盐度为 23～25，这个最佳盐度范围接近这个品种仔鱼的最佳盐度范围(15～25)的高限(Zhang et al.，2010)。实际上，最佳盐度条件下，生物体需要调节渗透压的能量很少，用于生长的能量分配很多。Yagi 等(1990)也有相似的研究结果：最大呼吸率产生于最佳盐度(25～31)。

4.4.3 光周期

2012 年，上海市水产研究所(Shi et al.，2012)为了探究光周期对菊黄东方鲀仔稚鱼的影响，开展了光周期对菊黄东方鲀仔稚鱼(3～23 日龄)生长、存活影响的研究：增加 0～12 h 日照可不同程度地导致孵化后 3～23 天仔鱼生长率和存活率的提高，更长时间的光照则不利，连续 24 h 光照对仔鱼生长有负面影响，仔鱼生长的最理想光周期为 12～18 h 日照。

试验设 5 个光照试验组：① 连续日光照；② 18 h 日照：6 h 黑暗；③ 12 h 日照：12 h 黑暗；④ 6 h 日照：18 h 黑暗；⑤ 连续日黑暗；每个梯度设有 3 个重复。从孵化池(700 L)中收集大约 4500 尾仔鱼[3 日龄；全长(3.26±0.02)mm，Mean±SEM，$n=20$]，然后自由地分入 15 个盛有半咸水(盐度和温度分别为 13.5 和 22.0 ℃)的塑料桶(10 L)中。试验采集 3～23 天仔鱼的生长率、死亡率等相关参数，分析光周期对菊黄东方鲀仔稚鱼生长和存活的影响。饲养管理、水质检测和指标控制、取样方法及数据统计分析同前(3.9.3 小节相关内容)。

光周期显著影响仔鱼的存活率(表 4 - 9)。(0：24)组仔鱼饲养 13 天全部死亡，(6：18)组仔鱼存活率显著低于更多光照时长的各组，并且 12 h，18 h，24 h 光照时长组的存活率不存在显著性差异。光周期同样影响仔鱼的生长(表 4 - 9)。不同试验组自 7 日龄起仔鱼生长出现差异，12 h 光照时长组的仔鱼全长显著高于其他光照时长组(图 4 - 28)。11 日龄仔鱼，(6：18)组仔鱼全长显著大于(0：24)组，但显著小于更长时长组，12 h 以上光照时长组之间仔鱼全长无显著性差异(图 4 - 28)。15 日龄仔鱼，(6：18)组仔鱼全长显著小于(12：12)组和(18：6)组(图 4 - 28)。19 日龄仔鱼和 23 日龄仔鱼，(24：0)组仔鱼全长显著大于(6：18)组，但显著小于(12：12)组和(18：6)组。(12：12)和(18：6)组之间无显著差异(图 4 -

28)。试验结束体重和生长率具有类似的分析结果。

表 4-9 不同光周期对菊黄东方鲀仔鱼生长影响(Shi et al. ,2012)

光周期(光照：黑暗;h)	0：24	6：18	12：12	18：6	24：0
存活率/%	0[a]	20.32±2.71[b]	35.08±6.10[c]	41.90±3.33[c]	33.65±4.99[c]
试验结束体重/mg	—	20.71±0.33[a]	56.60±0.19[c]	56.04±0.03[c]	30.01±0.18[b]
试验结束全长/mm	—	8.96±1.89[a]	12.97±2.86[c]	12.76±2.09[c]	10.45±2.59[b]
生长率/mm/d	—	0.290±0.017[a]	0.491±0.010[c]	0.480±0.001[c]	0.365±0.009[b]

注：不同的上标小写字母表示各梯度之间有显著性差异($P<0.05$)

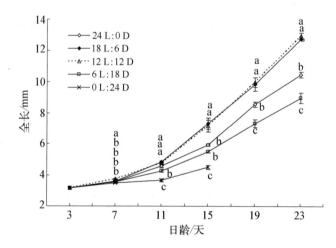

图 4-28 不同光周期下全长与日龄的关系(Shi et al. ,2012)

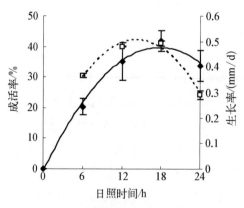

图 4-29 不同光周期与菊黄东方鲀仔鱼生长率和存活率的拟合关系(Shi et al. ,2012)

由光照时长与菊黄东方鲀仔鱼生长率和存活率拟合二次函数关系(图4-29)可知,最佳生长率和存活率的光周期时间分别为 14.16 h 日照和 17.74 h 日照。

4.4.4 氨氮

菊黄东方鲀苗种培育过程中,投喂产生的残饵、鱼苗的粪便及死亡的鱼苗均会分解产生氨氮。氨氮的毒性表现为对水生生物生长的抑制、非离子氨对水生动物毒性极大,其具有较强的脂溶性,分子半径较小,容易穿透脂质性生物膜的疏水性微孔进入生物体内,从而对鱼鳃表皮细胞造成损伤,降低鱼的免疫力。氨氮可影响血淋巴中血细胞数量,血细胞在防御中起重要作用,血细胞数量下降则可导致鱼苗防御能力下降。

上海市水产研究所(徐嘉波等,2012)就氨氮对菊黄东方鲀幼鱼的毒性开展了相关试验。在盐度 20、pH 8.30 条件下进行了氨氮对菊黄东方鲀幼鱼(40 日龄)的急性毒性试验。结果表明,氨氮对菊黄东方鲀幼鱼 48 h LC_{50} 值和 96 h LC_{50} 值(95% 可信限)分别为 3.855 mg/L(3.356～4.385 mg/L)和 2.824 mg/L(2.672～2.987 mg/L),安全浓度为 0.282 mg/L(表 4 - 10)。

表 4 - 10　氨氮对菊黄东方鲀幼鱼的半致死浓度 LC_{50} 和安全浓度及相关方程(徐嘉波等,2012)

	项　　目	$NH_3-N_t/(mg/L)$	$NH_3-N_m/(mg/L)$	回归方程	r^2
48 h	LC_{50}	46.617	3.855	$y=1.777x-2.465$	0.907
	95% 置信区间	40.579～53.028	3.356～4.385		
96 h	LC_{50}	34.152	2.824	$y=1.676x-2.070$	0.987
	95% 置信区间	32.313～36.122	2.672～2.987		
	安全浓度	3.415	0.282		

氨氮浓度越大,对菊黄东方鲀幼鱼的毒性作用越强,幼鱼死亡率越高;随试验时间的延长,死亡率也越高(表 4 - 11,表 4 - 12)。菊黄东方鲀中毒症状随时间变化表现为:急游、撞桶壁、鼓鳃、上浮吐泡、翻滚打转、侧翻并头部向下反应迟缓、伏底。

表 4 - 11　氨氮对菊黄东方鲀幼鱼毒性试验结果(徐嘉波等,2012)

组号	$NH_3-N_t/$ (mg/L)	$NH_3-N_m/$ (mg/L)	24 h 死亡数			48 h 死亡数			72 h 死亡数			96 h 死亡数		
对照组	0	0	0	0	0	0	0	0	0	0	0	0	0	0
1	12.589	1.041	0	0	0	0	0	0	0	0	0	0	0	0
2	15.849	1.311	0	0	0	0	0	0	0	0	0	0	0	0
3	19.953	1.650	0	0	0	0	0	0	1	1	0	1	2	1
4	25.119	2.077	0	0	0	1	0	2	2	1	3	3	3	
5	31.623	2.615	0	1	0	2	1	1	4	4	3	6	5	5
6	39.811	3.292	2	2	1	3	3	3	5	5	6	7	7	9

（续表）

组号	$NH_3-N_t/$ (mg/L)	$NH_3-N_m/$ (mg/L)	24 h 死亡数			48 h 死亡数			72 h 死亡数			96 h 死亡数		
7	50.119	4.145	4	5	3	6	6	5	8	6	8	11	9	10
8	63.096	5.218	8	10	8	11	13	9	13	13	11	13	13	13
9	79.433	6.569	13	13	13	13	13	13	13	13	13	13	13	13

表 4-12　试验各浓度组菊黄东方鲀幼鱼平均死亡率（$n=3$）（徐嘉波等，2012）

组号	NH_3-N_t /(mg/L)	NH_3-N_m /(mg/L)	24 h 平均 死亡率/%	48 h 平均 死亡率/%	72 h 平均 死亡率/%	96 h 平均 死亡率/%
对照组	0	0	0a	0a	0a	0a
1	12.589	1.041	0a	0a	0a	0a
2	15.849	1.311	0a	0a	0a	0a
3	19.953	1.650	0a	0a	5.13b	10.26b
4	25.119	2.077	0a	2.56a	10.26c	23.08c
5	31.623	2.615	2.56a	10.26b	23.08d	41.03d
6	39.811	3.292	12.82b	23.08b	33.33dc	58.97e
7	50.119	4.145	30.77c	43.59c	48.72c	76.92f
8	63.096	5.218	66.67d	84.62d	89.74e	100.00g
9	79.433	6.569	100.00e	100.00e	100.00e	100.00g

注：平均死亡率经反正弦转换，同列中标有不同小写字母者表示组间差异显著（$P<0.05$）

第**5**章 菊黄东方鲀的1龄
鱼种养殖技术

菊黄东方鲀夏花鱼种经过30天左右的培育,平均规格达3.0～3.5 cm时,即进入1龄鱼种人工养殖阶段,此时鱼种已转食人工投喂的饵料。1龄鱼种的养殖方法有室内工厂化养殖、室外池塘单养和混养3种。

5.1 工厂化养殖

菊黄东方鲀工厂化养殖可控性好,受外界干扰少,效率高,但成本高,需要具备一定的设施和设备条件,也需要具备比较高的养殖技术水平。

5.1.1 水泥池条件
水泥池要具备进排水功能、通气条件,池中间设置排污孔,池上需要有棚顶遮荫设施,面积以200～500 m² 为宜,水深1.2～1.5 m。水环境条件:水温15～30 ℃,盐度5～25,pH 7.5～8.5,溶解氧5 mg/L 以上。

5.1.2 放养前准备
水泥池清洗干净,然后在鱼种放养前5～10天用10 ppm 漂白精或者20 ppm 的高锰酸钾全池消毒,包括充气管和气石,彻底杀灭敌害生物。漂白精一般需要浸泡消毒24 h 以上,高锰酸钾消毒0.5～1 h,之后用清水冲洗干净,安装好充气头待用。充气头按0.15～0.20 个/m²配备。养殖用水需经沉淀后用60目筛绢过滤袋过滤入池。

5.1.3 放养
1龄鱼种放养一般在7月上旬,夏花鱼种规格在3.0～3.5 cm,已能够上饲料台吃食人工饵料。放养时放养规格一定要一致,放养 50~100 尾/m²,以后随鱼体长大及时分稀;放养时,温差不能超过 2 ℃。

5.1.4 饵料投喂

投喂含 45％蛋白质的鳗鱼配合粉状料,制作成面团状投放到饲料台上。每天投喂两次,上午、上午各一次。日投饵率根据鱼体重和水温等外界环境因素综合决定,一般体重 3~5 g 的鱼种日投饵率为 8％~15％,体重 5~7 g 为 6％~10 ％,体重 10~50 g 为 5％~8％,体重 50~150 g 为 3％~6％。投饵后一定要检查吃食情况,以调整下次投饵量。饲料台放 1 个/25 m²,饲料台规格 50 cm×50 cm。因东方鲀属鱼类都存在残食现象,若养殖过程中出现个体大小差异,需及时过筛分级。夏季高温季节需遮荫,防止水温超过 32 ℃。定期消毒饲料台、使用的工具等。勤巡池、勤观察、勤记录。

5.1.6 日常管理

菊黄东方鲀 1 龄鱼种养殖期间,严格控制好水质,做好换水、清污、倒池工作,严格控制好饵料的投喂量,搞好饵料卫生,严禁投喂腐烂变质的饵料,定期投喂添加多维素、多糖、大蒜素的饵料,以增强鱼的抗病力。鱼病防治以预防为主,防重于治,主要通过合理科学投喂、综合调控水质,加强隔离消毒等措施,做到生态防病。

5.2 池塘精养(单养)

5.2.1 池塘条件

首先,要满足三通要求:通水、通电、通路。其次,要求海水水源充足,无污染。池塘最好选择东西朝向,面积以 3~5 亩、水深以 1.5~2.0 m 为宜。池底平坦,淤泥少,保水性好,具备进排水系统。养殖环境条件:水温 10~32 ℃,最适水温 25~28 ℃;盐度 5~25,最适盐度 10~15;溶解氧大于 5 mg/L,pH 7.5~8.5。池塘周围不应有高大的树木和房屋,避免阻挡阳光照射和风的吹动,配备1.5 kW 叶轮式增氧机 1~2 台。

5.2.2　放养前准备

鱼种放养前进行塘埂修补、塘底平整,进排水口的拦网设施安装,检查并确认牢固无漏洞。然后每亩用 150～200 kg 生石灰清塘,清除敌害生物。但清塘时间要合适,不宜过早或过迟,一般宜在放养前 10～15 天进行,太早敌害生物又会繁殖起来,太迟怕药性未消失。进水口套上 60 目筛绢网过滤袋过滤进塘水,防止野杂鱼等有害生物进入。

5.2.3　放养

经驯食转吃人工饵料后即进入当年鱼种养殖阶段。鱼种放养前需要进行"试水",看池水药性是否已消除。放苗选择在无风晴朗天的上午 8:00～9:00 进行(有风天应在鱼池的上风处放苗),池水盐度同原池要基本一致,温差控制在 2 ℃以内,此时放养规格一般在 3.0～3.5 cm,放养密度以 3 000～5 000 尾/亩为宜。

5.2.4　饵料投喂

饵料选择投喂蛋白质含量为 45% 的鳗鱼配合粉状饲料,投喂前将粉状饲料制作成面团状,投喂于饲料台。一般每亩设置 3～4 个饲料台,饲料台的长与宽尺度优选 50 cm×50 cm,每日投喂 2 次,上午、下午各 1 次。每次投喂后,要检查吃食情况,一般在 2 h 内吃完为宜,但在养殖前期摄食时间可以适当延长,同时根据天气、摄食情况及时调整下次的投饵量。为了更合理、更科学、更精细地投饵,还可参照表 5-1 计算投饵量。方法是在投饵后抽取料台,从料台上随机取样称重,然后计算出全池鱼种总重量,根据当时的水温和鱼体重量,计算投饵量。

表 5-1　鱼种日投饵率(周国平,2002)

水温/℃	体重/g				
	1～5	5～10	10～30	30～50	50～100
16～20	4～6	3～6	2～4	2～3	1.5%～2.5%
20～24	7～9	5～7	4～6	3～5	2.5%～4.0%
24～28	9～10	7～9	6～8	5～7	4.0%～5.0%

5.2.5 养殖管理

1. 水质调控

调控好养殖水环境是养殖管理的首要任务。一旦水质变坏,则直接影响到鱼种的生存和生长,严重的引起死亡。水质变坏受水源、气候、鱼种放养密度、水中生物、残饵及生物排泄物等影响。这些影响有时不是单一作用,而是互相影响。所以对每一种影响因子必须加以注意和控制。具体措施:① 合理放养;② 科学投饵;③ 适当添换水;④ 合理科学地开启增氧机。

2. 放养密度控制

为了充分利用池塘资源,小规格鱼种一般放养密度相对比较高,再加上河豚类幼鱼生性都较凶猛,在整个养殖期随鱼种规格大小需要进行1~2次拉网、过筛、分稀,保证放养密度始终处于合理状态,以及养殖规格基本一致。

3. 日常管理

勤巡塘、勤观察、勤记录,随时掌握池鱼动态,发现问题及时处理。

着重要提醒一点的是:东方鲀在缺氧的情况下往往暗浮头(鱼游到水面以下10~20 cm处),对此,养殖管理者很难发现,等发现的时候,已经错过了最佳的抢救时间,从而造成大量的死亡。所以,在巡塘时一定要仔细观察,尤其是遇上突发情况,如天气闷热气压低、连续阴雨、阵雨和雾水天气等。一旦发生严重浮头,立马开启塘内增氧设备,并将池塘两端进水口、排水口打开,通过池塘进水口灌入新鲜水,即一端进水,另一端排水,形成水流,新水增氧。见到有腹部朝天的浮头鱼移入隔壁池塘准备的若干网箱内,用气泵和气石集中连续增氧,随后每隔4~8 h将网箱内正常游动的菊黄东方鲀放回原池。

根据研究结果,水温在25~31 ℃ 1龄幼鱼生长最快,应加强调控管理,足量投饵,充分挖掘1龄幼鱼的生长潜能。幼鱼阶段的生长对以后的生长具有重要影响,因此,对这一生长阶段务必要引起足够的重视,同时多增加一些饲料台,防止因饲料不足而造成互相残食。

典 型 案 例

上海市水产研究所奉贤基地9号塘,面积为5亩,2014年7月8日放养平均规格为3.3 cm的1龄菊黄东方鲀鱼种2万尾,平均亩放4 000尾。于8月15日拉网过筛分稀一次,小规格5 cm 9 960尾留原塘,平均亩放1 992尾,大规格7 cm 6 590尾移入面积为3.5亩的1号北池塘,平均亩放1 880尾,大小规格占比接近 4：6，成活率 83%。于 11 月 18 日和 20 日起捕移入越冬大棚，9 号塘收获 50～60 g/尾，共 8 760 尾，成活率 88%；1 号北池塘收获 70～80 g/尾，共 6 000 尾，成活率 91%。

5.3 池塘混养（和脊尾白虾混养）

为了节省资源，充分利用池塘养殖空间，挖掘池塘生产潜力，将不同品种或者同一品种的不同规格混在一起进行养殖。现菊黄东方鲀混养有两种模式：一种是和脊尾白虾混养；另一种是 2 龄、3 龄鱼种套养当年鱼种。在这里先介绍第一种，即菊黄东方鲀 1 龄鱼种和脊尾白虾的混养模式，第二种混养模式放在 2 龄鱼种养殖阶段介绍。

菊黄东方鲀 1 龄鱼种和脊尾白虾混养有几大好处：① 脊尾白虾有效地利用了菊黄东方鲀在咬食面团状的鳗鱼饲料过程中散落的饲料碎片，同时又可以清理和部分利用池塘底原有的有机沉积物，避免了其沉底腐烂而造成的水质败坏；② 避免了池塘中桡足类等水生动物优势种的形成，使池塘水质更加稳定；③ 充分利用了池塘空间，提高了池塘水体的利用系数，拓展了水体产能，在不增加投入的情况下，增加池塘的产出，提高经济效益。

其生产技术步骤包括：鱼种放养、种虾放养、日常管理、菊黄东方鲀收获、脊尾白虾收获 5 个方面。

5.3.1 鱼种放养

由于菊黄东方鲀繁育季节在 5 月，当年获得夏花鱼种在 7 月初，因此，夏花鱼种放养时间在 7 月初。采用室外土池面积 2.5～9 亩，每 3～5 亩池塘配备 1 个 1.5kW 增氧机。放养前，先用 150～200 kg/亩的生石灰清池消毒，使用消毒剂 48 h 后注水，用 60 目的筛绢网过滤，一般先注水 2/3，约 100 cm，水源为天然海水，盐度 5～15。注水 1 周后，放养夏花鱼种，规格为全长 3～5cm，放养密度为 3 000～5 000 尾/亩，鱼种放养后逐步加水至 1.5 m。

5.3.2 种虾放养

一般到 6～7 月，用地笼在种虾塘里收获脊尾白虾种虾，清除杂鱼，将种虾散放到菊黄东方鲀养殖池塘内,放养前半小时开启增氧机,以提高虾的成活率,一般每亩放养 1.5～3 kg。

5.3.3 日常管理

每日投饵 2 次,日投饵量为鱼体重的 3％～8％,饵料为含粗蛋白 45％的鳗鱼饲料,投喂前将粉状饲料制作成面团状,投喂于饲料台,一般每亩设置 2～3个 50 cm×50 cm 的饲料台,每次投喂后,要检查吃食情况,一般在 2 h 内吃完为宜,同时根据摄食情况及时调整下次的投饵量,每 2 周换水 1 次;早晚要巡塘,观察鱼、虾生长动态,随时掌握养殖池水质变化情况,检查进水口筛绢网过滤袋和排水口拦网是否破损,修补养殖池漏水洞,割除池边杂草,定期清洗和消毒饲料台,合理科学地开启增氧机,确保鱼、虾正常生长。

5.3.4 菊黄东方鲀收获

一般到 11 月中下旬,菊黄东方鲀要进棚越冬,先用大网目(网目规格:2～3 cm)的网拉网捕捞菊黄东方鲀,尽量让虾从网眼中漏出,避免菊黄东方鲀咬死虾,造成虾品质下降。菊黄东方鲀起捕规格在 50～60 g/尾,成活率在 85％～95％,亩产 150～250 kg。

5.3.5 脊尾白虾收获

待 95％菊黄东方鲀捕捞出后,12 月收获脊尾白虾,为保证虾的成活率,捕捞脊尾白虾分三步:先采用地笼网捕捞脊尾白虾,然后用皮条网拉网出虾,最后清塘捕捞,产量在 25～50 kg/亩。

典 型 案 例

案例一

2014 年 7 月 7 日至 2014 年 11 月 11 日,在上海市水产研究所奉贤基地室外养殖塘进行了菊黄东方鲀 1 龄鱼种与脊尾白虾的混养试验。用室外池塘,四周为水泥护坡,池底土质,面积为 2.5 亩,配备 1 个 1.5 kW 的增氧机。放养前,先用 8～12 kg/亩漂白精清池消毒,使用消毒剂 48 h 后注水,用 60 目筛绢网过滤,水量先注入 2/3,约 100 cm,水源为天然海水,盐度 4～8;注水 1 周后,放养鱼种。菊黄东方鲀鱼种平均规格为体长 4.73 cm、体重 6.82 g;一般到 6～7 月,用拉网方式在种虾塘中收获脊尾白虾,清除杂鱼,将虾散放到菊黄东方鲀养殖池塘内,放养前半小时开启增氧机,提高虾的成活率。鱼种放养后,逐步加水至150 cm。共设置 3 个养殖组,分别为菊黄东方鲀单养(G3),菊黄东方鲀与脊尾白虾二元混养(G1 和 G2),其中 G1 混养脊尾白虾密度为 1.6 kg/亩,G2 混养脊尾白虾密度为 3.2 kg/亩,3 个处理组均放菊黄东方鲀 9 300 尾,放养密度为3 720 尾/亩。

菊黄东方鲀鱼种与脊尾白虾的收获结果见表 5 - 2。

表 5 - 2 菊黄东方鲀 1 龄鱼种与脊尾白虾混养养殖效果

组别	菊黄东方鲀				脊尾白虾			饲料系数
	放养密度/(尾/亩)	放养规格/(g/尾)	产量/(kg/亩)	成活率/%	放养密度/(kg/亩)	放养规格/g/尾	产量/(kg/亩)	
G1	3 720	6.82	273.5	98.4	1.6	1.13	46.7	1.30
G2	3 720	6.82	320.2	99.5	3.2	1.13	66.7	1.17
G3	3 720	6.82	280.1	95.0	0	1.13	0	1.52

1 龄菊黄东方鲀鱼种与脊尾白虾混养效果明显,不仅 1 龄菊黄东方鲀鱼种养殖成活率高,而且饲料系数同比降低 20%～25%,在不增加池养面积和投饵数量的情况下,实现了多品种产出,直接提高了净产和净收。

案例二

2013 年,菊黄东方鲀当年鱼种养殖中套养脊尾白虾,上海市水产研究所奉贤基地池塘(2#西),面积为 2.5 亩,7 月 10 日,放养夏花鱼苗 12 000 尾,规格3～5 cm,放养密度为 4 800 尾/亩,7 月 10～15 日放养 7.5 kg 虾种,11 月 13 日拉网收获大规格鱼种 11 500 尾,规格在 45g/尾左右,成活率在 95.8%,菊黄东方鲀总重量 517.5 kg,饲料系数为 1.91。12 月 3 日收获脊尾白虾 100.5 kg,每亩产出 40.2 kg,亩净增效益 1 300 元。

案例三

2013 年,菊黄东方鲀当年鱼种养殖中套养脊尾白虾,上海市水产研究所奉贤基地 1#南池塘,面积为 2.5 亩,7 月 10 日,放养夏花鱼苗 12 000 尾,规格 3～5 cm,放养密度为 4 800 尾/亩,7 月 10～15 日放养 7.5 kg 虾种,11 月 13 日拉网收获大规格鱼种 11 600 尾,规格在 55 g/尾左右,成活率在 96.6%,菊黄东方鲀总重量 638 kg,饲料系数为 1.82。12 月 4 日收获脊尾白虾 133.5 kg,规格

540 尾/kg,每亩产出 53.4 kg,亩净增效益 1 600 元。

5.4 1龄鱼种的生长特性

菊黄东方鲀生长相对偏慢,在整个养殖周期中,第一年是菊黄东方鲀最快生长期,1龄鱼种阶段生长将对以后的生长产生重要影响。所以,对于这一生长阶段要引起足够的重视,务必创造良好的养殖条件,充分挖掘菊黄东方鲀的生长潜能。为了给大家提供一点参考,作者开展了这方面的研究。

2012 年 7~11 月,上海市水产研究所(谢永德等,2013)在杭州湾北岸上海市五四农场区域内的奉贤基地开展了 1 龄鱼种生长特性的研究。试验选取 2 个池塘(10# 东和 10# 西)。每个池塘面积都为 0.2 hm²(即为 3 亩),南北长方形,水深 1.5~2.0 m。试验用水取自杭州湾的天然海水,试验期间水温为 15~35 ℃,盐度 5~15,pH 8~9,每口池各配备 1 台 1.5 kW 叶轮式增氧机。

2012 年 6 月 4 日由育苗棚移入事先 1 周经清塘消毒培肥好水质的 10# 东和 10# 西两口池塘,每口池塘各放入 4.5 万尾(即每亩放养 1.5 万尾)菊黄东方鲀乌仔鱼苗,进行夏花鱼种培育。10 天后逐步转投人工饵料,由江苏省常熟泉兴营养添加剂有限公司生产的常兴牌鳗鱼粉状配合饲料,先笃滩,后做成饼投放到饲料台上,每天投喂 2 次,上午、下午各 1 次,投饵量以 2 h 摄食完为准。养殖前期 1 个月换水 1 次,后期半个月 1 次。做到勤巡塘、勤观察,随时掌握池塘动态变化,同时,根据天气、鱼类摄食等变化情况,合理科学开启增氧机。至 7 月 10 日幼鱼已正常摄食 2 周以上时开始进行生物学测量,每 2 周随机采样测量 1 次,每次每池采样测量 30 尾,共采样 10 次,计 600 尾,分别用带电子显示屏的游标卡尺(0.01 cm)和电子天平称(0.01 g)测长和称重。每次采样都在上午投料前进行,考虑到该鱼怕受惊扰,网拉池塘一角为采样区域,并对池塘中的水质常规因子进行检测。在培育过程中考虑到放养密度,于 8 月 2 日拉网分塘 1 次,每口试验池各留下 5 000 尾,其他全部移走,10# 东移走 1.7 万尾,10# 西移走 2.2 万尾。至 11 月移进越冬大棚前试验结束。

鉴于两口试验池情况基本一致,又便于统计与处理,将 10# 东和 10# 西两口池塘的测量数据合并统计,应用 Excel 和 SPSS 对测量数据进行分析,结果以(平均值±标准误)表示,参数依据及计算公式如下。

体长与体重的关系：$W = a L^b$

日均增长量（cm）$= (L_2 - L_1)/(t_2 - t_1)$

日均增重量（g）$= (W_2 - W_1)/(t_2 - t_1)$

瞬时增长率 $IGR_L(\%) = (\ln L_2 - \ln L_1)/(t_2 - t_1) \times 100$

瞬时增重率 $IGR_W(\%) = (\ln W_2 - \ln W_1)/(t_2 - t_1) \times 100$

肥满度：$CF\% = 100 \times W/L^3$

比肠长：$RLB = L_i/L$

肝体比：$HSI\% = 100 \times W_h/W$

式中，W 为体重（g）；L 为体长（cm）；W_1、W_2 和 L_1、L_2 分别为 t_1、t_2 时的体重和体长；L_i 为肠长（cm）；W_h 为肝重（g）；a 和 b 为常数。

5.4.1　生长基本情况

从菊黄东方鲀 67 日龄（7 月 10 日）到 193 日龄（11 月 13 日），历时 126 天，幼鱼体长从（3.53±0.73）cm 增至（10.33±0.98）cm，日均增长 0.054 cm，体长增长率 193.63%；体重从（2.41±1.60）g 增至（54.39±13.62）g，日均增重 0.413 g，体重增长率 2 156.8%（表 5-3）。在 9 月之前是最佳生长期，日均增长量最大达 0.09 cm，瞬时增长率最大达 1.54%；日均增重量最大达 1.13 g，瞬时增重率最大达 4.76%。体长和体重同时快速增长；9 月之后体长增长、体重增长均减慢。

表 5-3　菊黄东方鲀 1 龄鱼种生长情况（平均值±标准差）（谢永德等，2013）

日龄/d	阶段平均水温/℃	平均体长/cm	日均增长量/(cm/d)	瞬时增长率/(%/d)	平均体重/g	日均增重量/(g/d)	瞬时增重率/(%/d)	肥满度
67	30.5	3.53±0.73			2.41±1.60			5.51
81	30	4.29±0.86	0.05	1.41	4.31±3.12	0.14	4.14	5.45
95	30.7	5.23±1.07	0.07	1.41	7.96±5.04	0.26	4.38	5.58
109	30.7	6.49±1.24	0.09	1.54	15.51±8.16	0.54	4.76	5.68
123	28.8	7.41±1.01	0.07	0.95	21.31±8.02	0.41	2.27	5.25
137	25.6	8.67±0.78	0.09	1.13	37.15±8.47	1.13	3.97	5.69
151	23.6	9.35±0.77	0.05	0.54	42.47±10.05	0.38	0.96	5.20
165	21.9	9.80±1.05	0.03	0.34	48.57±14.79	0.44	0.96	5.16
179	20.4	10.18±0.86	0.03	0.27	55.61±13.04	0.50	0.97	5.27
193	15.7	10.33±0.98	0.01	0.11	54.39±13.62	-0.09	-0.16	4.93

注：$n = 600$

5.4.2 各生长指标的变化

菊黄东方鲀当年鱼种不同生长阶段的肝体比、肥满度与比肠长存在显著性差异(表 5-4)。随养殖天数延长,肝体比呈上升趋势,109～123 日龄,上升幅度最大,为 154.0%;之后虽然仍上升,但幅度较小。试验期间,幼鱼肥满度波动较小,最大值出现在 151 日龄,最小值出现在 109 日龄;比肠长随养殖天数延长呈下降趋势,最大值出现在 67 日龄,为 2.33(刘永士等,2015)。

表 5-4　幼鱼各生长指标的变化(刘永士等,2015)

日龄/d	生长指标		
	肝体比/%	肥满度/%	比肠长
67	4.15 ± 0.07^a	5.06 ± 0.11^{ade}	2.33 ± 0.12^a
81	5.89 ± 1.10^a	3.99 ± 0.36^b	1.74 ± 0.35^{bd}
95	8.16 ± 0.50^{bc}	4.21 ± 0.17^{bc}	1.43 ± 0.25^{bc}
109	6.80 ± 0.45^{ac}	3.97 ± 0.16^b	1.17 ± 0.14^{bce}
123	17.27 ± 0.70^d	4.61 ± 0.06^{cd}	1.29 ± 0.22^{ce}
137	17.67 ± 1.92^{de}	4.80 ± 0.41^{de}	1.31 ± 0.31^{ce}
151	18.26 ± 2.29^{def}	5.11 ± 0.29^e	1.90 ± 0.09^d
165	20.23 ± 0.28^f	5.05 ± 0.40^e	1.01 ± 0.09^e
179	19.63 ± 1.94^{ef}	4.75 ± 0.03^{de}	0.97 ± 0.04^e
193	19.87 ± 0.72^f	4.83 ± 0.05^{de}	1.02 ± 0.08^e

注:同列内平均值后字母不同者表示差异显著($P<0.05$);$n=10$

5.4.3 1 龄鱼种体长与体重关系

目前,鱼类学方面大都采用 Keys 公式($W=aL^b$)表示体长与体重之间的关系。研究表明,常数 b 通常在 2.5～4.0,它是鱼类在生长过程中形态不变时体长特定生长率与体重特定生长率的比率,如果鱼的体长、体高和体宽为等速增长,比重不变,则 $b=3$,或接近 3。很多鱼类在其形态基本不变的情况下也是如此,如鲤科、鲈科等,但一些外形特殊的种类如鳗鲡等例外。菊黄东方鲀 1 龄幼鱼体长与体重以公式 $W=aL^b$ 拟合所得的幂函

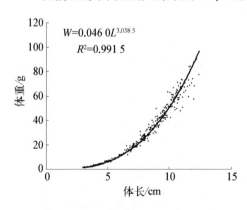

图 5-1　1 龄鱼种体长与体重关系
(谢永德等,2013)

数方程为 $W = 0.046\,0L^{3.038\,5}$，$R^2 = 0.991\,5$，$n = 600$，其中 b 值接近于 3，属等速生长型（图 5 - 1）。

5.4.4　1 龄鱼种生长式型

菊黄东方鲀 1 龄鱼种的体重与日龄之间呈现指数增长相关关系，而体长与日龄之间呈现良好的直线增长相关关系，在回归分析 t 检验中回归系数都有显著意义。方程式如下。

体重与日龄（图 5 - 2）：$W = 0.706\,4\,e^{0.0253\,T} (R^2 = 0.903\,1)$

体长与日龄（图 5 - 3）：$L = 0.058\,5T - 0.082\,6 (R^2 = 0.962\,1)$

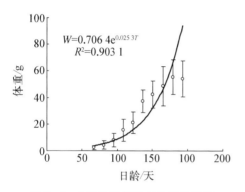

图 5 - 2　1 龄鱼种体重与日龄的关系
（谢永德等，2013）

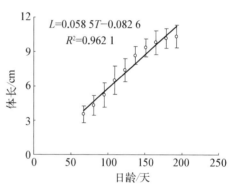

图 5 - 3　1 龄鱼种体长与日龄的关系
（谢永德等，2013）

5.4.5　1 龄鱼种肝体比和比肠长指数变化特点

环境条件的差异会导致生物体各组织器官产生相应的可塑性变化。鱼类的肝体比和比肠长是对长期和短期营养方式很敏感的指标。本研究中，菊黄东方鲀的比肠长呈下降趋势，一方面可能是个体生长发育规律使然，另一方面也说明其幼鱼养殖所用的饵料易消化。肝脏是鱼类重要的营养储存场所，在营养不良或营养过剩时，肝脏的重量会发生显著的变化。菊黄东方鲀肝体比呈上升趋势，这可能是由个体发育造成的，而在 96 天大幅度升高，则主要是因为摄食量的快速增加，造成机体营养过剩，营养物质在肝脏中累积（刘永士等，2015）。

5.4.6　1龄鱼种水温与生长

从总的趋势来看,水温在25℃以上时该鱼生长迅速,瞬时增重率、瞬时增长率均维持在较高水平;水温下降到25℃以下时生长速度也随之减慢(图5-4)。

结论　菊黄东方鲀1龄鱼种体长与体重呈幂函数增长相关,因b值接近于3,说明菊黄东方鲀1龄鱼种体长、体高和体宽的生长接近于等速生长。研究表明,在养殖环境条件具备、放养密度合理、生产性养殖管理措施到位的情况下可以匀速生长;体长与日龄表现为线性相关;体重与日龄表现为指数相关。菊黄东方鲀的比肠长呈下

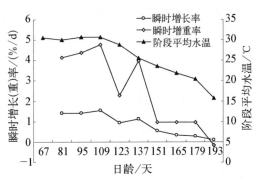

图5-4　1龄鱼种水温与瞬时增重率、瞬时增长率的关系(谢永德等,2013)

降趋势,肝体比呈上升趋势,肝体比、比肠长等与鱼的发育及营养摄入存在一定关系。生长受制于水温,水温在25~31℃时1龄幼鱼生长最快,瞬时增长率和瞬时增重率最高。

5.5　1龄鱼种消化酶活性变化特点

菊黄东方鲀肠道在不同生长阶段均可检测到碱性蛋白酶、酸性蛋白酶、淀粉酶、脂肪酶的活性,除脂肪酶外,其余各酶活性均具有显著性差异。碱性蛋白酶活性随养殖天数延长呈下降趋势(图5-5),养殖40天(67日龄),其活性最高(83.11 U/mg),至55天,降低了76.5%,至19.50 U/mg,最小值出现在113天(0.22 U/mg)。养殖40~113天,酸性蛋白酶活性逐渐降低了54.7%,至最小值0.34 U/mg,之后至166天,其活性显著升高了152.9%,至最大值0.86 U/mg(图5-6)。淀粉酶活性随养殖天数延长呈下降趋势,最大值出现在40天(3.13 U/mg),最小值出现在113天(0.46 U/mg)(图5-7)。试验期间,脂肪酶活性虽然有波动,但不存在显著性差异,说明其活性基本稳定(图5-8)。

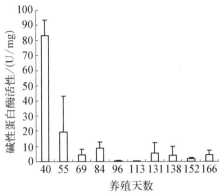

图 5-5　幼鱼肠道碱性蛋白酶活性的变化
（刘永士等，2015）

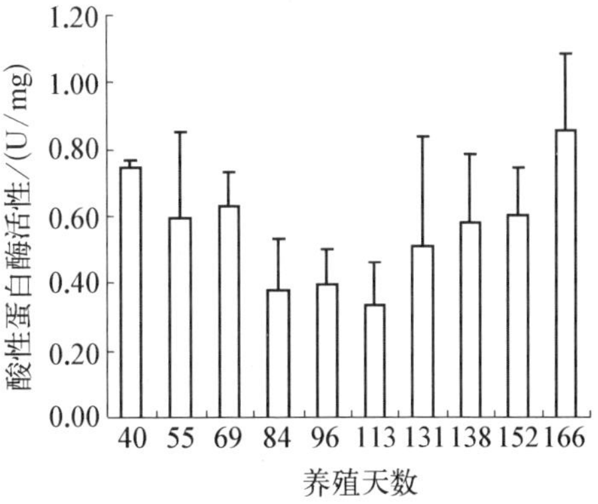

图 5-6　幼鱼肠道酸性蛋白酶活性的变化
（刘永士等，2015）

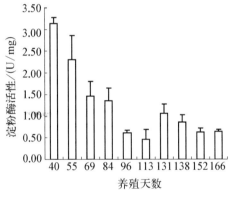

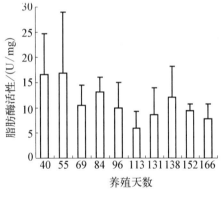

图 5-7　幼鱼肠道淀粉酶活性的变化
（刘永士等，2015）

图 5-8　幼鱼肠道脂肪酶活性的变化
（刘永士等，2015）

　　鱼在不同的生长阶段，由于消化器官的发育、内分泌机能的增强、各种习性的变化及摄取营养成分的质和量的变化，消化酶活性也产生相应的变化。菊黄东方鲀幼鱼肠中各主要消化酶活性随生长变化显著，然而消化酶活性除受到生长发育的影响外，还受到生存环境、饵料营养成分、盐度等外界因子的影响。

　　水产动物各种消化酶活性常表现为平行变化关系，当其中的 1 种酶活性提高或降低时，其他几种酶活性也相应提高或降低。菊黄东方鲀肠组织中碱性蛋白酶与淀粉酶活性均随生长逐渐降低，具平行变化关系。消化酶活性的高低反映了鱼类生长过程中营养吸收能力，而鱼类对营养的消化和吸收能力直接关系其生长、发育乃至繁殖等重要生命活动,菊黄东方鲀肠组织碱性蛋白酶与淀粉酶活性的急剧降低,且酸性蛋白酶活性较低,势必造成其对营养的摄取和吸收能力降低;菊黄东方鲀幼鱼体长、体重不断增加,尤其在 69 天后出现加速生长,说明其幼鱼肠道虽然是食物重要的消化场所,但肠道组织并不是生成蛋白酶和淀粉酶的主要器官。在养殖生产中,可通过在饲料中添加蛋白酶原和淀粉酶原等方式,弥补自身消化酶分泌的不足,提高菊黄东方鲀肠道对蛋白质和碳水化合物的消化吸收能力,从而提高养殖效益。

许多研究表明,鱼类肠道中脂肪酶活性最高,而脂肪酶的活性与饵料的脂肪含量呈正相关。随着菊黄东方鲀幼鱼的生长,其脂肪酶活性保持稳定,一方面与试验所用饲料成分稳定有关,另一方面可能是鱼体自身调节的结果(刘永士等,2015)。

5.6 影响幼鱼生长的主要环境因子

鱼类是水生变温动物,水环境中各因子直接或间接地影响着鱼类的生长与发育,它们之间都是互相联系、互相制约的,是一个矛盾的统一体,因而不能孤立地看待某一个因子对鱼类的影响,而应从总体上来加以考虑。

5.6.1 温度

温度是影响鱼类呼吸最重要的环境因子。鱼类是变温动物,体温随外界水温的变化而改变,体温的高低直接影响着体内生物化学的反应速度和生理活动强度。在适宜温度范围内,随着水温升高,鱼类维持生命的脑、心、肝等重要组织器官的活性增强,各种酶活性提高,鱼类活动强度增大,基础代谢旺盛,表现出耗氧率升高现象。但当温度升高到适温范围以外时,鱼体的生理机能发生极大的变化,一些机能性代谢因为温度超过鱼体的适应范围而停止了活动,表现出耗氧率严重下降的现象(施永海等,2011)。菊黄东方鲀对水温变化尤为敏感,水温过高或过低都将对菊黄东方鲀的生长产生重要影响,水温高于 32 ℃,菊黄东方鲀摄食明显下降,低于 10 ℃,基本停止摄食,而且低于 8 ℃将会产生死亡。因此在高温季节需要采取一些降温措施,如换水、加高水位、遮荫等,而在低温季节需要搭建越冬大棚或移入室内。该鱼适宜的生长水温在 20～30 ℃,在适宜的水温条件下,生长速率随水温上升而加快。

为了更进一步探究水温对菊黄东方鲀的作用机制,上海市水产研究所(施永海等,2011)通过采用密闭呼吸室法,研究了不同温度(11 ℃、15 ℃、19 ℃、23 ℃、27 ℃和31 ℃)下菊黄东方鲀幼鱼(约 20 g)单位体重瞬时耗氧速率的变化规律。

在水温 11～31 ℃内,菊黄东方鲀幼鱼的耗氧率随水温升高而升高,没有表现出耗氧率突然下降的现象(图 5-9),这符合鱼类耗氧率在适宜范围内随水温上升而增加的一般规律,同时,从水温 11 ℃ 到 31 ℃,菊黄东方鲀幼鱼的热能效系数 Q_{10} 为 2.65(表 5-5),Q_{10} 表示水生生物对温度的敏感度,它常常用来测量水生生物对变化后的水温的调整能力,一般来说,这个 Q_{10} 值在 2～3,菊黄东方鲀幼鱼 Q_{10} 值在通常范围(2～3)内。这

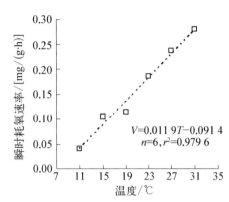

$V=0.011\ 9T-0.091\ 4$
$n=6,r^2=0.979\ 6$

图 5-9 菊黄东方鲀幼鱼瞬时耗氧速率 (V) 与温度 (T) 的关系(施永海等,2011)

些研究结果说明,11～31 ℃在菊黄东方鲀幼鱼能适应的温度范围内(施永海等,2011)。

表 5-5 菊黄东方鲀幼鱼在不同温度范围下的 Q_{10} 值(施永海等,2011)

温度/℃	Q_{10} 值
11～15	10.72
15～19	1.22
19～23	3.54
23～27	1.82
27～31	1.54
11～31	2.65

5.6.2 盐度

低盐会给生活在沿海及海洋鱼类的存活和生长造成很大的影响,特别是那

些大洋鱼类：当外界盐度低于其适宜盐度范围时,鱼类会通过消耗体内的能量来维持其体内的离子平衡,这可能会造成生长缓慢;当盐度处于鱼类能生存的极限值附近时,鱼类会表现出一些生理功能的紊乱,表面上会出现生长停滞甚至负生长,同时也有一些虚弱的个体因没有能力承受外界的离子压力差而出现死亡;盐度低于鱼类能生存的临界范围时,鱼类生理功能极度紊乱,最终出现大量死亡。

在不同发育阶段,盐度对鱼类的影响还是有些不同的。从盐度对生长和存活的影响方面来说,菊黄东方鲀幼鱼相对于仔稚鱼更倾向于适应低盐,幼鱼的生存极限低盐和最佳生长盐度分别是 1.7 和 10,盐度 5 以上就能适合其存活和生长,在 5～20 盐度下幼鱼成活率 100%。

上海市水产研究所(施永海等,2015)通过探讨低盐(0、1.7、5、10、15 和 20)对菊黄东方鲀幼鱼生长、存活、耗氧、鳃 Na^+/K^+-ATP 酶及肝脏抗氧化酶的影响,研究了菊黄东方鲀幼鱼对低盐的适应性。养殖试验设置盐度梯度为 0、1.7(当地河水)、5、10(对照组,当地半咸水)、15 和 20,每个梯度 3 个重复,即在 1 个养殖池(20 m^3)中放置 3 个网箱(长 1.0 m、宽 1.0 m、高 0.9 m),每个网箱随机放试验用鱼 25 尾,在盐度 10 稳定 1 d 之后,按盐度 5d^{-1}进行盐度升降。如试验鱼出现不适反应,则降低驯化速度。试验期间,每天投饵 2 次,时间为 9:00 时和 15:00 时,饵料同驯养期饵料,每次投饵 2 h 后,收集残饵,清除粪便及网片上的附着物。试验期间自然水温 24.0～30.0 ℃,自然光周期,光照与黑暗比为 12.8 : 11.2。每天吸底和换水各 1 次,换水量 1/2,连续充气。

试验开始时,每个重复各取 10 尾幼鱼测量记录全长和体重,以后每隔 2 周对所有幼鱼进行 1 次体重生长情况检测。养殖试验持续 8 周共 56 d。试验结束后,所有存活的幼鱼测量记录全长和体重。同时,各盐度组的每个重复各取健康且体重相似的 1 尾幼鱼作为耗氧率测定的受试鱼暂养于各网箱,再各取 2 尾幼鱼用于各类酶测定。

耗氧率的测定采用密闭呼吸室法。呼吸室是一个购置商品的大规格锥形瓶,水体约 5 L,以实测为准,采用保鲜膜密封。每个盐度组(5、10、15 和 20)有 4 个呼吸室,0 和 1.7 盐度组,因为生长试验结束,受试鱼数量太少,故不作处理,每个盐度组呼吸室装有同温同盐的水,其中 3 个呼吸室内各放置 1 尾幼鱼,剩下的 1 个呼吸室不放置鱼,留作空白对照。所有呼吸室都放置在同一个水浴池内(28.8～29.0 ℃)。为避免因为摄食和排泄干扰幼鱼的新陈代谢,受试鱼在受试前 24 h 不投喂。为把幼鱼个体体重对耗氧率的影响降到最低限度,所选取受试个体体重范围很窄,为(25.76±0.92)g($n=12$)(Mean±SD)。为把应激反应对幼鱼耗氧率的影响降到最低限度,受试鱼在呼吸室适应 30 min 左右,直到其鳃盖均匀张合。为减少生物钟节律对受试鱼耗氧的影响,所有测量在一天的同一时间段(8:30～9:30 时)自然光照(照度为 600～800 lx)条件下进行。

溶解氧水平采用溶氧仪测定。每次测量持续 1 h 左右,直到水中溶解氧饱和度到 50%～60%结束,以减少溶解氧水平对耗氧率的影响。试验用水装入呼吸室前在 30 L 的水箱内至少曝气 1 h,以确保试验前水体中的初始溶解氧水平保持 90% 以上。为确保测定结束时溶解氧饱和度保持在 60% 左右,所有测试前都进行预备试验来估计测定时间。测试结束后,称量受试鱼体重。

采用酶试剂盒测定各类酶活性。养殖试验结束时,每个重复取的 2 尾鱼组成 1 个样本,用清水将试验鱼洗净,擦干体表水分,解剖鱼体,取出肝和第二片鳃弓上的鳃丝,用生理盐水冲洗并用滤纸吸干,整个操作在冰盘上进行。取出的鳃丝和肝分别混合后置于−80 ℃冰箱保存待测;鳃丝和肝分别用于抗氧化酶和 Na^+/K^+-ATP 酶的测定。测定前,先将冷冻样品放到 0～4 ℃冰箱解冻,放入预冷的离心管中,加入 9 倍体积生理盐水,冰浴匀浆,0～4 ℃3 500 r/min 低温离心 10 min,取上清液,即刻测定各酶活性。

所有数据用平均值±标准差(Mean±SD)表示。用单因素方差分析(one way ANOVA)对各盐度组数据差异进行方差分析,如数据是百分数,那先采用反正弦函数转换后再进行方差分析。用 Student-Newman-Keuls(SNK)法进行多重比较。以 $P<0.05$ 为差异显著。

全长特定生长率(L_{SGR}): $L_{SGR}=[(\ln L_1-\ln L_0)/t]\times100\%$

式中,L_0 为养殖试验开始时的幼鱼全长,单位为 mm;L_1 为养殖试验末时的幼鱼全长,单位为 mm;t 为养殖试验天数,单位为天。

体重特定生长率(W_{SGR}): $W_{SGR}=[(\ln W_1-\ln W_0)/t]\times100\%$

式中,W_0 为养殖试验开始时幼鱼的体重,单位为 g;W_1 为养殖试验末时幼鱼的体重,单位为 g。

$$耗氧率(C_{OR})：C_{OR}=(C_t-C_0)V/(W \cdot T)$$

式中,C_{OR} 为每单位体重的耗氧率,单位为 mg/(g·h);C_t 为试验前后测试瓶内溶解氧差值,单位为 mg/L;C_0 为试验前后空白对照瓶内溶解氧差值,单位为 mg/L;W 为幼鱼的体重,单位为 g;V 为呼吸室体积,单位为 L;T 为测试持续时间,单位为 h。

1. 低盐对幼鱼存活和生长的影响

菊黄东方鲀幼鱼养殖于 0 盐度组(实测盐度 0.5)2 周后仅存活 4 尾,在随后的 1 周内全部死亡;1.7 盐度组幼鱼从实验 4 周后出现滞长,个体明显比其他高盐度组(5~20 盐度)的小,这种现象一直维持到试验结束,且 1.7 盐度组的幼鱼在养殖试验的第 7~8 周出现了大量死亡,最后的成活率相当低(17.33%),说明盐度 1.7 是菊黄东方鲀幼鱼的生存极限低盐。盐度 5~20 组的幼鱼在整个试验过程中均未死亡,56 天试验结束时的全长特定生长率和体重特定生长率在盐度 5~20 组均无显著差异,说明盐度 5 以上的环境适合菊黄东方鲀幼鱼存活和生长。另外,最高的全长特定生长率和最高的体重特定生长率均出现在盐度 10 组,可能盐度 10 是菊黄东方鲀幼鱼最佳生长的盐度,也说明适当降低盐度可以提高菊黄东方鲀幼鱼生长率(表 5-6,图 5-10)。

表 5-6 低盐对幼鱼成活和生长的影响($n=3$)(施永海等,2015)

处理组	盐 度	成活率/%	全长特定生长率/%/d	体质量特定生长率/%/d
0	0.50±0.00*	0.00±0.00[a]		
1.7	1.73±0.08	17.33±6.11[b]	1.61±0.05[a]	4.55±0.14[a]
5	5.08±0.06	100.00±0.00[c]	1.73±0.04[a]	5.03±0.06[b]
10	9.88±0.20	100.00±0.00[c]	1.75±0.11[a]	5.23±0.22[b]
15	14.64±0.49	100.00±0.00[c]	1.63±0.04[a]	4.93±0.10[b]
20	19.71±0.19	100.00±0.00[c]	1.68±0.04[a]	5.00±0.11[b]

注:同列中具不同小写字母的值表示差异显著($P<0.05$)。
* 盐度的样本数为 56

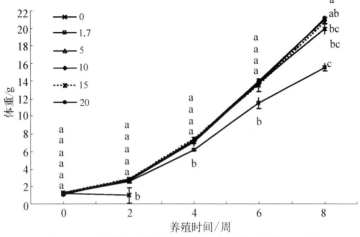

图 5 - 10　菊黄东方鲀幼鱼在各盐度下养殖的体重生长
(Mean±S. D. , $n=3$)(施永海等,2015)

不同处理组间在同一养殖时间里具不同小写字母的值表示差异显著($P<0.05$)

2. 低盐度对菊黄东方鲀幼鱼饵料系数、耗氧率及鳃 Na^+/K^+-ATP 酶的影响

菊黄东方鲀幼鱼 10 盐度组的 Na^+/K^+-ATP 酶(NKA)活性比 5 盐度组的显著低,最低的 Na^+/K^+-ATP 酶活性出现在 10 盐度组,盐度与 Na^+/K^+-ATP 酶活性做回归得到二次函数($y=0.083\ 2x^2-2.125\ 2\ x+20.915$, $r^2=0.977\ 9$),据此方程可以推算出理论上最低 Na^+/K^+-ATP 酶活性值出现在盐度 12.77(图 5 - 11),而盐度 1.7 已经达到菊黄东方鲀幼鱼的耐受极限,其鳃 Na^+/K^+-ATP 酶活力反被抑制,数值下降。虽然菊黄东方鲀幼鱼在 1.7~20 盐度下前 6 周的饵料系数没有显著差异,但最高和最低的饵料系数分别出现在 1.7 和 10 盐度组,到第 8 周试验结束时,在 5~20 盐度组,各组的总饵料系数没有显著差异(表 5 - 7)。理论上说,在外界环境的渗透压与水生生物体内的渗透压相等,即生物体处于等渗点附近

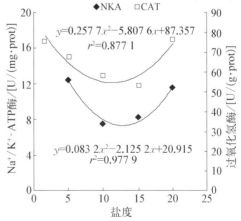

图 5 - 11　菊黄东方鲀幼鱼 Na^+/K^+-ATP 酶(NKA)及过氧化氢酶(CAT)与盐度的回归关系(施永海等,2015)

时,生物体调动用来维持其体内离子平衡的鳃 Na^+/k^+- ATP 酶的量最少,测得的鳃 Na^+/k^+- ATP 酶活性最低,在这样的情况下,生物体用于调节渗透压的能量就相对最小,那也就是说,用于调节渗透压的能量可以用于生长,生物体摄入的能量用于生长的相对就多,具体表现在生物体的生长快,能量利用高,饵料利用率高,饵料系数就低。因此,在盐度 10~12.77 附近,菊黄东方鲀幼鱼的 NKA 活性值最低,用于生长的能量也就最高,饵料利用率较高,也说明了适当降低盐度可以提高菊黄东方鲀幼鱼的饵料利用率。

表 5-7 低盐对幼鱼的饵料系数、耗氧率(OCR)及鳃 Na^+/K^+- ATP 酶(NKA)的
影响($n=3$)(施永海等,2015)

盐度组	前 6 周的饵料系数	总饵料系数	耗氧率/ [$mg \cdot O_2/(g \cdot h)$]	Na^+/K^+-ATP 酶 [$U/(mg \cdot prot)$]
1.7	1.27 ± 0.06^a			10.80 ± 0.40^{ab}
5	1.18 ± 0.03^a	1.30 ± 0.03^a	0.461 ± 0.086^a	12.51 ± 2.04^b
10	1.17 ± 0.02^a	1.28 ± 0.00^a	0.426 ± 0.134^a	7.56 ± 2.24^a
15	1.22 ± 0.05^a	1.30 ± 0.04^a	0.471 ± 0.109^a	8.18 ± 0.81^{ab}
20	1.21 ± 0.03^a	1.28 ± 0.00^a	0.478 ± 0.030^a	11.55 ± 2.48^{ab}

注：同列中具不同小写字母的值表示差异显著($P<0.05$)

菊黄东方鲀幼鱼的耗氧率在 5~20 盐度组没有显著差异,但最低的耗氧率 [$0.426\ mg \cdot O_2/(g \cdot h)$]出现在 10 盐度组,高于或低于 10 盐度组的耗氧率均升高,盐度与耗氧率呈现"U"形相关(表 5-7)。环境最佳条件(如盐度和温度)的确定可以通过分析评估呼吸代谢的强度来间接确定,呼吸代谢强度是一种能很好地反映生物体生理活动的指标,其考虑了能量的消耗和利用。耗氧率经常被用来检测水生动物能量利用和应激反应,进而通过对生物体最大生长能的研究来确定其最佳环境条件。鱼类的耗氧率往往用来检测鱼类能量的消耗情况,鱼类能量消耗小,其耗氧率就会低。一般来说,外环境的盐度在鱼类等渗点附近时,鱼类用来调节渗透压的能量最小,其耗氧率就会最小,盐度和耗氧率的关系会呈现"U"形,鱼类耗氧率最低点是其最适盐度点。然而,另一些学者的研究也表明,在适宜盐度范围内,海水生物体用于调节渗透压的能量消耗是非常小的,盐度变化造成的新陈代谢率变化产生的能量,大多用于行为反应而不是用于调节渗透压;同时,对于那些经过长一段时间(如 2 周以上)盐度适应后的广盐性种类来说,新陈代谢率随盐度的变化是非常有限的。因此,研究再次表明,

菊黄东方鲀是广盐性种类,而盐度 10 是菊黄东方鲀幼鱼的最适宜盐度。

另外,菊黄东方鲀幼鱼的耗氧率与其稚鱼的耗氧率有些不同:稚鱼耗氧率与盐度(5～35)呈现"n"形相关,最高的耗氧率理论预期值产生在盐度 23.56 的环境(Shi et al. 2011),这结果一方面说明菊黄东方鲀幼鱼用于调节渗透压的能量消耗非常小,而用于生长的能量相对较多;另一方面也表明,菊黄东方鲀稚鱼与幼鱼的呼吸作用对外界盐度变化的反应有所不同。

3. 低盐度对菊黄东方鲀幼鱼肝脏抗氧化酶的影响

超氧化物歧化酶(SOD)、过氧化氢酶(CAT)和谷胱甘肽过氧化物酶(GSH-PX)是生物体抗氧化防御系统的关键酶。当外源病原入侵机体时,呼吸爆发和其他免疫过程会产生大量活性氧,这些活性氧在细胞中累积,在杀灭病原的同时,对细胞也造成严重的伤害,SOD、CAT 和 GSH-PX 可以缓解活性氧自由基对机体细胞的损伤,SOD 能够清除机体内的 $O_2^- \cdot$,让其发生歧化,生成过氧化氢(H_2O_2)和氧气(O_2),而 CAT 和 GSH-PX 两种酶可以将 SOD 的作用产物 H_2O_2 还原成水。一般情况下,抗氧化酶活力升高预示着机体中产生了大量的自由基有待清除。菊黄东方鲀幼鱼肝脏的 SOD 和 GSH-PX 活性在盐度 1.7～20 组之间均没有显著差异(表 5-8),1.7 盐度组和 20 盐度组幼鱼CAT 活性出现明显升高(表 5-8),表明试验盐度的升高或下降导致了菊黄东方鲀幼鱼自由基积累,会对机体造成氧化损伤,这时幼鱼肝中 CAT 活性被激活并增强,用于及时清除自由基;菊黄东方鲀幼鱼的 10 盐度组和 15 盐度组CAT 活性比 1.7 盐度组和 20 盐度组显著低(表 5-8),盐度与 CAT 活性做回归得到二次函数($y=0.2577x^2-5.8076x+87.357, r^2=0.8771$),通过此方程可以得到理论上最低 CAT 活性值出现在盐度11.27(图 5-11),说明幼鱼机体内自由基较少,自由基对机体的损伤就少,再次说明盐度 11.27 适合菊黄东方鲀幼鱼。

表 5-8 盐度对菊黄东方鲀幼鱼肝脏抗氧化酶的影响($n=3$)(施永海等,2015)

盐度组	超氧化物歧化酶/ [U/(mg·prot)]	谷胱甘肽过氧化物酶/ [U/(mg·prot)]	过氧化氢酶/ [U/(g·prot)]
1.7	55.42±5.05[a]	2.54±0.22[a]	75.95±1.31[b]
5	56.97±5.33[a]	0.42±0.19[a]	67.54±9.86[ab]
10	51.97±7.08[a]	1.69±1.43[a]	57.82±9.06[a]

（续表）

盐度组	超氧化物歧化酶/ [U/(mg·prot)]	谷胱甘肽过氧化物酶/ [U/(mg·prot)]	过氧化氢酶/ [U/(g·prot)]
15	47.25±4.07[a]	0.62±0.16[a]	52.72±3.42[a]
20	54.46±3.85[a]	1.49±1.22[a]	76.56±6.84[b]

注：同列中具不同小写字母的值表示差异显著（$P<0.05$）

结论　　盐度 1.7 是菊黄东方鲀幼鱼的生存极限低盐，盐度 5 以上已经能适合其存活和生长；盐度 10 是菊黄东方鲀幼鱼最佳生长的盐度；在盐度 10～12.77 附近，鳃 NKA 活性值最低，饵料利用率较高；最低的耗氧率出现在盐度 10，在盐度 10～15 肝脏 CAT 活性较低，最低 CAT 活性理论值出现在盐度 11.27。因此，盐度 10～15 是菊黄东方鲀幼鱼的最适宜盐度范围，适当降低盐度对菊黄东方鲀幼鱼的养殖生产是有利的。

5.6.3　溶解氧

溶解氧是影响鱼类呼吸重要的环境因子。通常，鱼类会通过增加鳃的活动量来应对溶氧水平的降低，但鳃的活动也要消耗能量，从而占用了用于其他新陈代谢（如生长）的能量。在一定溶氧水平范围内，鱼类耗氧率和溶氧的关系可以确定为"顺应呼吸型"，即在这个范围内，耗氧率随溶氧水平降低而降低。但是，当溶氧降低到临界点附近时，许多鱼类的耗氧率不会随溶氧水平的降低而降低，而是会作出相应的生理应激反应（如增加呼吸频率）来保持一定的耗氧率，以维持最低的生命活动，这就是所谓的"调节管理"。当溶氧水平继续降低，溶氧水平不能满足鱼类维持最低生命活动的需求时，从而造成鱼类的死亡（施永海等，2011）。

为了更进一步探究水温对菊黄东方鲀的作用机制，上海市水产研究所（施永海等，2011）通过采用密闭呼吸室法，研究了菊黄东方鲀幼鱼（约 20 g）单位体重耗氧速率与溶氧水平相关规律。

菊黄东方鲀幼鱼瞬时耗氧速率（V）均随试验时间（t）增加而降低，且呈现良好的幂函数负增长相关关系（表 5 - 9）；菊黄东方鲀幼鱼呼吸属顺应型，符合鱼类耗氧率与溶氧水平关系的一般规律：在适宜溶氧范围内，菊黄东方鲀幼鱼的单位体重瞬时耗氧速率（V）随溶氧水平（DO）的降低而明显降低（表 5 - 9，图

5-12)。但溶氧水平降低到临界点(1~2 mg/L)附近时,菊黄东方鲀幼鱼耗氧率表现为"调节管理"模式,即幼鱼耗氧速率降低不明显(图 5-12),幼鱼用增加呼吸频率来保持一定的耗氧率,以维持基本的生命活动(施永海等,2011)。

表 5-9　菊黄东方鲀幼鱼的耗氧量(W_0)与时间(t)、瞬时耗氧速率(V)与时间(t)和溶氧(DO)的各关系(施永海等,2011)

水温 /℃	样本数 /n	$W_0 = a\,t^b$, (r^2)	$V = a\,t^b$, (r^2)	$V = a\,DO^2 - b\,DO + c$, (r^2)
11	11	$W_0 = 0.087\,5\,t^{0.783\,1}$, (0.997 4)	$V = 0.068\,5t^{-0.216\,9}$, (0.997 4)	$V = 0.000\,8\,DO^2 - 0.003\,8\,DO + 0.039\,0$, (0.960 0)
15	12	$W_0 = 0.124\,1\,t^{0.788\,1}$, (0.994 8)	$V = 0.097\,8\,t^{-0.211\,9}$, (0.994 8)	$V = 0.003\,1\,DO^2 - 0.009\,3\,DO + 0.072\,3$, (0.973 3)
19	9	$W_0 = 0.190\,1\,t^{0.695\,1}$, (0.997 7)	$V = 0.132\,1\,t^{-0.304\,9}$, (0.997 7)	$V = 0.003\,5\,DO^2 - 0.011\,2\,DO + 0.080\,4$, (0.988 5)
23	12	$W_0 = 0.245\,2\,t^{0.829\,6}$, (0.995 1)	$V = 0.203\,4\,t^{-0.170\,4}$, (0.995 1)	$V = 0.001\,4\,DO^2 - 0.000\,2\,DO + 0.151\,6$, (0.991 9)
27	8	$W_0 = 0.250\,6\,t^{0.792\,5}$, (0.996 7)	$V = 0.198\,6\,t^{-0.207\,5}$, (0.996 7)	$V = 0.004\,6\,DO^2 - 0.006\,9\,DO + 0.155\,5$, (0.990 3)
31	6	$W_0 = 0.304\,9\,t^{0.818\,6}$, (0.991 1)	$V = 0.249\,6\,t^{-0.181\,4}$, (0.991 1)	$V = 0.003\,6\,DO^2 - 0.002\,0\,DO + 0.200\,2$, (0.995 5)

　　值得注意的是,在实际池塘养殖和运输过程中,一般来说,鱼类往往会采用浮头的方式来应对较低溶氧水平,以维持基本的生命活动。通常,鱼类在缺氧的情况下会游到水面上来获取氧气,养殖管理者很容易发现鱼类缺氧现象,并能及时启动应对措施。但是,据作者在养殖生产中的观察,菊黄东方鲀在缺氧的情况下往往暗浮头(鱼游到水面以下 10~20 cm 处)。因此,养殖管理者

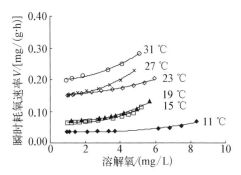

图 5-12　菊黄东方鲀幼鱼瞬时耗氧速率(V)与溶解氧(DO)的关系(施永海等,2011)

很难发现,等发现的时候,已经错过了最佳的抢救时间,从而造成大量的死亡。所以作者认为菊黄东方鲀幼鱼在实际养殖和运输过程中,溶氧水平低于3 mg/L 时,应及时启动应急急救措施(施永海等,2011)。

　　另外,在常规的池塘养殖水温条件下,菊黄东方鲀幼鱼比暗纹东方鲀更为耐氧。但是,在实际养殖生产中,菊黄东方鲀因为栖息在水体下层,而水体近底层溶解氧水平较低,所以也要特别注意菊黄东方鲀浮头缺氧(施永海等,2011)。

5.6.4　光照强度

　　菊黄东方鲀属于峰值型的摄食鱼类。在不同季节,从菊黄东方鲀摄食期间池面光照强度的测定结果看(表5-10),在投饵1~2 h期间,存在一个摄食高峰,池面光照强度随时间推移逐渐降低。虽然摄食高峰时间在不同季节出现的时间不一样(秋季16:50左右,春、夏季18:20左右),但摄食高峰时的光照强度有个共同的特点,均在1 900 lx左右(1 830~2 020 lx),依据光照强度对鱼类活动的影响,将鱼类划分为白昼型、黄昏型和夜间型3种活动类型,定义白昼型鱼类的标准是最大活动的光照强度在100 lx以上。菊黄东方鲀的最大活动的光照强度在100 lx以上,属于偏晨昏的白昼型,且具有明显的昼夜摄食节律,白天有两个摄食高峰(早晨和傍晚)。东方鲀属鱼类的最适光照强度既有相似性又有种间差异性,探索不同光照下的摄食强度和摄食节律,对如何根据光照强度确定最佳投饵时间和频次,在实际养殖操作中具有很好的参考意义(张跃平等,2012)。

表 5-10　摄食期间池面的光照强度情况(张跃平等,2012)

日期与时间		光照强度/lx	摄食高峰时间	摄食高峰光照强度/lx	天　气
2009-11-22	16:30	2 130	16:50	1 850	阴
	17:05	140			
	17:30	4			
2009-11-23	16:30	4 300	17:00	1 830	晴
	17:00	1 830			
	17:30	9			
2009-11-24	16:30	6 400	16:50	1 910	晴
	17:00	1 470			
	17:30	13			
2009-11-25	16:30	7 400	17:00	1 870	晴
	17:00	1 870			
	17:30	20			

（续表）

日期与时间		光照强度/lx	摄食高峰时间	摄食高峰光照强度/lx	天　气
2009 - 12 - 02	16:34	5 310	16:40	1 790	晴
	17:08	810			
	17:30	27			
	17:37	8			
2010 - 05 - 24	17:00	30 000	18:20	1 960	晴
	17:30	16 100			
	18:00	6 300			
	18:30	1 500			
2010　05　25	17:00	31 000	18:10	2 020	晴
	17:30	15 300			
	18:00	6 200			
	18:30	1 460			
2010 - 06 - 07	17:00	29 000	18:20	1 950	晴
	17:30	16 500			
	18:00	6 600			
	18:30	1 620			

第**6**章 菊黄东方鲀的
成鱼养殖技术

菊黄东方鲀成鱼养殖是指把经过了第一个越冬期的隔年鱼种(规格一般在50 g/尾以上),养殖至270 g/尾以上的商品规格。由于各地消费习惯的不同,对商品规格的要求有差异。在江、浙、沪,体重达到270 g/尾以上的菊黄东方鲀,是普遍被消费者接受的商品鱼规格。成鱼养殖时间需1~2年。

目前,菊黄东方鲀的成鱼养殖方式主要有3种,即室内工厂化养殖、室外池塘单养和混养。

6.1 工厂化养殖

菊黄东方鲀的人工养殖起步要比红鳍东方鲀和暗纹东方鲀晚,且必须在其适宜生活、生长的半咸水及海水环境条件(盐度为5~25)的区域才能开展养殖,一般都在沿海、港湾及河口地区,特别是开展规模化养殖,需具备有充足、无污染半咸水供应。相对于暗纹东方鲀,菊黄东方鲀对水环境的要求是制约其工厂化养殖的主要因素之一。

目前,关于菊黄东方鲀的室内工厂化养殖的报道有:《菊黄东方鲀室内越冬试验初报》(王六顺,2003)、《北方地区菊黄东方鲀室内越冬技术》(张福崇等,2003a)、《菊黄东方鲀越冬技术》(郑春波等,2010)等,但全程进行工厂化养殖的还未见报道,而有关暗纹东方鲀室内工厂化养殖的报道就比较多。事实上,菊黄东方鲀和暗纹东方鲀这两种鱼,在体型、生活习性、生长要求方面有很多相似之处,暗纹东方鲀在海水、淡水中都可养殖,菊黄东方鲀只能在海水条件下才能养殖。因此,作者认为,要开展菊黄东方鲀的工厂化养殖,要在海水环境条件前提下,其余可以借鉴暗纹东方鲀工厂化养殖的要求和做法。在此,作者根据相关菊黄东方鲀工厂化养殖的报道,再适当参照暗纹东方鲀的工厂化养殖,来介绍菊黄东方鲀工厂化养殖技术。

6.1.1　温室条件

工厂化养殖一般是指从鱼种能摄食人工投喂饲料开始,到养成商品鱼的出售,均在室内进行的过程。温室要求天冷能有效保温;天热能有效降温,能采光,也能遮光。对养殖池水体的提温可燃烧能源进行加温,在有条件利用到地热、余热及工厂废热的地方可积极利用,以降低运转成本。

6.1.2　室内养殖池条件

养殖池为水泥池,也可以是原来的鳗鱼养殖池,池面积从几十平方米到几百平方米不等,水深达 1.2 m 以上,池底需具一定坡度,以利脏水、脏污的排出。池子形状一般为长方形、正方形、圆形或椭圆形。一般苗种培育在面积几十平方米的池子中进行,而成鱼养殖使用相对面积较大的池子。

水泥池为上方设置弓形环顶,顶部覆盖透光保温塑料薄膜,为防止藻类快速繁殖,降低透光率,在顶部加盖可调光的遮荫膜。

6.1.3　放养前的准备

放养前需对养殖池进行消毒,可先进水 20 cm,然后用 20 ppm 漂白粉溶解后全池泼洒,浸泡 48 h 后,排水冲洗干净,晾干 3~4 天再使用。也可用 50 mg/L 的高锰酸钾溶液进行全池泼洒,池底留水 20 cm 浸泡 30 min,再用干净水冲净余药。对新建水泥池,必须先进行反复注水浸泡,消除碱性,待其充分"熟化"后,再进行消毒处理步骤。

同时,对一些设施设备进行检查和整修,如进排水系统、加热系统、增氧系统等,确保在养殖期间一切运转正常、万无一失。

养殖水体用水可取用当地适合菊黄东方鲀生活、生长的盐度为 5~25 的海水或者半咸水,高盐度地区可用淡水稀释盐度至适宜范围,使用前需经过池塘一级沉淀,进蓄水池时需经过 80 目筛绢网过滤,进越冬养殖池时同样再需经过 80 目筛绢网过滤。养殖池进水一般在放养前 2~3 天完成。

6.1.4　鱼种放养

放入养殖池的鱼种,不管何种规格,都必须挑选体格健壮、活力强的个体,把体质较弱、病害严重、畸形的鱼剔除掉,以减少养殖期间的病害发生。运输入池需带水操作,切忌造成机械挤压损伤。分放各池前,可适当使用抗生素类的药物消毒处理。

鱼种放养按不同时期、不同的规格,放养不同的密度。有资料介绍暗纹东方鲀在 3 cm 夏花鱼种的密度为 20 尾/m² 左右,1 龄鱼种的放养密度为 5～10 尾/m²,当鱼体重达 200 g 以上时,密度应降为 3～5 尾/m²(任方旭和王树海,2005)。但根据作者的养殖经验和对菊黄东方鲀的了解程度,放养密度在早期可适当提高,建议:规格 3 cm 以上的夏花鱼种,放养 50～100 尾/m²,以后随鱼体长大及时分稀;规格到 50 g/尾时,放养密度控制在 20～30 尾/m²;规格达200～300 g/尾时,密度控制在 5～10 尾/m²。

6.1.5　日常管理

日常管理主要有水温、水质的控制,饲料投喂等方面的内容。

1. 水温要求

水温常年控制在其适宜生长的 24～28 ℃,换水温差控制在 2 ℃以内。

2. 水质要求

盐度在 5～25、水中溶氧在 4 mg/L 以上,pH7.5～8.5,透明度 40～90 cm,氨态氮、亚硝酸态氮低于 0.1 mg/L。如生长环境为流水条件,在日常管理中,一要保持水位的稳定,在 1.5 m 以上;二要调节水温和保持水质清新,使养殖池水水温接近菊黄东方鲀生长最佳水温,并定期排水、换水,清除残饵和粪便,一般每隔 6～8 天换水 30%,如水体中培养出了有益活菌(如 EM),可每隔 15～20天换水 20%。合理使用增氧设施,保证水流,促进水体的流转对换,防止温跃层的形成,保证池水清新(黄丽萍,2003)。

3. 饲料投喂

饲料以人工配合饲料为主,常用的为含粗蛋白 45% 的鳗鱼饲料,投喂加工时可添加适量鱼油、维生素、矿物质等,以补充营养。刚开始养殖 7 天左右,是鱼种对新环境的适应阶段,可用饲料台定点投喂,每天 3～4 次,投喂 40 min 左右收起饲料台,观察鱼类的摄食情况;当鱼适应新环境,逐渐转为正常摄食后,可分早、中、晚 3 次投喂,以 30 min 内吃完为最佳,日投饵率根据鱼体和环境而定,一般体重 5～7 g 的鱼种日投饵率为 8%～15%,体重 10～50 g 的鱼种日投饵率为 3%～7%,体重 50～150 g 的鱼种日投饵率为 2%～3%,体重 150 g 以上的鱼种日投饵率为 1%～2%。高温季节白天时间长,早晨一次可在天亮后 1 h 进行投喂,最后一次应在日落前 2 h 左右投喂(黄丽萍,2003)。

6.1.6　其他管理

在整个养殖期间除做好上述日常管理工作外,还需做好各项详细的记录工作,以便追踪、追溯事件的演变发展过程。加强加温、保温设施设备的日常巡视和检查,发现问题及时整修,确保设备平稳运转。

同时需加强防病、治病工作,菊黄东方鲀生活在海水环境中,寄生虫类病害较少,细菌性疾病相对常见。因此,在日常操作中,注意及时捞除病鱼、死鱼,密切关注鱼类的摄食情况,及时换水、翻池,一旦发病及时用药处理。有关防病、治病内容可参阅病害防治篇章的专门论述介绍。

6.2　池塘精养(池塘单养)

上海市水产研究所从 2004 年开始至今,对菊黄东方鲀池塘规模化养殖,开展了一系列科研、生产、开发等的研究,建立了近 200 亩养殖面积的规模化养殖场 2 个,形成了年产 15～30 t 商品鱼的能力。上海市水产研究所奉贤基地科研团队在菊黄东方鲀池塘养殖技术方面形成了成熟的生产体系,积累了丰富的经验(张忠华等,2009,2011)。

6.2.1　池塘条件

1. 场址选择

养殖场应选择在海边、进排水方便、水量充沛、水源无污染源影响、水质清爽、水质相对稳定的沿海、海洋港湾及河口区域。

2. 池塘要求

养殖池(图 6-1)以正方形或长方形为宜,面积 3～10 亩,池底平坦,水深 1.5～2.5 m,池塘土质结构要求保水性好,普通土池或塘壁四周为水泥护坡结构的均可作为养殖池,要求进排水方便。菊黄东方鲀有钻泥沙习性,池塘底泥不宜过深。

图 6-1　菊黄东方鲀养殖池塘

3. 设备配置

每口养殖池,3 亩左右池塘需配备一台 1.5 kW 的叶轮式增氧机,或两台 0.75 kW 的水车式增氧机;9 亩左右池塘需配备 1.5 kW 和 3.0 kW 的叶轮式增氧机各一台,以确保鱼对溶解氧的需求(图 6-2)。

图 6-2　配备叶轮式增氧机的养殖池

图 6-3　栏网设施

4. 进排水设置

进水口需安置 60 目的过滤网过滤进水,排水口设两道拦网设施(图 6-3),第一道为围网,第二道为闸网,围网可增加排水接触面,防止污物堵塞网目后,水压过大,挤破网片,两道拦网既能有效防止换排水时塘内的鱼逃逸,又能有效阻止塘外野杂鱼顶水钻入塘内。

6.2.2　放养前准备

放养前先进行清塘消毒。常用的消毒药物有：生石灰、漂白精、茶粕等。最常用的是生石灰,150～300 kg/亩,若池内野杂鱼等较多,则可用 50～100 mg/L 的茶粕;若上一年曾发生过病害,则可 30～50 mg/L 的漂白精。一般先用漂白精 20 mg/L 泼洒池底,杀死野杂鱼等有害生物,3 天后再以生石灰 150 kg/亩清塘以改善池塘的底质。一周后加水至正常养殖水位,等待放鱼。如果时间紧,施生石灰 2 天后,可先加 30 cm 水,12 h 后排掉,再加新水,以防水质碱性太高、伤害鱼类。

清塘药物使用的注意事项:生石灰可在池底均匀挖坑,用水化开后,趁热均匀泼开到整个池底及池坡;漂白精也应用水彻底溶解后均匀泼开,而茶粕则应先在容器内用淡水浸泡 24 h,再用网片将茶粕渣充分滤出,将浸出液泼洒于池内。此外,不管何种药物,需掌握滩上少用,水潭多用,浅水处少用,深水处多用的原则。用药次日一定要下塘检查以确认池内野杂鱼虾等已被杀死,否则,需加大药物用量重新清塘。两种以上药物同用时,必须相隔 3～5 天以上。清塘消毒以后须过 1～2 天才能排除消毒水,再进水洗池后正常进水。

6.2.3　鱼种挑选与放养

应挑选体质健壮、无伤、无病、无畸形、规格整齐的优质鱼种进行放养,理想规格为 60～80 g/尾。一般为自繁培育的隔年老口鱼种。在上海地区,要在当年养成商品规格,需选择 75 g/尾以上的鱼种进行放养,这样能确保当年能达到商品规格的比例较高。

鱼种放养时间选择在自然水温回升到 15 ℃以上,并连续 5 天稳定在 15 ℃以上,上海地区选择气温相对稳定的 3 月底到 4 月初。切忌鱼种放养后遇上暗霜,故室外放养须正确掌握好时间点,宜晚不宜早。放养前,越冬池需先降温,以室内外温差在 5 ℃以内为宜。菊黄东方鲀生性凶猛,常相互撕咬,因此,同一池塘内的放养规格一定要整齐。根据作者多年的养殖经验,池塘养殖的放养密度:50 g/尾左右的鱼种 1 200～1 500 尾/亩,100 g/尾左右的鱼种 1 000～1 200 尾/亩。

6.2.4　饲料投喂

上海市水产研究所奉贤基地采用蛋白质含量 45％的粉状成鳗配合饲

料养殖菊黄东方鲀,长期生产实践证明养殖效果良好,具体投喂方法介绍如下。

1. 饲料台的制作和投放数量

菊黄东方鲀的特制饲料台(图6-4,图6-5)采用钢筋、纱网和铁丝,由钢筋做成正方形框架,并涂防锈漆,钢筋直径为8 mm,框架边长为50 cm,钢筋框架包覆皮条网,纱网规格为5~10目,框架四边采用细尼龙线经缝纫将纱网收边固定,框架四角系四根等长尼龙绳,长度为60 cm,四根尼龙绳拉直并在正方形框架中心位置正上方打结,在打结处系一根尼龙绳,吊起时饲料台能保持平衡;尼龙绳另一端系一根铁丝制成的插针,插针规格为横截面直径2 mm,长度20 cm,一头打磨成针状,另一头打弯用于系尼龙绳。

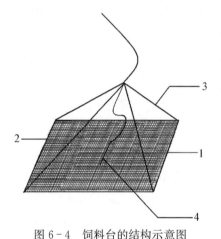

图6-4 饲料台的结构示意图

1. 钢筋; 2. 皮条网; 3. 尼龙绳;
4.铁丝制成的插针

图6-5 饲料台实物

此特制饲料台适应东方鲀鱼类采食饲料特点,框架为钢筋结构,制作饲料台前钢筋表面涂防锈漆,坚固耐用,不易腐蚀、变形;纱网便于清洗与更换;插针用于固定饲料饼,避免检查剩饵时饲料饼滚落、东方鲀鱼类抢食饲料时将饲料拱落饲料台;该饲料台取材方便,结构简单,维护方便,实用性强。

饲料台的投放深度以离塘底20 cm为宜,一个饲料台为一个投饲点(图6-6)。根据作者的经验,饲料台的设置数量需根据鱼种的规格来确定:规格100 g/尾以下,每800尾设置一个饲料台;规格100~200 g/尾,每600尾设置一个饲料台;规格200 g/尾以上,每500尾设置一个饲料台。

图6-6　池塘内悬挂的饲料台

2. 饲料制作

饲料投喂前,先将粉状的配合饲料和水以重量1∶1的比例共同放入搅拌机搅拌,黏合成型后倒出,分切成大小适中的块状,再手工整形成光边扁团状后投放于饲料台。

3. 投饲次数和数量

从鱼种放养后第2天就开始少量投饲引食,使鱼尽快熟悉和适应摄食区域的环境,以后视摄食情况逐渐加量。水温在20 ℃以下,日投1次,一般在上午8:00～9:00;水温20 ℃以上,尤其在夏季高温时,上午连续投饲2次,第一次投总量的70%,第二次投30%,下午不投。

投饲量随鱼种的规格及水温条件的不同而有所变化。鱼种规格为70～150 g/尾:水温15～20 ℃,日投饲量为鱼体总重的0.5%～1.0%;水温20～30 ℃,日投饲量为1.2%～3.0%。鱼种规格达150 g/尾以上:水温15～20 ℃,日投饲量为鱼体总重的0.5%～1.0%;水温20～30 ℃,日投饲量为1.0%～1.6%。

6.2.5　水质管理

1. 水质监测

早晚各测1次水温,定期测量盐度、溶解氧、pH、氨氮、亚硝酸等常规水质指标,并结合鱼类的摄食活动,确定池塘的换水量。养殖用水水质理化指标要求:盐度5～25,水中溶解氧达4 mg/L以上,pH7.5～8.5,透明度20～30 cm。在高盐度地区,有条件用淡水调低盐度的话,尽量调节到其最适生长盐度(10~15)。

2. 换水控制

俗话说,要养鱼,先养水。水质控制得好坏直接影响到养殖效果,保持养殖水体的良好水质有利于东方鲀的快速生长。除了池水的常规理化指标达到要求以外,水的肥瘦也要适中,菊黄东方鲀养殖池水一般以黄褐色、黄绿色,透明度在 20~30 cm 为宜,即通常所说的"肥、活、嫩、爽"。

一般,养殖前期,由于水温尚低,投饵量也不多,水质变化也不大,可逐步添加水或少量换水(换水量为 1/4)。养殖中后期,处于夏秋高温季节,由于投饵增加、池内残饵、鱼体排泄物积累,水温又高,有机物分解速度加快,产生的氨氮、亚硝酸氮及硫化氢等有毒有害物质使池水溶解氧、pH 的下降直接影响东方鲀的摄食,甚至导致鱼种缺氧浮头或鱼病的发生。因此,养殖中后期,既是鱼的快速生长时段,又是养殖的关键期,要勤于观察鱼情、水情,适时换水,加大换水量(换水量为 1/3~1/2),确保水质稳定、清爽。

3. 水质恶化后的处理措施

如果水太瘦太清,鱼易受外界影响而减少摄食量同时又容易缺氧;太肥太浓,水中藻类容易大量繁殖形成水华或大批藻类死亡沉底产生藻毒素从而导致水质急剧变化甚至引起鱼类的大量死亡。当池水呈深褐色、黑色、酱油色或墨绿色、乳白色等非正常颜色时即表明水质已变坏,应及时换水并加开增氧机。

水清瘦或又浓又肥一般多可通过换水得以缓解。水太清,换水效果又不大时,可以从其他鱼池内引入藻类水以引种藻类同时加入新鲜水;如水太浓肥,可定期泼洒生石灰浆水(5~7.5 kg/亩)同时开动增氧机。

通常情况下,水质发生变化而鱼的摄食也已明显下降时,通过换水基本能够缓解,如果情况严重,也可采用倒池的方法即准备一个空池加好新鲜水,然后将水质发生严重恶化的池里的鱼用网全部拉入新池。

6.2.6 缺氧浮头的管理

菊黄东方鲀对水体中溶解氧要求较高,在养殖过程中很容易出现缺氧浮头现象,但由于菊黄东方鲀的缺氧浮头初期不易察觉,在养殖中频因缺氧浮头而大量死亡,给养殖户造成重大的经济损失。此章节介绍一下池塘缺氧的成因,鱼类浮头的预测、预防、观察和判断,以及缺氧浮头后的急救措施,以期最大限度地减少缺氧浮头的损失。

1. 池塘缺氧的成因

1) 上、下水层因水温差产生急剧对流,造成池塘水体缺氧。一般多发生在夏天,炎夏晴天,精养鱼塘水质浓,白天上、下水层溶解氧差很大,午后,由于水的热阻力,上、下水层不易对流;傍晚以后,如遇雷阵雨或刮大风,表层水温急剧下降,产生密度流,致使上、下水层急剧对流,上层溶解氧较高的水迅速对流至下层,溶解氧很快被下层水中的有机物所消耗,引起整个池塘的溶解氧迅速下降,造成池水缺氧。

2) 光合作用弱引起池塘水体缺氧。夏季,如遇连绵阴雨天或大雾,光照条件差,浮游植物光合作用弱,水中溶解氧补给少,而水中各种生物呼吸和有机物的分解都在不断地消耗氧气,致水中溶解氧供不应求,引起池水缺氧。

3) 水质过浓或水质败坏引发池水缺氧。夏季久晴未雨,池水温度高,加以大量投饵,水质肥,耗氧大。水的透明度低,增氧水层浅,水中溶解氧供不应求,容易引起池水缺氧。如不及时换水处理,水色将转为黑色,极易造成浮游生物因缺氧而死亡,水色转清并伴有恶臭(俗称臭恶水),引发"泛塘"死鱼事故的发生。

4) 浮游动物大量繁殖引起池水缺氧。春季,池塘水体中的水生生物大量繁殖形成"水华"(轮虫为乳白色,枝角类和桡足类为橘红色),并大量滤食浮游植物。水中浮游植物一旦滤食完毕,池水就清澈见底(渔民称"倒水"),浮游植物的光合作用补给溶解氧又非常少,此时池水的溶解氧补给只能依靠空气,而浮游动物的耗氧大大增加,水体中的溶解氧远远不能满足水生动物耗氧的需要,引起池水缺氧。

2. 预测浮头的方法

根据池塘水体缺氧的原因,我们可以事先做好以下预测预报鱼类浮头的工作。

1) 根据天气预报及当天天气实时情况进行预测。如遇夏季晴天傍晚下雷阵雨,因池塘水温差而引起上、下水层急速对流,高溶氧的上层水对流至下层,很快被下层水中的有机物耗尽而引起严重浮头。夏秋季节晴天白天吹东南风,晚上吹西北风,造成夜间气温迅速下降,同样也因池塘的水温差而引起上、下水层对流,容易发生浮头。或夜间突遇刮大风,气温急速下降,使池塘上、下水层对流加快,也易引起浮头。连绵阴雨,光照不足,风力小,气压低时,浮游植物的光合作用减弱,致使水中溶解氧供不应求,容易引起浮头。另外,久晴未雨,池水温度高,加以大量的饲料投喂,水质变肥,遇天气转阴,也易引起浮头。

2) 根据季节和水温的变化来预测。江浙沪地区 4～5 月水温逐渐升高,水质转浓,池水耗氧增大,鱼类对缺氧的环境也在逐渐适应中。天气稍有变化,清晨鱼类会到水上层游动,水面会出现阵阵水花,俗称暗浮头,此时,必须及时采取开启增氧机等增氧措施。在梅雨季节,由于光照强度弱,水温高,浮游植物造氧少,加以气压低、风力小,往往鱼类严重浮头。如遇夏秋季节转换时期,气温变化剧烈,多雷阵雨天气时,鱼类容易浮头。

3) 依据水色进行预测。池塘水色浓,透明度小,或有"水华"现象。一旦天气变化,容易造成浮游植物大量死亡,水中耗氧大增,引发鱼类浮头泛塘。

4) 根据鱼类摄食情况进行预测。日常检查鱼类摄食情况是一项重要的管理工作,如遇鱼类吃料反常,又没有发现鱼病,那么很有可能是池塘溶解氧不足,第二天鱼类会浮头。

3. 缺氧浮头的预防措施

发现鱼类有浮头预兆,可采取以下措施预防。

1) 在夏季,如遇气象预报傍晚有雷阵雨,可在晴天中午开增氧机 2 h 左右,将高溶解氧的上层水送至下层,事先降低下层水的耗氧量,俗称"还氧债"。这样,到傍晚下雷阵雨引起上、下层水急剧对流时,因下层水的"氧债"小,溶解氧不致急剧下降。

2) 如遇天气连绵阴雨,则应根据预测浮头的方法,在鱼类浮头前,及时开启增氧机,改善溶解氧条件,防止鱼类浮头。

3) 发现池塘水质变浓时,要及时换水,或加注新水,以增加透明度,改善水质,增加溶解氧。

4) 预估鱼类可能会浮头时,要根据具体情况,及时减少投喂量,控制其摄食量。鱼类在饱食情况下,其基础代谢高、耗氧量大,更容易浮头。尽量做到使鱼类不吃夜食,一旦天气反常,预测可能会有严重浮头发生时,立即停止投喂饲料。

4. 观察浮头和判断鱼类浮头轻重的方法

发现鱼类是否浮头,通常在夜间巡塘时进行。

1) 在池塘的上风处用手电筒照射水面,观察鱼类是否受惊。在夜间池塘上风处的溶解氧比下风处高,因此鱼类开始浮头(俗称起口)总是在上风处。用手电光照射水面时,若在上风处的鱼受惊,则表明鱼类浮头开始;而仅在下风处有鱼受惊,说明暂时还不会浮头。

2) 用手电光照射池边,看是否有小杂鱼和虾类浮到池边。如发现它们浮到池边活动,则标志着池水已缺氧,鱼类浮头也已开始了。

5. 缺氧浮头的急救处理措施

菊黄东方鲀缺氧浮头采用网箱集中暂养的方法。

通常,鱼类在缺氧的情况下会上浮到水表层,头部露出水面,通过口呼吸来获取空气中的氧气,养殖管理者很容易发现鱼类缺氧现象,并能及时开启增氧机。但是菊黄东方鲀在缺氧的情况下往往很难发现,如果没有及时采取正确的措施,则会导致菊黄东方鲀的大量死亡。因此,菊黄东方鲀缺氧浮头的暂养方法是菊黄东方鲀养殖的关键技术之一,也是我们多年养殖经验的积累和有效处置缺氧浮头的方法之一。

当观察到在水面以下 10～20 cm 处出现菊黄东方鲀浮头时,立即开启池塘内的增氧设备;若观察到水面上出现少量菊黄东方鲀零星"气泡鱼"浮头时,开启池塘内增养设备的同时,把浮头的"气泡鱼"捞出,置于网箱中,网箱规格 2 m×1.5 m×0.5 m,网箱置于离本池塘内开启增氧机的 4～6 m 处,每个网箱中放置菊黄东方鲀密度为 100～200 尾;对于短时间池塘水面上出现大量"气泡鱼"浮头菊黄东方鲀时,开启原有增氧设备,增加增氧设备或用增氧剂,然后再往池塘内冲水,一边进水,一边放水,形成水流,新水增氧,另外,把浮头"气泡鱼"捞到隔壁池塘的网箱中,每个网箱放置菊黄东方鲀 200～300 尾,网箱用气泵和气石集中连续增氧,随后每隔 4～8 h 将网箱内正常游动的菊黄东方鲀放回原池,一般持续 4 昼夜后,85%～95% 的浮头菊黄东方鲀能恢复游动。

此方法能使 85%～95% 菊黄东方鲀的浮头"气泡鱼"吐气恢复游动,有效降低菊黄东方鲀的养殖风险,提高养殖成活率,进而降低了养殖的成本。

缺氧浮头处理的典型案例

实例 1

2008 年 10 月 1 日,早上天气阴沉,气压比较低,在一场阵雨之后,上海市水产研究所奉贤基地的 54 号池塘(2.5 亩)养殖的菊黄东方鲀(规格 0.25 kg/尾左右)全池发生浮头。上午 9:00 发现时,浮头菊黄东方鲀遍布全池,该塘共放养 2 500 尾,而浮头数量竟有 2 200 多尾,浮头率占 88%;为了尽可能地减少损失,及时采取了如下措施：① 马上开启塘内原有 2 台 1.5 kW 的叶轮式增氧机，同时再搬入 1 台同规格增氧机，以加快增氧速度；② 鱼池两端，一端进水，另一端排水，保证池水流动；③ 开启了相邻池塘的增氧机，放置 12 只网箱，捞出所有浮头鱼放入这些网箱内，每个网箱放浮头鱼 200 尾，网箱规格为：2 m×1.5 m×0.5 m，网箱内采用气泵和气石集中连续长时间增氧，随后每隔 4～5 h 将网箱内恢复游动的鱼放回原池，这样一直持续了 4 天 3 夜（即 84 h）。结果 2 200 尾浮头鱼仅死亡 178 尾，死亡率不足 10%。

实例 2

2011 年 6 月 14 日，黄梅季节，上海市水产研究所奉贤基地 11 号池塘（7 亩）养殖的 1 万尾规格为 0.1～0.15 kg/尾的菊黄东方鲀发生局部浮头，捞出 115 尾浮头鱼放入准备在本池塘的网箱内，网箱挂靠在开启的增氧机 4～6 m 旁，连续增氧。2 天后，死亡 3 尾。

实例 3

2011 年 6 月 17 日，上海市水产研究所奉贤基地 12 号池塘（7 亩）养殖 7 000 尾规格为 0.15～0.2 kg/尾的菊黄东方鲀发生局部浮头，捞出 92 尾浮头鱼放入准备在本池塘的网箱内，网箱挂靠在开启的增氧机 4～6 m 旁，连续增氧，2 天后，死亡 1 尾。

6.2.7　日常管理

菊黄东方鲀成鱼养殖的日常管理过程中主要做到以下几点。

1. 经常巡视池塘

仔细观察鱼类动态，每天早、中、晚巡塘 3 次。晚间安排专人值班巡视，特别要注意在一天中溶氧最低的黎明时分，观察鱼类有无浮头现象。如发现浮头，须及时采取相应措施。傍晚要检查全天吃食情况和有无残剩饵料，有无浮头预兆。酷暑季节，遇天气突变时，鱼类易发生严重浮头，还应在半夜前后增加巡塘次数，以便及时采取措施控制严重浮头，防止泛塘事故发生。此外，巡塘时要注意观察鱼类有无离群独游或急剧游动、骚动不安等现象。鱼类生活正常时，一般不易看见鱼。如发现鱼类活动异常，应查明原因，及时采取措施。巡塘时还要观察水色变化，及时采取改善水质的措施。

依据天气、水温、鱼类的放养密度、规格、活动情况及水色、水质状况，适时开启和关闭增氧机。掌握好池水的注排,保持适当的水位,做好防旱、防涝、防逃工作。

2. 定期监测鱼生长

定期抽样测定池鱼的体重、体长,掌握其生长状况,以此作为调整投饲量的参考依据。再根据天气、水温、季节、水质、鱼类生长和吃食情况确定每天投饵的数量,并及时做好鱼病防治工作。

3. 做好鱼塘清洁卫生工作

养殖池内残饵、污物应随时捞去,清除池边杂草,保持良好的池塘环境。如发现死鱼,应及时捞出,并检查死亡原因。死鱼要及时作深埋处理,盖土前要撒生石灰消毒,绝不能随意丢弃,以免病原扩散。

4. 做好池塘管理记录和统计分析

建立塘卡记录制度,每口鱼池都有养鱼日记,详细记录天气、水温、投饲量、水质状况、池鱼生长情况、换水量等,特别是一些异常情况要及时记录,对鱼种的放养及每次成鱼的收获日期、尾数、规格、重量,每天投饵的种类和数量,以及水质管理和病害防治等情况,都应有相应的表格记录在案,以便统计分析,及时调整养殖措施,为指导以后的生产服务。

典 型 案 例

2008 年,上海市水产研究所奉贤基地菊黄东方鲀各养殖池鱼的生长情况、产量及成活率的具体情况介绍见表 6-1,放养的隔年鱼种规格为 73~75 g/尾,放养密度 1 022~1 333 尾/亩。经过 200~225 天的养殖,起捕时规格达246.8~293.6 g/尾,个体净增重 172.8~218.6 g/尾,可上市的商品鱼(一般为270 g/尾以上)所占的比例在 25.2%~60.2%,单位面积产量为 247.0~331.2 kg/亩,单位面积净产量为 153.9~231.2 kg/亩,成活率为 84.6%~96.6%。各养殖池投饲量和饵料系数详情见表 6-2,平均饵料系数 2.47,其中最低 2.1,最高 2.96。

表 6-1　2008 年菊黄东方鲀成鱼养殖情况表(张忠华等,2009)

项目 ＼ 塘号	1-3#	1-4#	2-3#	2-4#	3-3#	4-3#	合计或平均
池塘面积/亩	9	9	9	9	9	9	54
放养日期	3 月 24 日	3 月 24 日	3 月 24 日	4 月 7 日	4 月 7 日	4 月 26 日	
水温/℃	15.5	15.5	15.5	16.0	16.0	15.8	

(续表)

项目 \ 塘号	1-3#	1-4#	2-3#	2-4#	3-3#	4-3#	合计或平均
放养尾数	9 200	9 200	12 000	9 800	10 000	10 000	60 200
放养密度/(尾/亩)	1 022	1 022	1 333	1 088	1 111	1 111	1 115
放养平均规格/(g/尾)	75	75	75	75	74	73	74.5
放养总重量/kg	690	690	900	735	740	730	4 485
放养平均面积重量/(kg/亩)	76.6	76.6	100	81.6	82.2	81.2	83.0
起捕日期	11月16日	11月16日	11月19日	11月19日	11月23日	11月23日	
起捕尾数	7 876	8 895	10 153	8 448	9 510	9 470	54 352
起捕平均规格/(g/尾)	290	250.0	293.6	251.0	246.8	263.8	265.9
平均净增重/(g/尾)	215	175	218.6	176	172.8	190.8	191.4
成活率/%	85.6	96.6	84.6	86.2	95.1	94.7	90.5
起捕总重量/kg	2 284.0	2 223.7	2 980.9	2 120.4	2 347.0	2 498.1	14 454.1
单位面积产量/(kg/亩)	253.7	247.0	331.2	235.6	260.7	277.6	267.6
净增重/kg	1 594	1 533.7	2 080.9	1 385.4	1 607	1 768.1	9 969.1
净产量/(kg/亩)	177.1	170.4	231.2	153.9	178.5	196.4	184.6
可上市鱼尾数	4 615	2 678	6 112	3 396	2 397	5 094	24 292
可上市鱼比例/%	58.6	30.1	60.2	40.2	25.2	53.8	44.7
上市平均规格/(g/尾)	325	300	330	310	300	320	314.1
上市鱼重量/kg	1 500	803	2 017	1 053	720	1 630	7 723
占起捕鱼总体重比例/%	65.7	36.1	67.7	49.7	30.7	65.2	53.4

注:各养殖池塘面积相同,均为9亩;水深1.5 m。上市鱼规格为270 g/尾以上

表6-2　2008年菊黄东方鲀养殖各塘投饲量及饵料系数(张忠华等,2009)

项目 \ 塘号	1-3#	1-4#	2-3#	2-4#	3-3#	4-3#	合计
投饲时间(月.日)	3.25~11.15	3.25~11.15	3.25~11.17	4.8~11.17	4.8~11.18	4.27~11.18	
投饲量/kg	4 664.5	4 021	4 557	4 101	3 541.5	3 715	24 600
鱼净增重量/kg	1 594	1 533.7	2 080.9	1 385.4	1 607	1 768.1	9 969.1
饲料系数	2.93	2.62	2.19	2.96	2.2	2.1	2.47

6.3　池塘混养

目前,菊黄东方鲀的池塘混养模式有两种:一种混养模式是池塘主养菊黄东方鲀成鱼,套养其他品种或者小规格的菊黄东方鲀 1 龄鱼种,套养其他品种有脊尾白虾、斑尾复虾虎鱼;还有一种混养是池塘主养其他品种,菊黄东方鲀成鱼作为少量的套养,主养的其他品种有南美白对虾、斑节对虾、日本对虾等。本章节主要介绍第一种,即池塘主养菊黄东方鲀成鱼。

考虑到几种混养模式的池塘条件要求与池塘单养模式的相似,实际养殖中可参照池塘单养条件的配置要求,所以在以下混养模式中不再重复论述。

6.3.1　成鱼养殖池中套养 1 龄鱼种的生态养殖

目前,菊黄东方鲀商品鱼和当年鱼种往往采用分开的池塘单独养殖,虽然商品鱼养殖技术和鱼种培养技术都比较成熟,但商品鱼和鱼种分别单养存在一些问题:① 单养菊黄东方鲀商品鱼时,由于商品鱼口裂较大,在咬食面团状的鳗鱼饲料过程中往往散落一些饲料的碎片,商品鱼不会去摄食这些饲料碎屑,这些饲料碎屑往往沉底腐烂,这不仅浪费饲料,而且腐败的饲料会造成水质败坏;② 单养菊黄东方鲀商品鱼,一般放养密度较低,收获时亩产也只有 250～300 kg,没有充分利用池塘空间;③ 单养当年鱼种,往往在夏花鱼种(3～5 cm)下塘前,要施大量有机肥进行肥水发塘、培养鱼虫(桡足类等水生动物),作为鱼种的鲜活饵料,但大量使用有机肥会使池塘底质富营养化,在后期的养殖过程中,容易造成藻类繁生,水质很难控制。

在成鱼养殖中采用混养模式,具以下优点:① 有效地利用了菊黄东方鲀商品鱼在咬食面团状的鳗鱼饲料过程中散落的饲料碎片,降低了总饵料系数,总饵料系数在 1.7～2.0,比常规 2.2 以上低很多,同时也避免了饲料碎片沉底腐烂而造成的水质败坏;② 因为鱼苗前期可以摄取池塘中水生动物,避免了养殖前期桡足类等水生动物优势种的形成,使池塘水质更加稳定;③ 不需要施肥等烦琐的管理、不增加养殖面积,就可轻松获得大批量的大规格鱼种(每亩可获得800～1 000 尾);④ 充分利用了池塘空间,挖掘了池塘生产潜力,提高了池塘水体的利用系数,拓展了水体产能(每亩可提高产值 3 000～3 500 元)。由此不但节约了生产成本,还提高了经济效益(每亩可提高利润1 500～2 000元)。

成鱼养殖池中套养1龄鱼种生态养殖的技术方案由放养前准备、商品鱼大规格鱼种放养、商品鱼日常管理、桡足类接种、夏花鱼种放养和收获组成。

1. 放养前准备

放养前,先用150～200 kg/亩的生石灰清池消毒;使用消毒剂48 h后注水,用60目的筛绢网过滤,一般先注水2/3,基本达到100 cm水线,水源为天然海水,盐度5～15;注水一周后,放养商品鱼鱼种。

2. 商品鱼大规格鱼种放养

一般在3月下旬和4月上旬气温回升,外塘的水温保持在14～15 ℃时,就可以将越冬鱼种逐步放养到外塘进行养殖,商品鱼鱼种分2种:2龄鱼鱼种,规格为50～70 g/尾,放养密度为1 000～1 200尾/亩;3龄鱼鱼种,规格为200 g/尾,放养密度为800～1 000尾/亩,商品鱼鱼种拉网放养时进行筛选必须剔除混在里面的鲈、虾虎鱼等凶猛鱼类,防止这些鱼残杀后来放养的夏花鱼种,商品鱼鱼种放养后逐步加水至1.5 m。

3. 商品鱼日常管理

每日投饲2次,日投饲量为亲鱼体重的3％～5％,饲料为含粗蛋白45％的鳗鱼饲料,投喂前将粉状饲料制作成面团状,投喂于饲料台,一般每500～800尾设置一个60 cm×60 cm的饲料台,每次投喂后,要检查吃食情况,一般在2 h内吃完为宜,同时根据摄食情况及时调整下次的投饲量,每2周换水1次。

4. 桡足类接种

检查商品鱼养殖池塘海水中是否有桡足类,如果没有就要从外源接种,在有桡足类的外源池塘中用80目网袋捞取桡足类,用16目网过滤、去除敌害生物,再投放到商品鱼养殖池中,一般7～10天后,池塘中桡足类密度达到高峰,维持在3～10个/L,这时就可以放养夏花鱼种。

5. 夏花鱼种放养

鱼种放养一般在6～7月,放苗提前半小时开启池塘内增氧机,用氧气袋运输鱼种,到目标池塘后,将氧气袋放池塘中漂浮10～20 min,然后拆开氧气袋,将池塘水装入袋中,使池水和袋里水混合,让鱼种有一个适应新水的过程,放养密度1 000～1 500尾/亩。接下来的养殖管理与前面的常规商品鱼养殖日常管理相同。

6. 收获

一般到 11 月中旬,菊黄东方鲀要进棚越冬,用拉网的方式捕捞,一般 2 龄的商品鱼规格在 225～250 g/尾,规格 250 g/尾以上可上市的比率在 30%～50%,成活率在 85%～90%,3 龄鱼商品鱼规格在 300 g/尾左右,规格 250 g/尾以上可上市的比率在 85%～90%,成活率在 90% 以上;当年鱼种规格在 50～70 g/尾,成活率在 70%～90%,总饵料系数在 1.7～2.0,比常规 2.2 以上低很多。

典 型 案 例

案例一

2013 年,上海市水产研究所奉贤基地西场 3－5#塘和 4－4#塘,面积均为 9 亩,进行菊黄东方鲀 2 龄鱼养殖中套养夏花鱼种试验,主要数据如下。5 月 17 日,2 个池塘各放养 2 龄鱼鱼种 10 000 尾,放养密度均为 1 100 尾/亩;7 月 16 日 2 个池塘各放养夏花鱼种 10 000 尾,规格全长 5.5 cm,放养密度为 1 100 尾/亩,到 11 月 6～7 日拉网收获:3－5#塘,商品鱼 9 007 尾,规格在 250 g/尾左右,成活率 90%,规格 250 g/尾以上可上市的比率在 50%;当年鱼种规格在 65 g/尾左右,成活率约 100%,饵料系数 1.72;4－4#塘,商品鱼 8 603 尾,规格在 235 g/尾左右,成活率 86%,规格 250 g/尾以上可上市的比率在 40%;当年鱼种 8 586 尾,规格在 70 g/尾左右,成活率约 85.9%,饵料系数 1.99。

案例二

2013 年,上海市水产研究所奉贤基地本部,2# 东池塘,面积 2.5 亩,进行菊黄东方鲀 2 龄鱼养殖中套养夏花鱼种试验,主要数据如下。6 月 28～29 日,放养 2 龄鱼种 2 800 尾,规格为 50～70 g/尾,放养密度为 1 120 尾/亩;7 月 10 日,放养夏花鱼种 3 000 尾,规格 3～5 cm,放养密度为 1 200 尾/亩,11 月 15 日拉网,商品鱼 2 670 尾,规格在 225 g/尾左右,成活率在 95.4%,规格 250 g/尾以上可上市的 1 100 尾,比率在 42.3%;当年鱼种 2 185 尾,规格在 45 g/尾左右,成活率在 72.8%,饵料系数 1.86。

6.3.2　成鱼养殖池中套养脊尾白虾的生态养殖

在菊黄东方鲀的成鱼养殖池中套养脊尾白虾,具以下方面的优点:① 脊尾白虾有效地利用了菊黄东方鲀在咬食面团状的鳗鱼饲料过程中散落的饲料碎片,同时又可以清理和部分利用池塘底原有的有机沉积物,避免了饲料碎片沉底腐烂而造成的水质败坏;② 避免了池塘中桡足类等水生动物优势种的形成,使池塘水质更加稳定;③ 充分利用了池塘空间,挖掘了池塘生产潜力,提高了池塘水体的利用系数,拓展了水体产能,在不增加投入的情况下,增加了池塘的产出,提高了经济效益。

菊黄东方鲀成鱼养殖池中套养脊尾白虾的生态养殖的技术方案包括:鱼种放养、种虾放养、日常管理、菊黄东方鲀收获、脊尾白虾收获5个方面。

1. 鱼种放养

在春天气温回升,外塘的水温保持在 14~15 ℃时,就可以将越冬鱼种逐步放养到外塘进行养殖,室外土池面积 2.5~9 亩,每 3~5 亩池塘配备 1 个 1.5 kW 的增氧机;放养前,先用 150~200 kg/亩的生石灰清池消毒;使用消毒剂 48 h 后注水,用 60 目的筛绢网过滤,一般先注水 2/3,约 100 cm,水源为天然海水,盐度 5~15;注水一周后,放养鱼种,2 龄鱼鱼种,规格为 50~70 g/尾,放养密度为 1 000~1 200 尾/亩;3 龄鱼鱼种,规格为 200 g/尾,放养密度为 800~1 000 尾/亩,鱼种拉网放养时进行筛选剔除凶猛鱼类,鱼种放养后逐步加水至 1.5 m。

2. 种虾放养

一般到 6~7 月,用地笼在种虾塘里收获脊尾白虾种虾,清除杂鱼,将种虾散放到菊黄东方鲀养殖池塘内,放养前半小时开启增氧机,以提高虾的成活率,一般每亩放养 1.5~3 kg。

3. 日常管理

每日投饲 2 次,日投饲量为鱼体重的 3%~8%,饲料为含粗蛋白 45%的鳗鱼饲料,投喂前将粉状饲料制作成面团状,投喂于饲料台,一般每亩设置 2~3 个 60 cm×60 cm 的饲料台,每次投喂后,要检查吃食情况,一般在 2 h 内吃完为宜,同时根据摄食情况及时调整下次的投饲量,每 2 周换水 1 次。

4. 菊黄东方鲀收获

一般到 11 月中下旬,菊黄东方鲀要进棚越冬,先用大网目(网目规格:2~3 cm)的网拉网捕捞菊黄东方鲀,尽量让虾从网眼中漏出,避免菊黄东方鲀咬死虾,造成虾品质下降。一般当年鱼种规格在 50~60 g/尾,成活率在 85%~95%;2 龄鱼鱼种规格在 200 g/尾左右,规格 250 g/尾以上可上市的比率在 20%~30%,成活率在 85%以上,3 龄鱼鱼种规格在 300 g/尾左右,规格 250 g/尾以上可上市的比率在 80%~90%,成活率在 90%以上。

5. 脊尾白虾收获(图 6-7~图 6-10)

待 95%菊黄东方鲀捕捞出后,12 月收获脊尾白虾,为保证虾的成活率,捕

图 6-7　皮条网拉脊尾白虾

图 6-8　拉网后暂养于网箱中的
　　　　脊尾白虾

图 6-9　脊尾白虾出售

图 6-10　脊尾白虾称重

捞脊尾白虾分三步:先采用地笼网捕捞脊尾白虾,然后用皮条网拉网出虾,最后清塘捕捞,产量在 25~50 kg/亩,每亩净增效益 800~1 500 元。

典 型 案 例

案例一

2013 年,菊黄东方鲀 2 龄鱼种养殖中套养脊尾白虾,上海市水产研究所西场 1-6[#]池塘,面积为 9 亩,4 月 22 日,2 龄鱼种 13 540 尾,规格 68 g/尾,计 921 kg,放养密度为 1 500 尾/亩;7 月 3 日放入脊尾白虾种虾 12.4 kg,规格 920 尾/kg,2013 年 11 月 14 日拉网及到 12 月 11 日干塘共捕获菊黄东方鲀 13 043 尾,成活率为 96.3%;平均重 240 g/尾,计 2 739 kg,平均亩产 304.3 kg,饵料系数为 2.24。12 月 4~11 日收获脊尾白虾 237.8 kg,规格 720 尾/kg,每亩产出 26.4 kg,亩净增效益 800 元。

案例二

2015 年 7 月 2 日至 2015 年 11 月 19 日,在上海市水产研究所奉贤基地室外养殖塘进行了 2 龄菊黄东方鲀与脊尾白虾的混养试验。共设置 3 个养殖组,分别为菊黄东方鲀单养(C),菊黄东方鲀与脊尾白虾二元混养(A 和 B),其中 A 混养脊尾白虾密度为 1.6 kg/亩,B 混养脊尾白虾 3.2 kg/亩,3 个处理组均放菊黄东方鲀 3 000 尾,放养密度为 1 200 尾/亩。菊黄东方鲀鱼种与脊尾白虾的收获结果见表 6-3。

表 6-3 2 龄菊黄东方鲀与脊尾白虾混养养殖效果

组别	菊黄东方鲀				脊尾白虾			饵料系数
	放养密度/(尾/亩)	放养规格/(g/尾)	产量/(kg/亩)	成活率/%	放养密度/(kg/亩)	放养规格/(g/尾)	产量/(kg/亩)	
A	1 200	115	308.2	93.6	1.6	1.13	23.5	1.85
B	1 200	115	288.3	98.0	3.2	1.13	58.8	1.78
C	1 200	115	314.9	100.0	—	—	—	2.04

6.3.3 成鱼养殖中套养斑尾复虾虎鱼的生态养殖

斑尾复虾虎鱼是长江口及沿海地区常见的虾虎鱼品种之一,其生活、生长环境要求和菊黄东方鲀相似。因此,在成鱼养殖池中,斑尾复虾虎鱼完全可以作为一个新开发的混养品种,以提高池塘利用空间,增加单位产出效益。

1. **菊黄东方鲀的鱼种放养**

每年到 3 月下旬和 4 月初时,气温回升加快,外塘的水温也基本能稳定在

14~15 ℃,此时就可以将越冬鱼种逐步放养到外塘进行养殖,鱼种分 2 种:2 龄鱼种,规格为 50~70 g/尾,放养密度为 1 000~1 200 尾/亩;3 龄鱼种,规格为 200 g/尾,放养密度为 800~1 000 尾/亩,鱼种放养后逐步加水至 1.5 m。

2. 斑尾复虾虎鱼的鱼种放养

斑尾复虾虎鱼鱼种(图 6-11)采用自然繁殖的生态苗种,一般在 4 月底、5 月初,鱼苗已发育生长至 4~5 cm,用网目为 20 目皮条网(聚乙烯网)拉网收集,再通过打样计数,按每亩 900~1 300 尾的放养密度,分放到各塘。

图 6-11　斑尾复虾虎鱼鱼种

3. 日常管理

日常管理内容可参考菊黄东方鲀单养时期的做法,在此不再作专门的论述。饲料投喂、水质调控等均以主养鱼的要求进行。

4. 起捕收获

上海地区到 11 月中下旬,受冷空气影响,气温回落加快,水温低于 15 ℃,菊黄东方鲀基本停食时就要进棚越冬。先用拉网的方式将主养鱼捕捞干净,然后排水降低水位至 50 cm,放置"地笼网"来抓捕斑尾复虾虎鱼(图 6-12~图 6-14),

图 6-12　地笼捕捉斑尾复虾虎鱼

一般放 3～5 个,根据其夜间活动强的特点,一般傍晚放,翌日早上收,头两个夜间能收获 50％～60％的量,6 个夜晚约 99％的量能捕捞上来,如创造流水条件,则效果更好。

图 6 - 13　起捕的斑尾复虾虎鱼

图 6 - 14　斑尾复虾虎鱼称重

典 型 案 例

案例一

菊黄东方鲀 2 龄鱼种养殖池中套养斑尾复虾虎鱼的生态养殖模式。2015 年,上海市水产研究所奉贤基地海灵分部 2 - 6#塘,面积为 9 亩,以菊黄东方鲀 2 龄鱼种为主养鱼,混养斑尾复虾虎鱼。主要数据如下:5 月 5 日,放养 2 龄鱼种 12 500尾,放养密度为 1 388 尾/亩;5 月 12 日放养斑尾复虾虎鱼幼鱼 12 000 尾,规格全长 4.5 cm,放养密度为 1 333 尾/亩。同年 11 月 23 日拉网收获商品鱼 12 159 尾,3 357 kg,平均亩产 373.0 kg,规格在 253 g/尾左右,成活率 97.2％,规格 250 g/尾以上可上市的比率在 50％;至 11 月 30 日,斑尾复虾虎鱼收获 236.15 kg,平均亩产26.23 kg,规格在 170.5 g/尾,亩增效益约 650.0 元。

案例二

菊黄东方鲀 3 龄鱼种养殖池中套养斑尾复虾虎鱼的生态养殖模式。以 3龄鱼为主养鱼,混养斑尾复虾虎鱼,海灵分部 1 - 3#塘,面积为 9 亩,主要数据如下:4 月 21 日,放养 3 龄鱼种 10 000 尾,放养密度为 1 111 尾/亩;4 月 23 日放养斑尾复虾虎鱼幼鱼 8 000 尾,规格全长 4.5 cm,放养密度为 888 尾/亩。同年 11 月

23 日拉网收获商品鱼 8 992 尾,3 078 kg,平均亩产 342.0 kg,规格在 342 g/尾左右,成活率 89.9%,规格 250 g/尾以上可上市的比率在 98%;至 12 月 5 日,斑尾复虾虎鱼收获 151 kg,平均亩产 16.7 kg,规格在 270 g/尾,亩增效益约 510.0 元。

6.4　越冬养殖

菊黄东方鲀的生长速度不快,人工养殖周期比较长,一般在江、浙、沪地区达到 250~300 g 以上的商品规格要 2~3 年,北方地区甚至 4 年,在上述地区不能自然过冬。当冬季水温低于 8 ℃时,菊黄东方鲀将会死亡,越冬水温保持在 10~15 ℃比较适宜。因此,平稳有效地度过越冬期是该鱼养殖发展的关键环节之一,越冬的好坏不仅影响当年的生产成果,对来年的成鱼养殖也有着较大的影响。目前,生产上常用的越冬方式主要有以下两种:① 土池或水泥池薄膜保温大棚越冬;② 室内水泥池用电厂余热、锅炉及地热加温越冬。

选择合适的越冬鱼进棚时间,对鱼类越冬成活率和越冬成本至关重要。过早进棚,由于气温较高,大棚内水温很高,鱼代谢旺盛,食量较大,长时间高密度养殖,较易引起水质恶化,导致越冬鱼生病,同时也会造成越冬成本的增加;如果进棚太迟,低温(特别是受寒潮侵袭)会导致越冬鱼进棚前就冻伤,入棚后会有大量生病死亡的现象。因此,密切注意当地气象预报,监视寒潮动向,安排好合理的入室时间是整个越冬期间的一项重要工作。当池塘水温降至 15 ℃时,菊黄东方鲀的摄食量大幅减少,13 ℃时基本不食,此时可考虑安排菊黄东方鲀进入越冬期,并在寒潮入侵前,将鱼及时移入室内越冬池。江、浙、沪一般在 11 月完成菊黄东方鲀越冬放养工作,北方地区则提前到 10 月。

6.4.1　土池大棚越冬(张海明等,2010;陆根海等,2013)

土池大棚越冬是近年来发展起来的,比较适合规模化生产的一种方法。考虑到成本及方便管理,现在大多数江浙地区生产单位都采用在池塘上直接搭建薄膜保温大棚越冬。

1. 越冬土池的选择

一般选一对相邻的池塘为一组,搭建一个大棚。池塘要求呈长方形,东西走向,池底平坦,不漏水,不渗水,进水、排水方便,池深在 1.5~2.5 m,池塘面积以 2~10 亩为宜,两个池塘的宽度加中间隔离塘埂的总宽度不超过 100 m(即总跨度不超过 100 m)。塘埂一般要求有水泥护坡,塘埂的上口宽度要求达到 2.5 m 以上,塘埂的高度应高于池塘最高水位线 0.5 m 以上。

2. 土池大棚的搭建

越冬土池大棚为"人"字形棚架结构,中梁建立在两个池塘的隔离塘埂上,是整个大棚的支撑点,池塘四周建地锚用于固定钢丝绳使之形成棚顶框架,上面覆盖农用薄膜,固定后形成大棚起到保温作用。土池大棚搭建由中梁的搭建、地锚的搭建、斜梁的搭建、铺设底层钢丝绳、铺设薄膜、铺设上层钢丝绳、拉纵向钢丝绳、节点锁定和封闭山墙安装大门等 9 个步骤组成。

(1) 中梁的搭建

中梁建于两个池塘中间的隔离塘埂上,主要由立柱和横梁组成。立柱是用直径 65 mm 的镀锌钢管做成的,每根立柱的总高度为 3 000 mm,埋入地下 500 mm,用混凝土预埋在中塘埂上,立柱预埋时必须要在同一直线上,有一个统一的水平标高,立柱设立在隔离塘埂宽度的 1/3 处,留出 2/3 作为日后方便管理人员进出的通道,两立柱之间的间距为 2 500 mm,立柱上端架设横梁,横梁为 40 mm×80 mm×4 mm 的镀锌方管,用电焊将横梁与立柱相连(图 6-15)。

图 6-15　纵梁组合图

(2) 地锚的搭建

池塘的四周修建地锚,地锚由连续式的钢筋混凝土地梁及连接的若干个地锚短梁构成(图 6-16)。地梁的截面为 250 mm×250 mm 的正方形,配筋 4 根、直径为 12 mm 的螺纹钢,每 200 mm 扎一道钢箍,钢箍为直径 6.5 mm 的圆钢。横向地梁的长

度与大棚横梁的长度相同,大棚两侧各一条,
地梁每4 m连接一个地锚短梁,地锚短梁与
地梁平行,地锚短梁埋在地下,与地梁水平距
离及垂直落差均为500 mm,连接梁成45°角
向大棚外侧的地下延伸700 mm,连接地梁与
地锚短梁。每根地锚短梁长度为1 200 mm,
地锚短梁及连接梁的混凝土结构及截面尺
寸与地梁相同。横向地锚地梁表面靠大棚
一侧每500 mm预设一个钢丝绳拉环用于锁
紧下层钢丝绳,另一侧每1 000 mm预设一个

图6-16　纵向地锚

钢丝绳拉环用于锁紧上层钢丝绳,钢丝拉环是用14 mm的圆钢经镀锌处理后与地
梁的结构钢筋满焊连接的。纵向地锚地梁表面靠大棚一侧每2 000 mm预设一个
钢丝绳拉环用于锁紧纵向钢丝绳,地锚现场用混凝土一次浇筑成型。

（3）斜梁的搭建

三角形斜梁位于大棚的两端,每端各一个,主要由立柱、斜梁构成。斜梁及
立柱均用直径25 mm的镀锌钢管做成,立柱距离塘口100 mm,立柱之间的间
距为2 000 mm,每根立柱埋入地下400 mm用混凝土浇筑固定,每根立柱的高
度是不一样的,根据斜梁的斜率从550 mm至2 400 mm不等,斜梁用电焊与立
柱相固定和连接(图6-17)。

图6-17　斜梁组合图

图6-18　铺设底层钢丝绳

（4）铺设底层钢丝绳

底层钢丝绳每500 mm铺设一根,首先将钢丝绳的一头固定在一根地梁内

侧的一个钢丝拉环上,将钢丝绳搁置在中梁上,另一头拉至另一根地梁内侧与之相对应的一个钢丝拉环上,用紧线机将钢丝绳收紧并锁定在拉环上(图6-18)。每根钢丝绳的预紧拉力要达到250 kg以上,依次将钢丝绳全部拉好固定。

(5)铺设薄膜

塑料薄膜铺设前需将薄膜预加工,每张薄膜两边各折叠80 mm,在边上留出一条8~10 mm的圆槽,其余折叠部分用电熨斗烫牢,在每边的圆槽中各串入一根钢丝绳以便薄膜之间拼接,薄膜加工好后铺设在底层钢丝绳上,每张薄膜充分拉伸展后,两边串入的钢丝绳用紧线机收紧并锁定在两边地梁内侧的拉环上,第一张薄膜的第一根钢丝绳应与一条斜梁拼合并锁定,薄膜上两根串入的钢丝绳之间的间距为8 m,两根钢丝绳锁定后,薄膜的两端拉紧并固定在地梁上的薄膜卡槽中。第二张薄膜铺设时第一条边应与第一张薄膜的第二条边相重合,依次同样拉好固定后,两张薄膜之间通过两根串入的钢丝绳每隔500 mm用一个尼龙锁扣或尼龙绳锁定拼接,依次将所有薄膜一张一张全部拉上拼接好(图6-19,图6-20)。

图6-19 铺设第一张薄膜　　　　　图6-20 薄膜的拼接

(6)铺设上层钢丝绳

薄膜铺好后,薄膜上再拉横向钢丝绳,将薄膜夹在上下两层钢丝绳之间,即每张薄膜上拉7根上层钢丝绳,上层钢丝绳与底层钢丝绳方向相同,上下相对应夹住薄膜,每根上层钢丝绳之间的间距为100 mm,上层钢丝绳收紧锁定在地梁外侧的拉环上。

(7)拉纵向钢丝绳

上层钢丝绳拉好后就可以铺设纵向钢丝绳,拉纵向钢丝绳前先要把斜梁锁定,即用钢丝绳把斜梁与纵向地锚连接固定,防止纵向钢丝绳收紧后,斜梁由于受纵向钢丝绳的压力向大棚内侧倾斜。纵向钢丝绳的一头首先固定在大棚一端的第一个纵向地锚拉环上,然后将钢丝绳搁置在斜梁及上层钢丝绳上,拉至大棚的另一端,另一头用紧线机收紧锁定在大棚另一端与之相对应的纵向地锚拉环上,依次将纵向钢丝绳全部拉好固定。

(8) 节点锁定

纵向钢丝绳铺设好后,棚顶上就形成了一个纵横交错的网状结构,在每一个纵横相交的钢丝绳节点上(包括底层钢丝绳),用尼龙锁扣或 45 股的塑料绳打结进行锁定,使上下层钢丝绳及塑料薄膜形成一体,从而增强大棚抗风、雨、雪的能力(图 6 - 21)。这一工作可以借助一块长 3 000 mm、宽 150 mm、厚 12 mm 的木板,将木板搁置在钢丝绳上,工人站在上面进行操作。熟练的工人也可以不用木板直接站在钢丝绳的交叉点上进行操作。至此大棚的棚顶就算铺设完成。

图 6 - 21　钢丝绳交叉点的锁定　　　　图 6 - 22　安装大门

(9) 封闭山墙安装大门

棚顶铺好以后就要将两端三角架下的山墙用薄膜进行封闭,大棚的两端要安装大门,便于管理人员的进出和大棚的通风(图 6 - 22)。

越冬土池大棚搭建完工的整体效果(图 6 - 23,图 6 - 24)。

3. 越冬养殖管理

(1) 放养前准备

放养前池塘必须清淤修整,然后用生石灰 150 kg/亩干法清塘消毒,注水一周后放鱼。越冬用水取天然海水。盐度为 5～25,各地海水盐度有差异,但只要适合菊黄东方鲀生活生长均可使用,pH 为 7～8.5。

越冬池要配备增氧设备,一般为 1.5 kW 或 3.0 kW 的叶轮式增氧机,也可用叶轮式增氧机和水车式增氧机搭配增氧,3 亩以下池塘用一台叶轮式增氧机

图 6-23　越冬土池大棚外部

图 6-24　越冬土池大棚内部

增氧即可,3亩以上需配置2台,具体视越冬池的面积大小和越冬鱼类的载荷量灵活配备,以增氧设备能提供充足溶氧,保障越冬鱼类氧气需求为原则。

(2) 放养

越冬鱼放养时一般要进行大小筛选后分档放养,大小混养会影响越冬的成活率,越冬鱼搬运时都要带水操作,避免干运损伤鱼体。一般规格为75 g左右的1龄鱼种亩放养量10 000～13 000尾,为500～750 kg/亩;规格为250 g以上的商品鱼一般亩放养2 500～3 500尾,为600～850 kg/亩。

(3) 水温水质管理

越冬前期,由于大棚内水温还比较高,鱼进棚后还会大量进食,排泄物增加,加上高密集养殖,鱼体大量分泌黏液,搅动底泥等状况,水很快会变得较肥,因此这个阶段要大量换水,特别是在外塘水温在 8 ℃以上时,应增加换水量,使棚内的水质变清,以便外塘降温后,大棚保持长时期不换水。越冬中期一般在 1~2 月,外塘的水温都比较低,1 月外塘平均水温为 6 ℃左右,2 月为 6.5 ℃左右,因此,这一阶段应尽量不换水,主要以补充渗漏和蒸发掉的水分为主。如果水质较差,也应少量换水,做到快出、慢进,减少低温对鱼的伤害。到了越冬后期,随着外塘水温的回升,可以逐步增加换水量,此时气温升高,大棚升温较快,应及时把大棚两头的塑料薄膜卷起,增加大棚的通风能力,防止土池大棚水温的快速上升而使水质变坏。

一般要掌握的换水原则是:当大棚水温低于 12 ℃时尽量不换水;12 ℃以上时,每次换水量不超过 30%;15 ℃以上时,每次换水量视水质状况可以增加到 50 %以上。换水时要注意棚内外的温差,温差大时应快排慢进,同时要开启增氧机使池水形成对流以减少上下层的温差防止低温水冻伤鱼体。

(4)越冬期增氧机的使用

由于越冬暖棚是一个比较封闭的环境,增氧设施的正确使用对改善池水环境和提高鱼类越冬成活率至关重要。

基本原则是:越冬前期气温、水温高,鱼类摄食强,活动强度大,需氧量大,增氧机要早开晚关,适当延长开机时间;越冬中期(一般在 1~2 月)气温、水温低,鱼类活动力减弱,增氧机可晚开早关,适当缩短开机时间;越冬后期气温、水温回升,增氧机要早开晚关,适当延长开机时间。一般前期、后期傍晚 20:00 开机,翌日 8:00 关机;中期傍晚 21:00 开机,翌日 7:00 关机;晴天中午开机 1 h,既可还掉部分氧债,又能避免水温分层,有利水环境的改善。

(5)饲料投喂

越冬期一般不控料,投饲量以能使鱼吃饱而不浪费为原则。特别是在刚进棚的一段时期内,由于大棚内水温还比较高,鱼的食欲旺盛,在这一阶段应该让越冬鱼吃饱以增强鱼的体质,从而提高越冬鱼的成活率。

当水温在 13 ℃以上时,每天上下午各投喂 1 次;当水温低于 13 ℃时,每天上午投喂 1 次,投饲量控制在鱼体重的 1%~3%;低于 10 ℃时,菊黄东方鲀摄食量大幅缩减,可隔天投喂,不必刻意停料,能食即喂,投饲量控制在鱼体重的 0.1%~1%,饲料要放在饲料台上,便于检查。饲料台为边长 50 cm 的正方形,边框用直径为 8 mm 的钢筋框围,缝上皮条网布覆盖,悬吊于池塘较深部位离塘底 30～50 cm 处。一个饲料台为一个投饲点,5 亩的一个池塘一般设 8～10 个饲料台。一般每次投喂后,在 2 h 内吃完为宜,检查时如果有残饲,应及时捞出,以防饲料散失在水中,引起水质恶化,从而影响越冬鱼成活率。同时应及时调整下次的投饲量。

一般 3 月下旬到 4 月上旬,气温迅速回升,外塘的水温可保持在 15 ℃ 以上,此时就可以将越冬鱼种逐步放养到外塘进行养殖。

典 型 案 例

2005 年和 2006 年菊黄东方鲀越冬情况,详见表 6-4。2005 年共放养平均规格为 200～250 g/尾的鱼种 69 295 尾,经过越冬,2006 年 4 月共收获 66 237 尾,越冬成活率为 95.5%。2006 年共放养平均规格为 275 g/尾的成鱼 69 724 尾,平均规格为 90 g/尾的大规格一龄鱼种 19 000 尾,平均规格为 40 g/尾的一龄鱼种 34 935 尾。2007 年 4 月共收获 118 588 尾,越冬成活率达到了 95.9 %。

表 6-4　2005、2006 年菊黄东方鲀越冬放养与收获情况(张海明等,2010)

池号	面积/亩	2005 年				2006 年			
		放养/尾	规格/g/尾	收获/尾	成活率/%	放养/尾	规格/g/尾	收获/尾	成活率/%
6	5.0	10 453	250	10 105	96.7	14 517	275	13 950	96.0
7	5.0	11 023	250	10 520	95.4	14 498	275	14 038	96.8
8	5.0	12 000	250	11 825	98.5	14 528	275	14 125	97.2
9	5.0	15 136	200	14 126	93.3	14 480	275	13 567	93.7
51	2.5	4 660	250	4 554	97.7	5 671	275	5 458	96.2
52	2.5	4 850	250	4 635	95.5	6 030	275	5 830	96.7
53	2.5	6 400	250	5 952	93.0	19 000	90	18 020	94.8
54	2.5	4 773	250	4 520	94.7	34 935	40	33 600	96.1
合计	30.0	69 295		66 237	95.5	123 659		118 588	95.9

6.4.2　室内水泥池越冬

在不适宜搭建土池大棚的地区,菊黄东方鲀越冬可采用室内水泥池用电厂余热、锅炉及地热加温越冬。室内水泥池条件和放养前准备与工厂化养殖相关内容相似(6.1 节),可参照实施。另外,放养前需检查门窗、玻璃及屋顶是否密闭,尽量提高越冬温室的保温性能。

1. 越冬鱼的放养

越冬鱼在入池时,需把体质较弱、病害严重、畸形的鱼剔除掉,以减少越冬期病害的发生。运输入池需带水操作,切忌造成机械挤压损伤。

越冬鱼入池后,应对其进行消毒处理,减少病原微生物数量,降低越冬期间病害发生的可能性。消毒药品可以采用抗生素、土霉素、甲醛、菌毒净等。使用量一般为土霉素 5~10 mg/L,菌毒净 0.8~1.0 mg/L,甲醛 50~100 mL/L,消毒处理时间一般为 3~5 天(张福崇等,2003a);也用聚维酮碘(含 1% 有效碘)30 mg/L 浸浴 5 min,对鱼体进行消毒再放养(郑春波等,2010)。

越冬鱼放养密度大小要根据越冬条件合理安排,换水、增温及管理条件较好的情况下,可以适当提高放养密度;否则,放养密度过高,会增加管理及越冬期病害控制难度,降低越冬鱼生长速度和成活率。不同规格的鱼经过挑选分池放养,控制不同的放养密度。一般情况下,越冬鱼规格在 50~150 g/尾,放养密度控制在 50~120 尾/m³;越冬鱼规格在 150~250g/尾,放养密度控制在 30~50 尾/m³(张福崇等,2003a)。

2. 水质管理

越冬期间水质管理直接影响越冬鱼的存活率和生长速度。越冬期间应使用无污染的海水,稀释用淡水应符合饮用水标准。水质指标:盐度 5~25,pH 7.5~8.5,溶氧在 5 mg/L 以上。

菊黄东方鲀越冬的目的是使鱼平稳、健康地度过寒冬,考虑到越冬成本因素,加温或保温不宜太高,一般在 12~16 ℃,鱼能正常活动,少量摄食,使其维持活动能量消耗补偿,出池不掉膘。

越冬期间换水要根据越冬密度、饵料品种确定换水次数及换水量。一般每 3~5 天换水 1 次,每次换水 80%。换水时温度差不超过 1 ℃,盐度变化不超过 5。菊黄东方鲀越冬水温较高,池底沉积的残饵、粪便及死鱼容易腐败,引起水中氨氮、硫化氢等有害物质增加,特别是有害病菌的大量繁殖会导致越冬鱼病害发生。因此,定时吸污以清除池底污染源,对改善水质预防越冬鱼病害发生有很大作用,一般情况下,3~5 天,吸污 1 次,若遇特殊情况,如发现残饵较多、死鱼较多时要及时吸污。养鱼池经过一段时间使用之后,水泥池池壁及池底会黏附许多有机物,引起有害细菌大量滋生,容易引起越冬鱼感染疾病。通过定期倒池,对原池进行彻底刷洗、消毒,可以清除池壁及池底的病原微生物。一般情况下,半月倒池 1 次。如遇病害发生,可以及时倒池,并把病鱼挑出,与健康鱼分开培养,防止病害大规模传染(张福崇等,2003a)。越冬期间对菊黄东方鲀疾病的防治,必须采取预防为主、综合防治的防病措施。严格控制好水质,定期做好排水、清污、倒池工作。严格控制好饵料的日投喂量,搞好饵料卫生,严禁投喂腐烂变质的饵料,要定期投喂添加多维素、多糖、大蒜素的饵料,增强鱼的抗病能力。定期使用土霉素 3～5 mg/L、甲醛 150～200 mL/L,全池泼洒或浸浴 1～3 h 进行疾病预防(郑春波等,2010)。

3. 饲料投喂

越冬期间的饲料投喂,首选含粗蛋白 45% 的鳗鱼饲料,其不但营养成分能满足菊黄东方鲀的生长需求,而且投喂方法简单,投喂量易控制,对水体的污染少,便于对养殖池的水质调控;也有选用新鲜的杂鱼、杂虾、沙蚕、贝肉等的。各地可根据当地饲料源的来源方便与否、供应量的状况、成本支出核算等,来选用合适的品种。

饲料需投喂在饲料台上,为便于掌握鱼类的摄食情况,掌控投饲量,选用可吊起和下放的活动饲料台比较适宜。饲料台一般为边长 40 cm、50 cm 和 60 cm 的正方形。饲料台四边框架用直径 8 mm 的钢筋匡围,缝上皮条网覆盖,四角系相等长度的绳子,吊起时能保持平衡。可根据池子和鱼类大小,选择合适规格的饲料台。放置数量依池子大小和放鱼数量来确定,以确保鱼类均能摄食。

受越冬期水温高低的影响,菊黄东方鲀越冬投饲量一般是越冬期两头高、中间低。配合饲料投饲量一般为鱼体重量的 0.5%～1.5%;鲜活饲料日投喂量一般为体重的 3%,如果越冬鱼摄食状况比较好,日投喂量可以增加到 4%～5%。投喂频率依鱼类摄食强度而定,高时可 1 天 2 次,上午、下午各 1 次,低时仅上午 1 次即可,具体视水温、水质和鱼类活动状况灵活掌握。

4. 其他管理

整个越冬期间还需做好各项详细的记录工作,以便追踪、追溯事件的演变发展过程。加强加温、保温设施设备的日常巡视和检查,发现问题及时整修,确保温室平稳运转。

6.5 营养与饲料

东方鲀的营养需要量、营养需求特点研究和配合饲料开发,是其今后安全健康养殖的重要基础和关键技术之一。然而,自东方鲀进行人工养殖以来,多使用鳗鱼或甲鱼配合饲料喂养,一直未见有其专用配合饲料研发报道。东方鲀营养需要量和需求特点研究也严重滞后,这就直接或间接地限制了其规模化健康养殖的发展。

6.5.1　菊黄东方鲀的营养需求

目前,国内外的研究表明,有关菊黄东方鲀营养需求的研究非常少,但在东方鲀属鱼类中有一些相关的研究,在本小节中,主要介绍菊黄东方鲀的同属鱼类(东方鲀属)的营养需求,以期为菊黄东方鲀营养需求提供参考。

1. 能量

鱼类需要摄取食物,食物能提供它们所需要的能量。能量,主要由食物中的蛋白质、脂肪和碳水化合物提供。能量以"焦耳"为计量单位。饲料的能量,一般用总能表示。总能,是饲料燃烧的热值,可用热量计测得,也可根据营养物质的热值计算。一般来说,总能越高,饲料的质量越好。但总能,并不能完全被鱼类所利用。不同的鱼,对饲料总能有不同的利用率。此外,鱼的个体大小、水温等,都会影响到鱼类对饲料总能的利用率。

2. 蛋白质和氨基酸

蛋白质是鱼类生长的最关键的营养物质,是东方鲀增重的物质基础,也是饲料成本中成本最大的部分,确定鱼类对蛋白质的最适需求量对鱼类营养研究及饲料生产极为重要。

蛋白质是鱼类饲料的主要营养成分。饲料中蛋白质的含量,一般用粗蛋白质的含量来表示。鱼类不能利用简单的无机物来合成蛋白质,只能从饲料中获取。蛋白质的生理功能,主要是供给生长、更新和修补组织;构成酶、激素和部分维生素;提供能量。此外,蛋白质还参与机体免疫,控制遗传信息,参与血凝和维持血液酸碱平衡等。

鱼类对蛋白质的需求量,与鱼类的食性密切有关。一般来说,肉食性的鱼类,对饲料中蛋白质的需求量较其他鱼类要高。同一种鱼,在幼鱼期对饲料蛋白质的需求较高,但随着个体的增长,需求量逐渐降低。经试验确定,对饲料蛋白质的需求量,肉食性鱼类为 $40\%\sim45\%$,杂食性鱼类为 $30\%\sim45\%$,草食性鱼类为 $25\%\sim40\%$。几乎所有的鱼类在幼鱼期,对饲料蛋白质的需求量都在 40% 以上。

东方鲀是肉食性鱼类,对饲料中蛋白质含量的要求较高。但东方鲀对蛋白质的需求量与其种类、年龄、养殖条件等有关。东方鲀属鱼类的饲料最适蛋白质含量分别为:暗纹东方鲀幼鱼的饲料最适蛋白质含量为46%～49%,其中获得最大增重时的蛋白质需求量为49%;红鳍东方鲀幼鱼获得最大生长率和最佳生长效果的最适蛋白质含量为41%～45%,红鳍东方鲀稚鱼获得最佳生长发育效果的最适蛋白质水平为50%±3.7%;黄鳍东方鲀幼鱼获得最大增重时蛋白质需求量为50%(张春晓和王玲,2008)。由上可知,东方鲀属鱼类饲料适宜蛋白质需求量为41%～50%,因不同鱼种、不同阶段及实验条件而异。而菊黄东方鲀的配合饲料适宜蛋白质含量还未见报道,但根据作者多年在奉贤基地的实践,菊黄东方鲀对饲料中蛋白质含量的要求也会较高,粗蛋白含量45%以上的配合饲料能获得良好的养殖效果。

鱼类对蛋白质的需求量实际是对必需氨基酸和非必需氨基酸混合比例数量的需要。目前,关于东方鲀饲料中氨基酸需求量尚未见其文献报道。而有关其肌肉或肝脏中氨基酸组成与比例研究较多,可作为氨基酸需求量比例的参考依据。

暗纹东方鲀肌肉中必需氨基酸的含量顺序为:赖氨酸＞亮氨酸＞缬氨酸＞异亮氨酸＞苯丙氨酸＞苏氨酸＞组氨酸＞蛋氨酸,占氨基酸总量的42.80%;弓斑东方鲀和黄鳍东方鲀肌肉中必需氨基酸占氨基酸总量的42.11%和42.00%,含量顺序与暗纹东方鲀类似,而蛋氨酸的含量较组氨酸含量高。暗纹东方鲀1龄和2龄鱼体中必需氨基酸占氨基酸总量的比例分别是43.17%和43.63%,1龄鱼必需氨基酸的高低顺序与2龄鱼的不同,不同生长阶段的暗纹东方鲀对主要必需氨基酸(赖氨酸、亮氨酸、精氨酸和缬氨酸)的需求量是有差异的(张春晓和王玲,2008)。

3. 脂肪和脂肪酸

饲料中的脂肪(也称油脂),一般用粗脂肪来表示。饲料脂肪的主要功能是提供能量。鱼类对饲料脂肪的需求量与鱼类的食性有关。肉食性鱼类,不能较好地利用碳水化合物,需要脂肪作能源。因此,对于饲料中脂肪的需求量要高一些。

脂类在鱼类生命代谢过程中具有多种生理功用,是鱼类所必需的营养物质。而且,某些不饱和脂肪酸(如 n-3,n-6 高度不饱和脂肪酸)海水鱼类不能合成,必须依赖于饲料直接提供,才能保证鱼体健康生长。脂质是鱼类一般营养成分中变动最大的成分,种类之间的变动在 0.2%~64%,含量最低的种类与含量最高的种类之间,实际差别达 320 倍之多。而且即使同一种类,也因年龄(大小)、生理状态、营养条件等而有很大变动(张春晓和王玲,2008)。同时,饲料中添加适量脂质能节省蛋白质使用量,但如投喂太多脂质,会影响养殖鱼的品质,导致鱼体蓄积过量脂质,肉质低劣。

养殖东方鲀的多余能量常以脂肪的形式储存于肝内,红鳍东方鲀在孵化后第 3 天即有脂肪滴蓄积现象,当脂肪蓄积面积占肝脏横断面 46% 以上时,其生长及脂肪增加趋缓。天然红鳍东方鲀肝脏和肝细胞并未储藏太多脂肪,其脂肪滴小。以高品质玉筋鱼为饵料养成的红鳍东方鲀,其肝细胞中含脂质 80% 以上(张春晓和王玲,2008)。红鳍东方鲀不同生长阶段对脂质的最适需求是有变化的,总体是随着个体的生长,对脂质的需求逐步下降。有研究显示,含 48% 鱼粉的红鳍东方鲀饲料中,鳕鱼肝油的最适添加量为 7.5%,饲料中的粗脂肪含量为11.5% 左右(张春晓和王玲,2008)。

同一种鱼类,在不同的水温、蛋白源、个体大小、养殖密度和试验方法等情况下,对蛋白质的最适需求量可能不同,饲料中的其他营养成分也会对此产生影响。有研究表明,暗纹东方鲀和红鳍东方鲀对脂肪有很高的消化率,在实际的饲料配制中,应充分考虑脂肪对蛋白质的节约作用(张春晓和王玲,2008)。在菊黄东方鲀养殖过程中,养殖户在采用粉状饲料制作面团饲料时,适当添加脂肪,有助于提高饲料利用率。上海市水产研究所奉贤基地曾经为提高饲料中的粗脂肪含量,采用添加植物油(如菜油等)的粉状饲料来养殖东方鲀,获得良好的养殖效果。

4. 糖类(碳水化合物)

碳水化合物,包括淀粉和纤维素,是鱼类生长所必需的一类营养物质,主要起提供能量的作用,是 3 种可能供给能量的营养物质中最经济的一种。一般来说,碳水化合物是饲料中最廉价的能源,但鱼类多数不能很好地消化利用碳水化合物,而且鱼类种间的差别较大。肉食性鱼类,对碳水化合物的利用较其他鱼类差,一般要求饲料碳水化合物含量在 20% 以下。同一种鱼,在幼鱼期则要求饲料碳水化合物含量更低些。几乎所有的鱼类,都不能利用纤维素。因此,饲料中纤维素含量越高,对鱼类的营养价值越低。

在鱼类饲料中添加适宜水平的碳水化合物能起到节约成本、减少饲料蛋白质作为能源被消耗的作用,同时可增加 ATP 的形成,有利于氨基酸的活化,促进鱼体蛋白质的合成。摄入量不足,则饲料蛋白质利用率下降,长期摄入不足还可导致鱼体代谢紊乱,身体消瘦,生长速度下降。但鱼类是先天性的糖尿病患者,碳水化合物的利用能力较低,若长期摄入过量,会发生脂肪肝,导致肝脏解毒功能下降,鱼类抗病力低、生长缓慢、死亡率高等症状(张春晓和王玲,2008)。

国内还未见有关菊黄东方鲀碳水化合物需求量的报道,但东方鲀的同属鱼类红鳍东方鲀有一些相关研究,可以作为参考。已有研究显示,红鳍东方鲀幼鱼(10 g)的饲料中糊精最适添加量为 16%,获得最佳的饲料生长效率、蛋白质效率和表观糖消化率,碳水化合物的最适含量为 20%左右。同时,也有研究显示,红鳍东方鲀饲料中鱼粉与糊精的适当比例为 5∶3(张春晓和王玲,2008)。另外,菊黄东方鲀属于肉食性鱼类,对碳水化合物的利用较其他鱼类差,一般要求饲料碳水化合物含量在 20%以下。

5. 维生素

维生素是一类化学结构各异的有机化合物,是维持鱼类健康,调控有机体的物质代谢,促进机体的生长与发育,增强健康与体质,提高机体抗病能力,加速创伤愈合等作用所必需的一类低分子有机化合物,需求量很少,但必须由食物提供。动物对维生素的需求量甚微。但当机体缺乏某种维生素时,往往引起代谢失调,导致动物产生维生素缺乏症,出现生长停滞等。维生素一般分为两大类,一类是水溶性的维生素;另一类是脂溶性的维生素。

由于红鳍东方鲀对维生素的需求量相对较高,养殖过程中常出现维生素营养缺乏症,主要是维生素 A、维生素 B、维生素 E,因此饲料中必须有计划地添加维生素。配合饵料中维生素的适宜添加量约为 3%,如加倍添加对生长和生理状态并无促进效果(张春晓和王玲,2008)。

如果饲料中营养成分不平衡,则鱼体对维生素需求量显著增加。饲料中维生素 C 能增强鱼对环境污染物和刺激物的耐受能力及对病菌的免疫能力,维生素 C 缺乏,就会出现身体畸形。红鳍东方鲀维生素 E 缺乏,体色就会微黑,身体消瘦,对环境适应性差。各种鱼的维生素 E 缺乏会出现白肌纤维萎缩和坏死症状,毛细血管渗透性增加,引起渗出液外流积累而出现心脏肌肉及其他组织水肿、红细胞生成受阻和肝脏蜡样质沉积,红鳍东方鲀饲料中添加维生素 E 能促使肌肉退化症和脂样色素症症状显著改善(张春晓和王玲,2008)。

6. 矿物质

矿物质,又称无机盐。在饲料中的矿物质,称为"灰分",一般称粗灰分,它是饲料在 500 ℃以上的高温时灼烧的残留物。矿物质中的元素,分为常量元素和微量元素。常量元素,是指有机体内含量在 0.01% 以上的元素,这些元素主要有钙、磷、镁、钾、钠、硫、氯 7 种。与陆生动物不同,鱼类可用鳃从水中吸收无机盐类,海水鱼可以在吞饮海水的过程中,由肠壁吸收无机盐,从中获得钙、镁、钴、钾、钠和锌,来满足自身的需要。但是,有一些重要的矿物质元素,还是要从饲料中提供,以满足鱼体的需要,如磷、铁、铜等,这是因为这些元素在水中的浓度低,鱼类从水中摄入的量不能满足需要。因此,当鱼类饲料中这些矿物质元素不足或缺乏时,即使其他营养物质充足,也会影响到鱼类的健康和正常生长、繁殖,严重时导致疾病,甚至死亡。

一般来说,饲料中的含钙量能够满足鱼类生长需求,迄今为止没有发生过钙缺乏症。而相对来说,磷缺乏症较为常见,多表现为生长缓慢、骨骼矿化不良和饲料利用率低下。自然水体中磷含量较低,一般小于 0.002 mg/L,且鱼类对磷的吸收率也较低,所以磷需要外源补充,在饲料中可以适当添加磷。

野生东方鲀通过吞食含有丰富矿物质的虾蟹、贝类及浮游动物等天然饵料,来满足自身矿物质的需求,这些天然饵料的矿物质含量不随季节变化而变动,相当稳定。然而对于养殖东方鲀的人工配合饲料,必须富含大量矿物质元素才能够满足东方鲀对各种矿物元素的营养需求(王晓晨等,2014)。有研究显示,野生暗纹东方鲀肌肉中矿物元素含量较大的有 8 种,按其含量大小依次为镁、钙、铁、锌、硅、铜、钴和锰。养殖暗纹东方鲀肌肉中含量较大的矿物质元素有 5 种,依次为钙、铁、锌、硅、锰。常量元素中,野生鱼的镁含量远远高于养殖鱼,而钾、钠、磷含量都很低。微量元素中,铁、锌、硅、铜、钴、锰都较高。故而,养殖暗纹东方鲀中的矿物元素含量顺序与野生鱼体一致,但微量元素含量相对较低。因而,在配制东方鲀饲料时,应适度增加矿物元素含量以满足养殖鱼体的矿物营养需求(王晓晨等,2014)。

6.5.2 东方鲀的功能性饲料添加剂

东方鲀功能性饲料添加剂的研究多集中于提高其生长与免疫能力、促进摄食、增强植物性替代蛋白源的吸收利用等功能方面。

1. 提高生长与免疫力

有研究显示，螺旋藻、0.3%添加量的硒酵母、100 mg/kg 添加量的大蒜素、0.2%添加量的壳聚糖均能很好地提高暗纹东方鲀的生长效果，并在节省饲料成本方面表现出明显的优越性。同时，免疫多糖能使鱼类血清中溶菌酶活性和补体活性增强，同时添加维生素和免疫多糖促进鱼体生长的效果比单独添加的效果要好。药性菌质(药用真菌发酵物)也能够提高暗纹东方鲀的免疫能力，其最适添加量为 2.0%(王晓晨等，2014)。

2. 促进摄食

养殖东方鲀在摄食行为上表现出明显味觉性。诱食剂或者味觉刺激剂的添加，可以非常有效地提高养殖鱼的饲料利用率。有研究表明，蛤仔或者蛤蜊提取液的氨基酸成分中都具有诱食物质，既能提高红鳍东方鲀摄食率，也能得以良好地吸收、代谢及沉积摄取的营养成分(张春晓和王玲，2008)。同时，甜菜碱与复合氨基酸(L-丝氨酸、L-天冬氨酸、甘氨酸、丙氨酸)并用，是红鳍东方鲀很好的摄饵促进物质。因此，在菊黄东方鲀的配合饲料中可以适当添加氨基酸用作诱食剂(王晓晨等，2014)。

3. 增强植物性替代蛋白源的吸收利用

在植物蛋白源替代鱼粉研究时，常通过添加外源酶制剂来优化饲料配方，提高东方鲀对植物蛋白的利用率。添加 0.050%的复合酶制剂可以提高暗纹东方鲀的饲料利用率。饲料中植酸酶的适宜添加量为 1 000~1 500 U/kg，可以通过提高红鳍东方鲀幼鱼消化酶活性，来改善幼鱼消化，从而促幼鱼的生长。尤其要指出的是，植酸酶可以释放饲料中的无机磷，提高磷的利用率，改善幼鱼的磷缺乏症(王晓晨等，2014)。

4. 饲料鱼粉替代

对于替代性蛋白源养殖效果的研究，起初多集中于对鱼类生长性能的影响，现已逐步涉及营养与生理、营养与免疫等研究层面。有研究报道，在额外添加磷酸二氢钙和必需氨基酸的情况下，30%的鱼粉可以成功地被脱脂大豆代替，并且无明显生长和饲料利用率的差异。而当鱼粉替代水平为 13.6%时，红鳍东方鲀幼鱼表现出最大生长率。也有研究显示,适量玉米蛋白粉确实能够提高暗纹东方鲀幼鱼的溶菌酶比活力及其 c 型溶菌酶 mRNA 表达量,并在玉米蛋白粉含量为 10%时达到峰值(王晓晨等,2014)。

6.5.3　菊黄东方鲀的常用饲料

1. 鲜活饵料

菊黄东方鲀为肉食性鱼类。稚鱼主要以轮虫、卤虫、枝角类、桡足类、底栖甲壳类幼体、水生昆虫等为食。幼鱼及成鱼摄食虾、蟹、蚬蛤、螺蛳、海胆、乌贼、章鱼、杂鱼和贝类等。养殖过程常可投喂小杂鱼、虾、蟹等。如沙丁鱼、玉筋鱼、梅童鱼、虾虎鱼、白鼓鱼、黄姑鱼等杂鱼;虾蛄、毛虾、毛糠虾、蟹虾等杂虾类;蚬蛤、螺蛳、扇贝、贻贝等软体动物。鲜活饵料未腐败变质都可以大量使用。刚捕捞或短期冷冻处理的新鲜杂鱼虾,其蛋白质、脂肪尚未变化,维生素尚未破坏,营养价值高,应及时投喂。投喂前先要用清水冲洗干净,再根据不同鱼体规格的口径大小,切成合适的规格投喂。新鲜杂鱼虾的营养比较全面,一般不必再添加维生素和矿物质,但腐败变质的鱼虾严禁使用。要注意饵料品种的搭配,避免长期投喂单一品种,导致菊黄东方鲀营养不全而造成生长缓慢甚至发病死亡。

投喂鲜活饵料的缺点是在饵料中较难以加入防病治病药物,另外,仅饵料鱼来源充足方便的地方,才能开展这一养殖模式。

2. 自制软颗粒饲料

软颗粒饲料,是在开展规模化养殖时,作为解决鲜活饵料供应不足的途径之一。此饲料是用鲜杂鱼、杂虾和高蛋白配合饲料以 2∶1∶2 混合加工成湿颗粒进行投喂,并可根据鱼类的摄食情况调整配合的比例。此种饲料的优点在于,一旦需要进行病害防治,可以方便加入所需防治药物。

软颗粒饲料的颗粒直径依据鱼体规格大小来确定,一般有 3 mm、5 mm、8 mm、12 mm 和 18 mm 5 种规格。制作方法是:先将鲜杂鱼清洗干净,去掉体表水分后粉碎成鱼糜,再与其他配料充分搅拌混合后,制粒成型,并放置于冷库短时冷冻待用。

3. 人工配合饲料

人工配合饲料是按菊黄东方鲀的营养要求,以鱼粉为主,添加鱼体必需的各种物质,以及增加鱼体免疫力功能的微生物制剂,以一定数量和比例,进行科学配制,采用先进的加工工艺制造而成的全价饲料。其营养全面、质量稳定、投喂方便、污染水质轻、饲料利用率高,便于添加防病治病药物,便于生产、运输和储存,是养殖户,特别是规模化养殖单位和地区的首选饲料。

目前,养殖菊黄东方鲀使用的人工配合饲料主要有粉状料(鳗鱼成鳗饲料,中华鳖专用料)、海水鱼膨化料。但依据养殖效果和饲料的供应情况,使用粉状鳗鱼饲料的居多,上海市水产研究所奉贤基地经过多年生产实践,采用粉状鳗鱼饲料养殖菊黄东方鲀的效果较好。

国内鳗鱼成鳗料的品牌较多,有"常兴牌鳗鱼成鳗饲料"、"龙马牌鳗鱼成鳗饲料"、"天邦牌欧鳗成鳗饲料"等。

几种饲料的营养要素如下。

(1) 常兴牌鳗鱼成鳗饲料

1) 主要原料:鱼粉(进口优质白鱼粉)、a-淀粉、多种氨基酸、酵母粉、稳定型维生素、有机螯合矿物质。

2) 营养成分:粗蛋白≥45%,粗脂肪≥3%,粗纤维≤1%,粗灰分≤18%,钙≤4.6%,磷≤1.5%,水分≤10%。

(2) 天邦牌欧鳗成鳗饲料

1) 主要原料:极品蛋白原料、白鱼粉、预糊化淀粉、天邦速食舒、天邦预混料、天邦黏合剂等。

2) 营养成分:粗蛋白≥45%,粗脂肪≥3%,粗纤维≤1.5%,粗灰分≤18%,水分≤10%,加油量3%~10%。

所用油脂,玉米油占2/3,鳕鱼肝油占1/3。

(3) 海马牌海水鱼膨化饲料

营养成分:粗蛋白43.7%,粗脂肪4.9%,粗纤维0.3%,灰分14.3%,赖氨酸2.8%,钙3.6%,磷2.0%,水分6.4%。

以上鳗鱼饲料品牌的营养成分都非常接近,饲料厂能确保每批出厂饲料的质量稳定性,都能取得良好的养殖效果。

6.6　2龄鱼种生长特性

菊黄东方鲀1龄幼鱼经过越冬养殖后,进入2龄鱼种养殖阶段。菊黄鲀东方鲀 2 龄鱼种在池塘养殖条件下的生长特性为：平均全长(4.07±1.31) cm,平均体重(77.49±26.50) g 的菊黄东方鲀经过 197 天的培育后,全长增至(20.84±1.07)cm,日均增长（0.03）cm,全长增长率 48.12%,体重增至（242.11±28.23）g,日均增长 0.71 g,体重增长率 212.44%。体重与全长呈幂函数关系,关系式为：$W=0.033\ 7L^{2.912\ 2}(R^2=0.936\ 7)$,$b$ 值接近于 3,属等速生长型。全长(L)与时间(T)表现为线性相关：$L=0.035T+14.191(R^2=0.977\ 3)$。体重($W$)与时间($T$)表现为指数相关：$W=82.616\ e^{0.005\ 7T}(R^2=0.985\ 8)$。

2010 年 4~11 月至 2012 年 7~11 月,上海市水产研究所(谢永德等,2012)在杭州湾北岸上海市奉贤区五四农场区域内进行了 2 龄鱼种生长特性的研究：试验选取编号为 5# 和 8# 的池塘。每口池塘面积都为 5 亩(即为 0.33 hm²),东西长方形,水深 1.5~2.0 m。试验用水取自杭州湾的天然海水,试验期间水温 17~35 ℃,盐度 3~15,pH 8~9,每口池塘都配备 2 台 1.5 kW 的叶轮式增氧机。试验用鱼取自上海市水产研究所奉贤基地 2009 年 5 月自繁的 1 龄越冬鱼种,4 月 24 日放养规格为：全长(14.07±1.31) cm,体重(77.49±26.50) g,$n=80$,每亩放养 1 000 尾,即每口池塘总数 5 000 尾,没有混养其他品种。

在养殖管理期间,投喂蛋白质含量为 45% 的成鳗配合粉状饲料(常兴牌,由江苏省常熟泉兴营养添加剂有限公司生产),做成饼投放到饲料台上,每天投喂 2 次,上午、下午各 1 次,投饵量以 2 h 摄食完为准。养殖前期 1 个月换水 1 次,后期半个月 1 次。做到勤巡塘、勤观察,随时掌握池塘动态变化,同时,根据天气、鱼类摄食等变化情况,合理科学开启增氧机。

菊黄东方鲀从移出越冬大棚(即 4 月)开始进行生物学测量,每 2 周随机采样测量 1 次,每次每池采样测量 40 尾,共采样 16 次,计 1 280 尾,分别用直尺 (0.1 cm)和电子天平称(0.01 g)测量记录全长和体重。每次采样都在上午投料前进行,考虑到该鱼怕受惊扰,网拉池塘一角为采样区域,并对池塘中的水质常规因子进行检测,至 11 月再次移进越冬大棚前结束。

为了便于统计与处理,将 5# 号池塘和 8# 号池塘的测量数据合并统计,应用 Excel 和 SPSS 对测量数据进行分析,结果以平均值±标准误表示,参数计算依据及公式如下。

全长与体重的关系：$\qquad\qquad W=a L^b$

肥满度：$\qquad\qquad\qquad F=W/L^3\times100$

日均增长量　　　　$(cm)=(L_2-L_1)/(t_2-t_1)$

日均增重量　　　　$(g)=(W_2-W_1)/(t_2-t_1)$

瞬时增长率　$IGR_L(\%)=(\ln L_2-\ln L_1)/(t_2-t_1)\times100$

瞬时增重率　$IGR_W(\%)=(\ln W_2-\ln W_1)/(t_2-t_1)\times100$

式中,W 为体重(g);L 为全长(cm);W_1、W_2 和 L_1、L_2 分别为 t_1、t_2 时的体重和全长;a 和 b 为常数。

6.6.1　菊黄东方鲀 2 龄鱼种生长基本情况

经过 197 天培育后,至 11 月 7 日全长增至(20.84±1.07) cm,日均增长 0.03 cm,全长增长率 48.12%,体重增至(242.11±48.23) g,日均增长 0.84 g,体重增长率 212.44%(表 6-5)。

表 6-5　菊黄东方鲀 2 龄鱼种生长情况($n=1\,280$)(谢永德等,2012)

日期 (月.日)	天数	阶段平均水温/℃	平均全长/cm	日均增长量/cm	瞬时增长率/%	平均体重/g	日均增重量/g	瞬时增重率/%	肥满度
4.24	1	17.2	14.07±1.31			77.49±26.50			2.78
5.8	15	22.0	14.14±1.41	0.005	0.04	76.12±22.02	−0.098	−0.13	2.69
5.22	29	21.9	15.78±1.40	0.117	0.78	98.18±24.60	1.576	1.82	2.50
6.5	43	23.0	15.53±1.37	−0.018	−0.11	105.31±27.24	0.509	0.50	2.81
6.19	57	25.4	15.85±1.34	0.023	0.14	117.27±28.09	0.854	0.77	2.95
7.3	71	26.4	17.28±1.35	0.102	0.62	138.49±33.43	1.516	1.19	2.69
7.17	85	28.5	17.50±1.24	0.015	0.09	145.63±32.18	0.510	0.36	2.72
7.31	99	31.0	17.82±1.11	0.023	0.13	155.89±32.19	0.733	0.49	2.75
8.14	113	32.7	18.25±0.98	0.031	0.17	159.60±26.22	0.265	0.17	2.63
8.28	127	32.3	18.63±1.08	0.027	0.15	166.09±31.88	0.464	0.28	2.57
9.12	141	30.2	19.58±1.21	0.068	0.35	182.70±36.14	1.186	0.68	2.44
9.26	155	27.5	19.60±0.97	0.002	0.01	196.26±33.56	0.969	0.51	2.61
10.1	169	22.8	20.39±0.92	0.056	0.28	223.17±48.55	1.922	0.92	2.63
10.24	183	21.9	20.51±1.12	0.009	0.04	232.11±49.65	0.639	0.28	2.69
11.7	197	15.6	20.84±1.07	0.023	0.11	242.11±48.23	0.714	0.30	2.68

6.6.2　菊黄东方鲀 2 龄鱼种全长与体重关系

体长、体重是鱼类重要的生物学特征,是判断种质量和养殖效果的标准之一。图 6-25 为全长与体重关系,公式 $W=aL^b$ 拟合所得方程式为:$W=$

$0.033\ 7\ L^{2.912\ 2}$，$R^2=0.936\ 7$，$n=1\ 280$，其中 b 值接近于 3，属等速生长型。渤海野生菊黄东方鲀生物学的研究结果为 $b=2.814$（杨竹舫等，1991）。

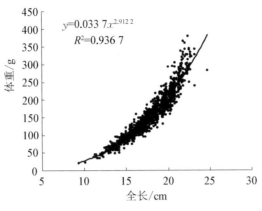

图 6-25 菊黄东方鲀 2 龄鱼种全长与
体重关系（谢永德等，2012）

6.6.3 菊黄东方鲀 2 龄鱼种肥满度

图 6-26 为肥满度的变化趋势图，结合图 6-26 和表 6-5 可以看出，肥满度在每次测量的时段内略有差异，最高出现在 6 月（2.95），最低出现在 9 月（2.44）。肥满度的变化基本上受制于水温，开始随水温上升而上升，进入高温季节后，由于该鱼吃料受到影响，肥满度呈现下降趋势，待水温回落后再次出现上涨。

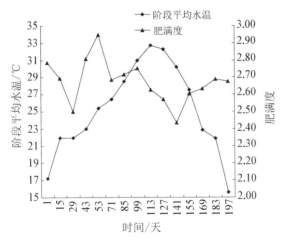

图 6-26 菊黄东方鲀 2 龄鱼种水温与
肥满度关系（谢永德等，2012）

6.6.4　菊黄东方鲀2龄鱼种生长式型

鱼类的生长是遗传型所决定的生长潜力与鱼在生长过程中遇到的复杂的环境条件之间相互作用的结果,是保证物种与环境统一的适应性属性之一,不同的鱼类往往有着不同的生长方式、生产过程与生长规律。目前,有许多方法可以研究鱼类生长规律,但大部分学者一般应用 Von Bertalanffy 方程来描述鱼类的生长,如黄颡鱼(*Pelteobagrus fulvidraco*)幼鱼、池养鲥(*Tenualosa reevesii*)等;近来有部分学者开始采用幂指数方程来描述,如青鱼(*Mylopharyngodon piceus*)、草鱼(*Ctenopharyngodon idellus*)、鳙(*Aristichthys nobilis*)、鲤(*Cyprinus carpio*)和云斑尖塘鳢(*Oxyeleotris marmorata*)等鱼类的生长(谢永德等,2012)。菊黄东方鲀2龄鱼种的生长用幂指数方程来拟合更符合其体重生长规律:$W = 82.616\,e^{0.0057T}$($R^2 = 0.9858$)(图6-27)。但在拟合菊黄东方鲀全长生长规律时,发现用线性方程能较好地表现其全长生长规律:$L = 0.0356T + 14.191$($R^2 = 0.9773$)(图6-28)。

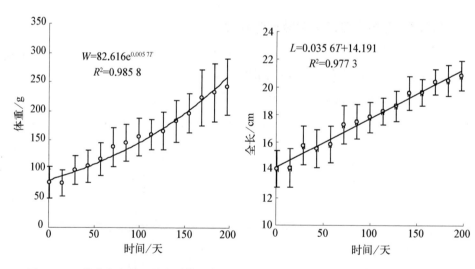

图6-27　菊黄东方鲀2龄鱼种体重与日龄关系(谢永德等,2012)　　图6-28　菊黄东方鲀2龄鱼种全长与日龄的关系(谢永德等,2012)

6.6.5　水温与菊黄东方鲀2龄鱼种生长

菊黄东方鲀2龄鱼种在一定温度范围内随着温度的升高而生长速率加快,而随着高温的来临,生长速率明显下降。菊黄东方鲀在4月移出越冬大棚后,由于养殖环境得到较大程度的改善,呈现出快速生长,生长速率达最大值,随着水温的进一步上升,鱼类摄食旺盛,故生长速率仍维持在较高水平,之后高温来临,生长明显减慢,瞬时增长率和瞬时增重率都呈现出下降趋势,瞬时增长率和瞬时增重率最低均出现在 8 月。而后水温又回到适宜生长阶段,瞬时增重率明显回升,这也体现出该鱼需要积累足够营养过冬的特性。进入 11 月后,随着水温下降其生长也随之减慢(表 6-5,图 6-29)。至于表 6-5 中出现负值,主要原因可能是采样误差问题。

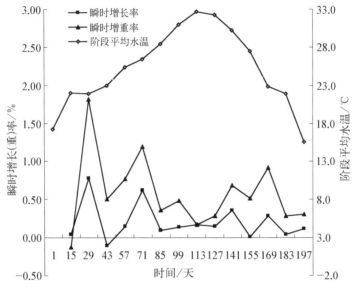

图 6-29　菊黄东方鲀 2 龄鱼种水温与瞬时增长(重)
率关系(谢永德等,2012)

　　很显然高温对该鱼的生长产生较大影响,不管从生长速率还是肥满度的变化都清楚地说明了这一点,因此在高温季节最好采取一些降温措施,诸如换水、加高水位、遮荫等,尽量降低影响程度。依据研究结果和作者多年的养殖经验,该鱼适宜的生长水温在 20～30 ℃,最适生长水温在 25～28 ℃,水温超过 32 ℃或低于 10 ℃其都将产生严重不适。在长江流域室外养殖,一年内可望有 2 个生长高峰时期,4～6 月和 9～11 月。在高温 7～8 月和低温 12～次年 3 月(需搭越冬大棚)生长速度相对较低,但常年不停止生长。

6.6.6　菊黄东方鲀 2 龄鱼种生长特点

鱼类的生长一般分为 3 个阶段,即快速生长阶段、稳定生长阶段和衰老阶段,且全长生长和体重生长进入了下一阶段的时间可能不同。菊黄东方鲀 2 龄鱼种处在稳定生长阶段,随着日龄的延长,全长和体重也相应稳定增长,从肥满度和生长速率分析,前期全长增长略快于体重,同时均呈快速增长,后期体重增长快于全长增长,这也符合该鱼在越冬前需要积累自身营养的特性。然而,该鱼总体生长速度相对偏慢,养殖第二年度(即 2 龄鱼种)平均体重仅增至 242.11 g/尾,相比同属的暗纹东方鲀要慢很多。据华元渝等(2004)报道,同龄雌的暗纹东方鲀体重可达到 431~558 g/尾,雄的 330~604 g/尾。另据林玉坤(2005)报道,池养同龄的暗纹东方鲀体重达到 508~576 g/尾。这两个结果表明暗纹东方鲀生长速度要比菊黄东方鲀快一倍以上。但张忠华等(2009)报道,池养的同龄菊黄东方鲀体重达 246.8~293.6 g/尾。菊黄东方鲀同其他养殖鱼类一样,其生长发育也从属于水温,水温适宜,生长发育快;水温过高、过低,生长发育慢。

作者建议　需要在水温适宜季节(即 4~6 月和 9~11 月)加强管理,加强投喂,促进菊黄东方鲀生长,在高温季节(即 7~8 月)要多换水,同时尽可能地加高养殖池的水位,防止水温过度上升,在入秋以后的低温季节(即 11 月)有条件的尽早搭建越冬大棚以延长其生长时间。

第7章　菊黄东方鲀的运输及放流技术

7.1　运输方法

　　菊黄东方鲀有着特殊的生物构造和生态习性,这给菊黄东方鲀的运输造成很大困难:① 由于菊黄东方鲀属于无鳞鱼,体表无鳞片,体表防御能力差;② 其体内肌肉无肋骨支持,鱼体容易造成运输挤压伤;③ 该鱼有坚硬的齿板,鱼体互相接触时,有疯狂撕咬的习性,容易造成运输咬伤;④ 该鱼对溶解氧水平要求高,运输途中容易造成缺氧;⑤ 过低的运输温度也会造成鱼体在运输过程中冻伤。由于这些特殊生物构造和习性的存在,在菊黄东方鲀的运输过程中,往往造成很大的伤亡,特别是远距离、长时间和高密度运输。因此,合理的运输技术方案对于菊黄东方鲀养殖产业的发展(特别是苗种放养、增殖放流、成鱼销售等科研生产运输环节)具有重要的作用。

　　目前,水产动物活体运输的方法大体可分为两大类型:封闭式运输和开放式运输(焦晓平和赵勇,2006)。封闭式运输是将鱼和水置于密封的容器中进行运输,主要有塑料袋充氧密封运输、橡皮袋充氧密封运输等;开放式运输是将鱼和水置于非封闭式的敞开式容器中进行运输,如活水船、活水车充气运输等(程鹏等,2008)。另外,为了提高活鱼运输存活率,还可以采用以下两个方面的措施:一方面可采用物理、化学麻醉法及降低水体的温度等措施来降低所运输鱼的生命代谢强度;另一方面可采用供氧,添加各种缓冲体系、抑菌剂、防泡剂和沸石等措施改善运输水体的水质环境(吉宏武,2003)。

　　菊黄东方鲀的运输包括鱼苗、大规格鱼种、商品鱼及亲鱼的运输。目前,菊黄东方鲀运输主要采用氧气袋密封运输和活水车充氧运输两种方式。前者主要适用于菊黄东方鲀的卵黄苗、乌仔鱼苗(1.0～1.2 cm)及夏花鱼种(3.0～

3.5 cm)等;后者主要适用于菊黄东方鲀大规格鱼种(50～75 g/尾)及成鱼。

7.1.1 氧气袋运输

氧气袋(图 7 - 1)运输具有体积小、重量轻、携带方便、装运密度大、长距离运输、成活率高等特点,另外,航空运输的必须采用氧气袋加密封泡沫箱包装。该运输方式被广泛运用于鱼苗、鱼种的运输。菊黄东方鲀卵黄苗、乌仔鱼苗及夏花鱼种等也通常采用氧气袋运输。

图 7 - 1　菊黄东方鲀的氧气袋运输

1. 拉网锻炼

鱼类的应激反应会导致鱼类分泌大量黏液,分泌的黏液也是导致水体中蛋白质增加的重要因素,在运输过程中,特别是高密度鱼苗的运输,水体因鱼苗大量分泌黏液而导致水质恶化。因此,在运输前,要进行拉网锻炼,使鱼苗适应高密度的环境,降低运输过程中高密度胁迫引起的应激反应。菊黄东方鲀乌仔鱼苗和夏花鱼种运输前都需要拉网锻炼,而卵黄苗一般不需要拉网锻炼。

乌仔鱼苗(1.0～1.2 cm)的拉网锻炼具体操作　对在室内水泥池培育的乌仔鱼苗进行拉网锻炼,用柔软的、网目为 30 的筛绢网作为拉网工具;拉网锻炼前停止投饵 8～10 h,将鱼苗用筛绢网拉网捕捞,拉网时缓慢拉网到池顶头后,将筛绢网两侧慢慢收拢形成网围,将鱼苗集中于网围内,让鱼苗在较小的活动空间内适应 5～10 min,然后网围放开一口,让鱼苗自由游出网围,这样连续锻炼 3～5 次,让鱼苗适应拉网操作。

夏花鱼种(3.0～3.5 cm)的拉网锻炼具体操作　夏花鱼种一般在池塘里培

育,在池塘里进行拉网锻炼,用 6~10 网目的皮条网作为拉网工具;拉网锻炼前
1 天停止投饵,将鱼种用拉网捕捞,拉网时缓慢拉网到池塘一边后,将皮条网两
侧慢慢收拢形成网围,将鱼种集中于网围内,让鱼种在较小的活动空间内适应
半小时,然后网围放开一口,让鱼种自由游出网围,这样连续锻炼 1~2 次,让鱼
种适应拉网操作。

2. 停食

水产动物的排泄物是导致水质恶化的重要因素,因此要在运输前 12~24 h
停止投喂,让鱼苗空腹运输。

3. 降温

水温是影响菊黄东方鲀鱼苗运输成活率的主要外部因素之一,在菊黄东方
鲀鱼苗适宜的生理温度范围内,相对的低温能有效降低鱼苗的运动量、能量耗
氧及排泄量,减少机械损伤,减缓水质的恶化速度,提高鱼苗运输的成活率。因
此菊黄东方鲀鱼苗运输前一般要进行降温处理,如果温差较大,要进行梯度降
温,逐步将水温降下来,使鱼苗适应低温的环境,防止剧烈的降温导致运输成活
率下降,一般预先降温到 22~24 ℃。

4. 网箱暂养

打包运输前,将鱼苗围入网箱中进行暂养 1~2 h,以排空腹中的粪便,防止
运输时鱼苗袋中有大量的排泄物而败坏水质影响运输成活率。网箱置于室内
水泥池中,在暂养的过程中可以再适当降温,一般降温到 20 ℃左右。

5. 运输用水

运输用水应选择与原来的培育水环境相同的水源。用 100 目的尼龙筛绢
袋进行过滤,使用前需充分曝气,调节好合适的水温和盐度后才能使用。

6. 氧气袋规格及密度

鱼苗运输成活率与运输密度及时间始终是一对矛盾共同体,特别是小水体
氧气袋的运输,如何达到高成活率与高密度长时间运输的统一,是鱼苗运输技
术的关键。

运输用的氧气袋规格一般是 30 cm×30 cm×50 cm 的方底袋。运输水温
控制在 20 ℃左右,袋内盛水 25%~30%,充氧气 70%~75%。

运输密度视鱼苗的大小规格及运输时间的长短而定,一般卵黄苗 10 000~
20 000 尾/袋,乌仔鱼苗(1.0~1.2 cm)2 000~3 000 尾/袋,夏花鱼种(3.0~

3.5 cm)100～200 尾/袋,运输时间最好不超过 12 h。

7. 运输包装

用水瓢或水盆将鱼苗舀入氧气袋,运输水温控制在 20 ℃左右,袋内盛水 25％～30％,充氧气 70％～75％,充氧后袋口用橡皮筋扎实,氧气袋放入泡沫包装箱,加入冰袋后用封箱带将箱子密封进行保温处理,鱼苗装入氧气袋打包后,在装箱前需放入密封包装的冰块,冰块袋的使用量以到达运输地点后完全融化为宜。目前,主要采用冰冻的矿泉水瓶作为冰源,一般运输时间在 2～3 h,可以放置 1 瓶,运输时间每超过 2 h 增放 1 瓶,但最多不要放置超过 4 瓶,放得过多会造成氧气袋水温过低而使鱼苗冻伤。此外,冰块不宜贴着氧气袋的水体降温,避免出现水体局部温度过低而损伤鱼苗。

8. 放苗操作

鱼苗运达目的地后,先把氧气袋卸下来,置于养殖池水中,并不断人工泼水淋洒,10 min 左右再打开氧气袋,并逐步灌入养殖池水,当包装用水与养殖池水温及盐度基本一致后,再把苗种慢慢倒入养殖池里。

7.1.2　活水车运输方法

随着菊黄东方鲀鱼种的生长,鱼种规格到 50 g 以上,鱼种齿板坚硬,加之生性好斗,若再用氧气袋运输,鱼种极易把氧气袋咬破,造成鱼种运输成活率低下,因此,50 g 以上的鱼种已经不适合氧气袋运输了,应该改用活水车运输。菊黄东方鲀越冬后的 2 龄鱼种放养及成鱼销售一般都用活水车运输(图 7 - 2)。活水车运

图 7 - 2　装有塑料箱的活水车

输有竹篓帆布袋、塑料箱(或桶)、铁罐结构的专用活水车等。

1. 运输用水

水质是活鱼运输过程中最重要的因素之一,用来运输活鱼的海水必须清新,无污染。因此在运输时最好取用经过沉淀消毒过滤的洁净海水,盐度要求与养殖水一致。如果养殖区水域盐度过低,那么装运前还应加海水晶将装运水盐度调升到 5～10。

2. 装运前的准备

菊黄东方鲀装运前一般要求停食 1 天,鱼围入网箱中后要暂养 1 h,以排空腹中的粪便和减少应激反应,期间用增氧机增氧形成一定的水流,使密集在网箱中的鱼不断顶水"养醒",以减少运输过程中黏液的分泌及排泄物的产生,减少运输水质的败坏,提高运输成活率。

3. 装运密度及技术要点

菊黄东方鲀不耐低温,冬春季节,运输时一般水温控制在 10～12 ℃,一个有效水体 1 m³ 的塑料箱一般可装运菊黄东方鲀 150～200 kg。如果夏天运输的话必须进行降温处理,首先把活水箱中的水加冰降温 3～5 ℃,然后装鱼,鱼装好后再逐步加冰降温 3 ℃左右,使鱼处于一种相对低温状态,一个有效水体 1 m³ 的塑料箱一般可装运菊黄东方鲀 80～100 kg,但在装运过程中始终要用气泵进行充气打氧,使箱内水花呈沸腾状,以减少运输鱼下沉堆积;有条件的活水车还可以加充纯氧,来提高水体的溶解氧水平,从而提高运输的成活率。如果条件允许,可先将鱼拉回室内进行梯度降温,使鱼先适应合适的运输水温后再装运是最好的。活水车运输时间一般控制在 5 h 以内,如果要长时间和超长距离运输的,则运输途中需要彻底换水 1～2 次。

7.2　增殖放流技术

渔业资源人工增殖放流是人为地将产卵的鱼、虾、蟹类亲体,采用人工产卵、孵化、培育成幼鱼、虾、蟹,然后将这些幼体投放到天然水域中去,使它们自行降河入海的过程。人工增殖放流是调整鱼类区域,补充鱼类资源,充分利用天然水域资源,提高鱼类品质、产量的有效措施之一。开展渔业资源人工增殖放流活动,是贯彻实施国务院颁布的《中国水生生物资源养护行动纲要》的具体行动,是促进人与自然和谐相处,保护和修复水生生态,实现渔业可持续发展的重要措施。

7.2.1 增殖放流的管理流程

增殖放流的管理流程包括:① 发布信息公开招标,首先由政府部门对准备放流的品种、数量公开发布信息,进行招投标,有资质的各生产单位进行竞标,中标后签订放流合同,然后进行放流品种的生产。② 放流前对放流品种进行种质资源鉴定、药残检测、疫病检测。③ 苗种运输实施放流。下面是上海市水产技术推广站2016年增殖放流合同样本。

水生生物增殖放流苗种采购合同书

甲方:＊＊市渔政监督管理处　　　　　　负责人:

地址:　　　　　　　　　　　　　　　　邮政编码:

联系人:　　　　　　　　　　　　　　　联系电话:

乙方:上海市水产技术推广站　　　　　　负责人:

地址:上海市佳木斯路＊＊号　　　　　　邮政编码:

联系人:　　　　　　　　　　　　　　　联系电话:

为顺利组织实施好我市2016年自然水域水生生物增殖放流工作,根据2016年＊＊市水生生物增殖放流苗种采购招标结果,双方就增殖放流苗种采购事宜达成协议如下。

第一部分　采购内容

一、甲方向乙方采购:

1. 菊黄东方鲀(标的编号SH2016＊＊)5万尾,规格全长6 cm以上;

2. 三疣梭子蟹(标的编号SH2016＊＊)20万只,规格壳宽1.5 cm以上;

3. 梭鱼(标的编号SH2016＊＊)10万尾,规格全长4 cm以上;

4. 刀鲚(标的编号SH2016＊＊)2万尾,规格全长8 cm以上。

二、双方约定苗种价格(包括运输费、包装费等)如下:

1. 菊黄东方鲀:总价＊＊万元;

2. 三疣梭子蟹:总价＊＊万元;

3. 梭鱼:总价＊＊万元;

4. 刀鲚:总价＊＊万元。

合计：＊＊万元整(＊＊万元)。

三、双方约定苗种交付的时间如下：

1. 菊黄东方鲀交付时间为 9 月中旬,交付地点为杭州湾＊＊沿岸;

2. 三疣梭子蟹交付时间为 6 月下旬,交付地点为杭州湾＊＊沿岸;

3. 梭鱼交付时间为 6 月中旬,交付地点为长江＊＊段;

4. 刀鲚交付时间为 10 月下旬,交付地点为长江＊＊段。

第二部分　苗种生产

四、乙方应严格按照《＊＊市自然水域渔业资源增殖放流苗种定点培育基地规范(试行)》建立内部管理制度和质量保证制度。苗种培育期间接受甲方的检查与督促。

第三部分　种质鉴定

五、乙方应邀请＊＊市水产良种审定委员会对增殖放流苗种进行种质鉴定。苗种交付时,乙方应向甲方出具该批苗种的种质鉴定报告。

第四部分　药残检测

六、乙方应按相关规定对增殖放流苗种进行药物残留检测。按照《水生生物增殖放流苗种质量安全检验规范(试行)》(＊渔政〔2011〕＊＊号)(以下简称《检验规范》)规定,乙方选择以下第＿＿种方式进行药物残留检测,检测不合格按照该规范执行。

(一) 按《检验规范》第六条之规定,提前 15 天,申请由所在地渔政管理检查站抽样送检,由＊＊市水产品质量监督检验站进行药物残留检测。

(二) 按《检验规范》第七条之规定,放流时,提供经农业部资质认定的水产品质量监督检验部门出具的检验报告,并接受甲方的抽样送检。

(三) 按《检验规范》第七条之规定,提前 15 天,书面向甲方申请由甲方放流时现场抽样送检,检测结果不合格不得申请复检。

第五部分　疫病检测

七、乙方应对增殖放流苗种进行疫病检测。乙方按双方约定的放流时间提前一周抽取苗种样品送至甲方指定单位进行疫病检测,疫病检测通过,双方按约定时间开展放流。

第六部分　放流实施

八、乙方应根据本合同第三条约定的时间一次性交付苗种。如因天气变化等原因,苗种提供时限可放宽至一个月(如苗种约定放流时间为 11 月中旬,则放流时限可放宽至 11 月 1 日至 11 月 30 日,其他依此类推),如无其他约定,超过时限未能履行合同的,视作乙方单方面中止合同。

九、乙方应提前一周以上向甲方提出放流申请,以便甲方安排工作。

十、甲方按照《水生生物增殖放流苗种验收方法(试行)》进行验收。验收完毕,双方在《增殖放流苗种交付验收单》上签字确认。《增殖放流苗种交付验收单》由乙方保存,是乙方申请经费的必备要件。

十一、乙方提供苗种数量符合合同要求数量,甲方全额支付苗种费用。

十二、乙方不能按合同约定数量提供放流苗种,但提供数量达到约定数量的 85%,乙方承诺同意甲方可根据实际提供数量支付相应苗种经费后,甲方组织放流。

十三、如果乙方提供苗种未达到约定数量的 85%,双方约定按下面第____种方法处理。

(一)中止合同,不再安排放流,甲方放弃追究乙方责任的权利,暂停乙方一年参与该苗种竞标的资格。

(二)乙方承诺甲方根据约定单价的 80%,按实际提供数量支付苗价,甲方组织放流,暂停乙方一年参与该苗种竞标的资格。

十四、如果乙方提供苗种数量未达到约定数量的 70%,甲方直接中止合同,并暂停乙方一年参与竞标的资格。

十五、一天内分批次组织放流,实际数量不足 85% 的,不论乙方是否承诺,均按合同第十三条第二款结算苗种经费。

第七部分　经费拨付

十六、甲方将根据全市增殖放流进度分两次拨付增殖放流苗种经费(6 月和 10 月),已全部完成或部分完成放流任务的单位可于上述时间前向甲方申请拨付苗种经费。

十七、乙方应填写《苗种经费申请拨付单》附《增殖放流苗种交付验收单》复印件,向甲方申请拨付。

十八、甲方按照财政专项的有关要求划拨苗种费用。

第八部分　其他条款

十九、合同执行过程中,甲方不得无故解除合同或不履行合同。甲方提出变更合同有关内容时,应与乙方协商并达成书面补充协议。

二十、本合同正式文本一式 4 份,甲乙双方各执 2 份,每份具有同等效力。

第九部分　签约双方

甲方:　　　　　　　　　　　　　　乙方:

＊＊市渔政监督管理处(章)　　　　　乙方名称(章)

代表签字:　　　　　　　　　　　　代表签字:

签约日期:　　　年　　月　　日

7.2.2　增殖放流的具体操作方案

1. 放流时间

长江口及杭州湾地区,菊黄东方鲀放流的时间一般选择 10～11 月,因为随着季节的变化水温下降,有利于菊黄东方鲀的拉网捕捞、运输等操作,而且 10 月份时,当年人工繁育菊黄东方鲀苗种生长也已基本达到 10 cm 左右的放流规格,如果再提前放流时间由于水温较高不利于操作,而且放流鱼规格可能也还没有达标;如果再推迟的话,寒潮来临,过低水温会冻伤所放流的菊黄东方鲀鱼种,影响放流鱼种的成活率。放流的日期一般选择大潮期间,当天涨潮的高潮位时间段有利于菊黄东方鲀洄游到大海。

2. 放流前相关的检测工作

放流的具体日期确定以后,在放流前一周内由当地的渔政部门上门对放流鱼种进行采样,样品采集后当场封存并送相关的检测机构进行药残及疫病的检测。检测结果合格以后,放流的前 1～2 天内将放流鱼拉网捕捞运回到室内水泥池进行暂养。

3. 拉网锻炼

放流的具体日期确定以后,在放流前 1 周,需要拉网锻炼,拉网前一天停食,将鱼拉在一起,进行取样操作后,立即放回,这个操作与运输前拉网锻炼类似,拉网锻炼一方面可增强鱼种的体质和对外界环境的抵抗力,减少运输和暂养过程中的死亡,同时使鱼习惯于惊扰刺激和密集的环境,减少鱼体在运输中分泌黏液,便于运输;另一方面获得养殖塘中鱼的基本数据(如数量、体长、体重等)。

4. 拉网入池

菊黄东方鲀放流前 1～2 天,正式拉网进入暂养池,一般先拉半塘,之后全塘,再全塘重复操作直至拉不到鱼或拉到的鱼很少(一般不到 200 尾)为止,拉到的鱼转移到网箱(长 160 cm×宽 95 cm×深 50 cm,入水深 35 cm,有效水体 0.5 m³)中,开动增氧机,网箱靠近增氧机,网箱暂养 30～60 min 后进行运输。

5. 水泥池暂养

水泥池暂养有利于放流品种的运输,为放流做好充分的准备,可以精确地掌握放流的具体时间。暂养池可利用室内育苗池或大型水泥养殖池,室外暂养池要用遮荫膜进行遮光处理,水泥池中要配备气石不间断进行充气增氧,如一个面积 200 m²,水深 1.5 m 的水泥暂养池,水温 25 ℃以下时可暂养菊黄东方鲀鱼种(规格全长 6～8 cm)3 万～5 万尾,暂养期间不投喂饵料,暂养时间为 1～2 天。通过暂养可以使鱼腹中的残饵、粪便及黏液等排出,同时鱼种逐步适应高密度的环境,有利于放流时的运输,提高放流的成活率。

6. 拉网装运

放流的当天根据潮汐确定高潮位的具体时间,然后定上船的时间,根据上船的时间推算装车的时间,然后确定暂养池拉网的时间。拉网时将鱼围入网箱中,然后在网箱中暂养 30～60 min 使鱼充分"养醒",然后开始装车,装车前应把活鱼箱(长 1 m×宽 1 m×高 1 m)中的水加好,一般先加箱体 2/3 的水量,然后放入冰块并充分曝气使水温下降 3 ℃左右,然后开始装车,等鱼全部装好后在每一个箱子中再加入适量的冰块使水温再下降 1～2 ℃,这样可以减少鱼种的新陈代谢及生物耗氧,从而增加装运密度,提高运输成活率。

7. 运输

运输包括陆上和海上两个部分,事先要做好充分的准备,首先要联系好活水车、吊车、码头及放流船只。活水车一般选用拦板式大货车,便于活鱼箱的吊运,一个 8 t 的大货车可以装载 8～10 个水体为 1 m³ 的活鱼箱。每个水箱配备一组气石不间断的充气增氧,气泵选用功率 130 W 的直流电瓶泵,每个气泵可以给 2～3 个水箱连续充气增氧,用 12 V 的电瓶给气泵供电。每个箱子可以装载放流鱼种 150～200 kg。如果整个装运放流的时间控制在 5 h 以内,则成活率可达到 100%(图 7-3,图 7-4)。

图 7 - 3 活水车运输及塑料箱上船

图 7 - 4　船上运输

8. 海上放流

当活鱼车到达码头上,把活鱼箱用吊车吊入船上时,同时把气泵及电瓶带上,使活鱼箱不间断地充气增氧,活鱼箱全部吊上船以后,立即驶往指定的放流海域,监测水温及盐度后,将鱼捞入海洋,在放流过程中注意轻捞轻放,防止鱼体受伤。

7.2.3　标志放流技术

鱼类标志放流技术始于 1886 年 Petersen 等计算封闭水体鱼类种群大小和死亡率实验,此后,该技术不断发展成为一种研究鱼类洄游和鱼类资源的方法,先在鱼体上做标志,然后通过重新捕获标志鱼,根据标志放流记录和重捕记录,绘制鱼类标志放流和重捕的分布图,以推测鱼类游动的方向、路线、范围和速度等;若进一步结合鱼类体长、体重和年龄等资料,可研究鱼类的生长和死亡规律,以及检验增殖放流的效果等(洪波和孙振中,2006;陈锦淘和戴小杰,2005)。在我国,鱼类标志技术主要应用于增殖放流领域,通过对海洋经济鱼类进行标志和回捕,追踪鱼类洄游路线,分析个体生长状况和回捕率,定量评估渔业资源增殖效果和渔民增产增收情况,从而为海洋渔业资源的可持续发展提供坚实基础。

1. 标志放流的方法

鱼类标志放流的方法主要有体外标志法和体内标志法(陈锦淘和戴小杰,2005),各方法具有不同的优缺点及适用范围,具体可参见表 7-1。挂牌标志法(体外标)具有操作简单、易于识别、成本低廉等优点,是国内最普遍采取的标志方法,已有学者利用该方法进行了双斑东方鲀的标志放流(方民杰和杜琦,2008)。

表 7-1　渔业中采用的标志方法及其相互之间的比较(洪波和孙振中,2006)

	标 志 方 法	优 点	缺 点	适 用 种 类
体外标志法	切鳍法	操作简单,费用低	发现较困难,对鱼类损伤较大	小冠太阳鱼、鳟、真鲷
	剪棘法	方法简单,费用低	标志易随个体生长而消失	三疣梭子蟹
	挂牌标志法(体外标)	费用低、易发现、可回收	操作复杂,对鱼体损伤较大,保存率低,对小个体不适用	裸头鱼、北极红点鲑、真鲷、黑鲷、大黄鱼、小黄鱼、中华鲟、中国对虾、三疣梭子蟹

（续表）

标志方法		优 点	缺 点	适 用 种 类
体外标志法	入墨法	方法简单、费用低	标志易褪色、保存率低	石斑鱼、真鲷、牙鲆
	荧光色素法	方法简单、可大规模标志	适用范围广、保存率高、标志易于发现、对鱼体损伤较小	硬头鳟、银大麻哈鱼、罗非鱼、真鲷、黑鲷、大黄鱼、中华鲟
体内标志法	线码标志法	适用于很小的个体、对鱼类影响很小、保存率较高	不易发现、标志装置昂贵	大口黑鲈、金体美鳊、蓝鳃太阳鱼、真鲷、大黄鱼
	被动式整合雷达标志法档案式标志法分离式卫星标志法生物遥测法	保存率较高、所含信息量大	费用高、操作较复杂、难以发现、不适合大规模标志	眼斑拟石首鱼、条纹狼鲈、中华鲟、金枪鱼

2. 标志放流及回收

目前，菊黄东方鲀的标志放流还比较少，还处于尝试阶段。上海市水产研究所从 2012 年开始采用挂牌标志法进行菊黄东方鲀的标志放流及回收工作。

（1）具体操作

菊黄东方鲀大规格鱼种从室外池塘转移到水泥池暂养后，一般 1～2 天后，待鱼稳定，拉网取一定数量的鱼放入网箱（长 160 cm×宽 95 cm×深 50 cm，入水深 35 cm，有效水体 0.5 m³）中，每个网箱放鱼 1 000～1 500 尾，放置 2 个气石增氧，待 30～60 min，开始对鱼进行标志，标志菊黄东方鲀体长为 9～11 cm，将聚丙烯材质的椭圆形标记牌（2.3 cm×1 cm）（图 7 - 5）（洪波等，2013），利用

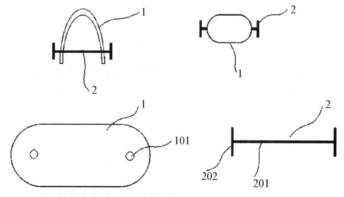

图 7 - 5　菊黄东方鲀所用的椭圆形标志牌及连接图示（洪波等，2013）

　　1.椭圆形标记牌；2.“工”字形连接部件；101.贯穿孔；201.连接杆；202.连接杆两端的支撑板

"工"字形塑料部件(长度 1.5 cm)通过穿透鱼体的方式固定于鱼的尾柄处,椭圆形标志牌记录联系方式及鱼的编号等信息(图 7 - 6)。做好标志的菊黄东方鲀放入暂养池中,混入未标志的鱼中,之后一同进行放流。

图 7 - 6　标志操作

(2) 标志放流后的回收

2012 年 10 月底,上海市水产研究所利用＊＊市渔政监督管理处的＊＊船在东海大桥附近水域进行了海上放流 11 万尾菊黄东方鲀(平均体长 8 cm),其中包含 2 000 多尾经标志的菊黄东方鲀。此后,于 2012 年 11 月 18 日,在上海柘林外 2 海里处用定置网捕获了一尾标志菊黄东方鲀;于 2012 年 12 月 5 日,在江苏吕四外捕获了一尾标志菊黄东方鲀;2013 年 3 月 5 日,在南汇大治河外捕获一尾标记菊黄东方鲀。由捕获的标志菊黄东方鲀反馈信息初步判断,标记菊黄东方鲀放流后至少分成两个群体,这两个群体分别向上海奉贤和江苏吕四方向游动。

增殖放流的典型案例

上海市水产技术推广站连续多年承担上海市渔政监督管理处安排的菊黄东方鲀增殖放流活动,从 2007 年开始累计放流菊黄东方鲀约 76 万尾(表 7 - 2)。通过每年经常性的放流,旨在增加该海域菊黄东方鲀的种质资源数量,补充和恢复渔业资源,促进海洋生态持续健康发展。

表 7-2　上海市水产研究所各年度放流数据

年份	数量/万尾	平均全长/cm	平均体重/g	放流时间
2007	8	>6	—	—
2008	5	>6	—	—
2009	8	>6	—	—
2010	8	11.61	40.22	11 月上旬
2011	8	9.42	23.59	10 月下旬
2012	11	9.36	43.65	10 月下旬
2013	9	11.74	44.34	11 月 14 日
2014	9	10.02	44.45	10 月 15 日
2015	10	7.53;9.29	12.38;23.58	9 月 16 日;10 月 14 日
总计	76			

案例一

2014 年 10 月 15 日上海市水产技术推广站在杭州湾上海沿岸和东海大桥海上风电场水域分别放流 5 万尾和 4 万尾菊黄东方鲀,平均全长为 10.02 cm,平均体重为 44.45 g,共计 9 万余尾,其中 6 000 尾进行了标志,以便今后开展资源调查、增殖放流效果评价等相关研究。

案例二

2015 年 9 月 16 日和 10 月 14 日上海市水产技术推广站分两批分别放流了 10 万尾菊黄东方鲀,圆满完成了 2015 年度菊黄东方鲀的增殖放流工作,放流的菊黄东方鲀平均全长约为 10 cm,平均体重约 40 g。

第**8**章 菊黄东方鲀的病害防治

人们在养鱼生产的过程中逐步发展形成了鱼病学,鱼病学的内容迄今仍主要限于对具有一定养殖历史的鱼类疾病的研究。东方鲀的养殖历史较短,菊黄东方鲀更短,仅有十多年的养殖历史,因此对于菊黄东方鲀病害的研究相对较少,本章中关于菊黄东方鲀的病害防治内容是相对肤浅的,主要是结合作者工作中所遇到的一些病害问题,以及近几年有关养殖专家所报道的疾病情况加以阐述。

8.1 病害的预防

"无病先防,有病早治",病害的预防是水产养殖生产的重要环节,在规模化的人工繁育和养殖生产过程中有着决定性的作用。在水产养殖生产实践中,人们总结出来独特的"四消四定"的有效预防措施,使水产养殖的发病率大为降低。由于鱼类生活在水中,病害不易被及时发现和诊断,即使治疗也难以立即奏效。内服药一般只能由鱼主动吃入,当鱼患病较重时,鱼已失去食欲,即使有特效药物,也很难达到治疗效果。外用药一般多是用药浴或者全池泼洒的方式进行治疗。因此,病害预防措施,既要注意消灭病源、切断传染与侵袭的途径,又要提高鱼体的抗病力。只有采取综合性的防治措施,才能达到预期的防病效果。长期的实践证明,病害的防治只有做到"全面预防、积极治疗",才能保证水产养殖的稳产高产(周国平,2002)。

8.1.1 控制和消灭病原体

1. 清塘消毒

通常所说的彻底清塘,包括两个方面的内容。一是清整池塘,养殖池在连续饲养的情况下,池底堆积大量的粪便、残饵、动植物的腐殖质等,它不仅是病原菌滋生的温床,而且其分解时需消耗大量的氧气,产生硫化氢、氨等有毒气体,严重危害鱼体的健康。因此,要及时清除淤泥层。二是药物消毒,苗种放养前应将池塘进行药物消毒,如每亩用 100~200 kg 生石灰或者 10~20 kg 漂白粉全池塘底泼洒消毒,药效期为 7~10 天。池塘是鱼类生活栖息的地方,也是病原体的繁衍场所,池塘环境的清洁与否,直接影响到鱼类的健康,所以一定要彻底清塘消毒。

2. 鱼体消毒

看似健康的鱼种也会携带一些病原体,放养时不消毒处理的鱼种会把外界的病原体带入池塘中。因此,鱼种放养前要进行鱼体消毒,同时在鱼体消毒前,也要做好病原体的筛查,根据病原体的不同种类分别采用不同的药物进行鱼体消毒处理,鱼体的消毒一般采用药浴法(药物浸洗法)。药浴消毒的时间视水温高低、鱼的游动情况灵活掌握。同时大规模药浴消毒前,一定要做小试验,即先用小批量的鱼消毒,看看鱼的情况,再灵活调节消毒剂浓度和消毒时间。

1) 漂白粉消毒:用漂白粉进行消毒主要防治细菌性皮肤病和鳃病,用 1~2 mg/L 的漂白粉(晶体含有效氯 30%)水溶液浸洗鱼种大约 10 min。菊黄东方鲀幼鱼对漂白粉特别敏感,使用时一定要特别谨慎,大规模使用漂白粉消毒前,一定要做小试验,了解鱼的耐受力。

2) 漂白粉和硫酸铜合剂消毒:除了能防治细菌性皮肤病和鳃病外,还能防治由原生动物引起的大部分皮肤病和鳃病。用量为 1~2 mg/L 的漂白粉(含有效氯 30%)及 8 mg/L 硫酸铜溶液。使用时应注意将漂白粉和硫酸铜分别溶化后再混合,浸洗 10~15 min。

3) 高锰酸钾消毒:主要用于防治指环虫病、三代虫病、车轮虫、斜管虫等。用 20 mg/L 高锰酸钾水溶液,水温在 10~20 ℃时浸洗 20~30 min。

3. 饵料消毒

病原体也能随投喂的饵料带入鱼体内,特别是动物性饵料如螺蛳、饲料鱼等,投放的饵料必须清洁新鲜;同时,投喂前,必须消毒处理。

4. 工具消毒

养鱼用的各种工具,往往是传播鱼病的媒介,如发病池所用的工具;这些应与其他的工具分开,避免将病原体带到其他鱼池。若工具缺乏、无法分开使用时,应将发病时用过的工具消毒处理后再使用。一般网具可用 10 mg/L 的硫酸铜溶液浸洗 20 min,晒干后再使用;木制工具可用 50 mg/L 漂白粉溶液消毒处理后,在清水中洗净再使用。

5. 饲料台消毒

饲料台常有残余饵料,残余饵料腐败后会滋生大量病原体,特别是在水温较高、鱼病流行季节,更应加以注意,每隔 1～2 周用 550 mg/L 漂白粉溶液消毒处理饲料台 1 次。

6. 体内的药物预防

体内病原的药物预防常采用口服法,将药拌在饵料中制成药饵投喂,用药时一般改投鳗鱼粉状饲料,因为鳗鱼饲料可以将药物很好地包裹起来,使其在水中不易散失,菊黄东方鲀也比较喜欢吃。同时投饵量应比平时减少 30％左右,以利于菊黄东方鲀将药饵尽快吃完。一般每隔 4 周投喂抗生素药饵一个疗程,即每千克饲料用土霉素 0.1 g,或青霉素 0.2 g 拌成药饵连喂 3～5 天。

8.1.2　增强抗病能力

病原体是否能引起生病,要看鱼体本身对疾病的抵抗能力,在相同的环境条件下,体质弱的鱼易于发病,因此,为了增强鱼本身对疾病的抵抗能力,采取以下具体措施。

1. 投饵做好"四定"

"四定"即定时、定量、定质、定位。"定时"是指投喂饵料的时间固定,如春季每天上午、下午各投 1 次,即上午 8:00～9:00 投 1 次,下午 15:00～16:00 投 1 次。喂食时间不是机械的,应随季节气候的变化,做适当调整,如早晨重雾、浮头和下大雨,投饵应适当延时。在集约化养殖池投饵的原则是"少量多餐",即投饵次数要多,每次的投入量要少。"定量"是指每次投饵的数量要均匀适当。菊黄东方鲀成鱼一般以 1 h 内吃完为适宜。若有吃剩的残饵,应及时捞除,不应任其在池内腐烂发酵败坏水质。"定质"是指投喂饵料质量稳定,要新鲜,具有适宜的营养成分,不含有病原体或有毒物质,不发霉变质。"定位"是指投饵的位置固定(一般多用饲料台投饵),使鱼养成固定的在吃食地点吃食的习惯,这既有利于观察鱼类动态、检查鱼的吃食情况,又有利于在鱼病流行季节进行药物预防。加强饲养管理,通过饲养管理增加鱼体对致病因素的内在抵抗力。

2. 加强日常预防管理

发现病情要及时处理,以防止鱼病的发展和蔓延。鱼生病早期大致有以下一些征兆:鱼体消瘦,体色发黑,离群独游或停在池边,鱼体浮出水面,鱼的吃食量突然减少,池中突然出现死鱼等。

日常管理中:勤除敌害及中间宿主,及时捞出死鱼,定期清理食场,阻止病原体的繁殖和传播;注意观察水质,水质与菊黄东方鲀的健康有着极为密切的关系,应通过以下措施加强水质管理。① 控制放养密度,放养密度过高,超过水体负荷能力,会导致溶氧量降低,水质恶化,造成鱼类滋生疾病。② 定期加换新水,随着水温的变化和鱼体的增长,适时调节换水量,改善水体水质。一般每两周换水 50% 左右,并保持 1.5～2.0 m 的水深。

3. 细心操作,防止鱼体受伤

在水环境中或多或少地存在着致病菌或寄生虫。菊黄东方鲀体表没有鳞片保护,极容易体表擦伤,鱼体表受伤时,就会给病菌或寄生虫提供侵袭机会;同时,菊黄东方鲀鱼体无肋骨和肌间刺,内脏极易受挤压而造成内脏出血死亡。因此,拉网起捕、进箱搬运时,操作应当认真,尽量用水桶带水搬运,防止干运、体表擦伤、鱼体挤压受伤。

8.1.3 越冬期病害的预防

越冬期间菊黄东方鲀的养殖密度、水温、水质等环境条件均较平时有很大的改变,由于进越冬棚时经过捕捞操作、运输等引起的机械损伤,以及进棚后的密集养殖,极易引起传染性疾病。因而防病工作尤为重要。鱼种入棚前应彻底清洗消毒,每隔 2 周要用药饵预防一个疗程(3～5 天)。换水时要注意温差的变化,水温低于 10 ℃时尽量不换水。

8.2 鱼病的检查与诊断

为了有效地治疗鱼病,首先要对疾病进行正确的检查和诊断,只有对症下药,才能收到良好的治疗效果。检查和诊断的方法可从以下 3 方面进行。

8.2.1 发病鱼塘现场调查

鱼病的发生,除了病原生物直接感染外,还应考虑到池塘周围环境和水体物理化学状况的变化对鱼类发病的影响。发病鱼塘现场调查,可为全面查明病因、及时发现和正确诊断鱼病提供依据。

1. 调查发病鱼塘的环境和发病史

发病鱼塘环境包括周围环境与内环境。前者是指了解池塘周围有哪些工厂,工厂排放出的污(废)水中有哪些对鱼类有毒的物质,这些污(废)水是否经过处理后排放等。后者是指池塘水体环境,着重了解放养鱼种前清塘的方法、清塘药物的剂量、清塘后放鱼种的时间、鱼种消毒的药量等。

2. 调查池塘水质状况

(1) 水温

水温随着季节不同而变化,水温高低与鱼病的发生和流行有着密切的关系。一般病毒性和细菌性疾病,在水温 25~30 ℃时传染性最强,32 ℃以上和18 ℃以下传染力减弱。有的寄生虫病,如车轮虫病和指环虫病是夏季危害鱼苗、鱼种的流行病。而有些鱼病如小瓜虫病、斜管虫病,通常在 20 ℃以下发病,属于低温季节的流行病。而水温的突然下降,也会使菊黄东方鲀鱼鳍基部充血。

(2) pH

池塘有机质多,池水较脏。一般 pH 低的酸性水常常引起嗜酸性卵甲藻的暴发,pH 较高的海涂盐碱池塘,易使三毛金藻大量繁殖,分泌毒素致使池鱼中毒死亡。

(3) 溶解氧

池塘由于长期不清塘,塘底堆积着大量的淤泥和饵料残渣,在高温季节,容易发酵分解,消耗水中大量的氧气而使溶解氧迅速降低。同时,厌氧细菌分解有机质产生硫化氢、甲烷等有害气体,严重时使鱼类中毒,同时也加剧了池水溶解氧的减少。

3. 调查饲养管理情况

1) 了解鱼种放养情况:如果放养过密,就会出现相互拥挤、咬尾、摄食不足、生长不良的现象。鱼体对疾病的抵抗力降低,有助于病原感染传播。

2) 了解投饵状况:投喂的饵料不新鲜。若不按照"四定"原则投喂,鱼类很容易患细菌性肠炎病。

3）了解养殖过程中的生产操作情况：在养殖生产过程中，往往由于放养鱼种、运输和拉网时操作不谨慎造成鱼体受伤，内脏受压，使细菌、真菌和寄生虫等病原体乘机侵入伤口，引发多种疾病。

总之了解发病池塘水温、pH、溶解氧的变化，以及饲养管理和环境因子，对正确查明池鱼发病原因，及时合理拟定防治方案是非常重要的。

4. 如何及时发现池鱼发病

菊黄东方鲀生活于水的中下层，患病初期常常不易被发觉。要及时发现鱼病必须坚持每天早、中、晚 3 次巡塘，观察鱼吃食、活动和体色的变化。

1）吃食：健康鱼一般食欲旺盛，投喂饵料后很快来食场吃食，通常 20～30 min 吃完，而且每天食量正常，患病鱼则食欲减退，剩下饵料很多或停止吃食。

2）活动：健康的菊黄东方鲀很少到水面上来，所以，水面上很少能看到鱼。患病鱼往往在水面离群独游，或时游时停。

3）体色：健康鱼体色鲜艳，富有光泽。患病鱼则背部和头部发黑，如细菌性肠炎病等，有的体表分布白点，如黏孢子虫病或小瓜虫病。也有的肌肉出血发红或红鳍红鳃盖，如出血病。

8.2.2 肉眼检查

养殖户或技术员通过肉眼来检查鱼病，根据疾病表现的症状和肉眼所看到的寄生虫进行诊断。采用这种诊断要求检查的病鱼，必须是刚死或死后不久的新鲜鱼，检查的数量为 5～10 尾，检查的部位主要集中在体表、鳃瓣和肠道。

1. 体表

将病鱼置于白瓷盘内按顺序对头部、嘴、眼、鳃盖鳞片和鳍条等处仔细观察。在体表可看到各种病的症状和大型寄生虫，如发现病鱼以肌肉、鳃盖和鳍基充血发红，可诊断为低温、擦伤、维生素缺乏症。鱼体生有白点状孢囊，则为黏孢子虫病。肛门红肿，轻压腹部有些黄色黏液从肠道流出，则为肠炎病。体表鳍条布满着大小均匀的白色小点薄层，则为小瓜虫病。

2. 鳃瓣

用剪刀将鳃盖除去，观察鳃丝是否异常。若发现鳃丝糜烂，末端软骨外露，黏液较多,或附有污泥,可能为细菌性烂鳃病;鳃呈粉红色或有时有点状出血,则可能为鳃霉病;鳃丝苍白多黏液,鳃盖外张开,则为指环虫病;鳃丝上有白点或孢囊,则为黏孢子虫病。

3. 肠道

用剪刀从肛门深入,向前剪至胸鳍基部,然后再回肛门部位向左上方沿侧线剪至鳃盖后缘,向下剪至胸鳍基部,除去整片侧肌。先观察内脏有无腹水,后用剪刀,从靠咽喉部位的前肠和肛门的后肠剪断,取出整个内脏置于盘中,将肝、胆、脾、鳔等器官逐个分开。再剪开肠管,去掉食物残渣和粪便。进行仔细观察,若发现肠壁充血发炎,即为肠炎病。肠壁有稀散或成片的小白点,则为黏孢子虫病或球虫病。

8.2.3　显微镜检查

肉眼检查往往局限于大型寄生虫病和症状较明显的鱼病,而对一些小型寄生虫引起和症状不明显的鱼病,则需要显微镜检查,镜检的鱼必须是刚死或未死的病鱼,检查的部位重点是体表、鳃丝和肠道,必要时还可检查其他器官。

1. 体表

用解剖刀刮取体表少许黏液置于载玻片上,加滴适量蒸馏水,盖上盖玻片,镜检。常可发现车轮虫、斜管虫等寄生虫,若发现白点或黑色孢囊,压碎后可看到黏孢子虫或吸虫囊蚴。

2. 鳃丝

用剪刀将左右两边的鳃完整地取出,分开放在培养皿内,做好左右标记。先用肉眼检查,后用小剪刀剪取一小块鳃组织放在载玻片上,滴入适量蒸馏水,盖上盖玻片,镜检。在鳃上看到的寄生虫有鳃隐鞭虫、车轮虫、斜管虫、黏孢子虫、指环虫等。

3. 肠道

剖开腹腔,取出肠道,剪开肠管,分别取前、中、后 3 段肠壁上的少许黏液置于载玻片上,滴入适量生理盐水,加盖玻片,镜检。可发现黏孢子虫、球虫、六鞭毛虫及虫卵等。

4. 镜检注意事项

检查的鱼体和取出的各器官要保持湿润;检查器官用的解剖工具,须洗净后再用;使用显微镜时,先用低倍镜后再转高倍镜,没有显微镜,可用放大镜。

8.3 病害及防治

菊黄东方鲀养殖的病害可分为病原性疾病和非病原性疾病两大类,病原性疾病主要是由病毒、细菌、真菌和寄生虫等感染引起的,非病原性疾病主要是由营养不良或水环境恶化等引起的。菊黄东方鲀常见的病害有以下几种。

8.3.1 病毒性疾病及防治

1. 东方鲀肝脏线状出血病(阳清发,2002)

【症状】 病鱼体色发黑,眼前至吻部颜色明显变淡,有时鱼体色变淡而眼前更淡和苍白。有时胸鳍、背鳍、臀鳍、尾鳍基部充血。剖开鱼的腹部,可见到肝脏上有1~2条明显的线状淤血痕,全部是从腹部左侧向右侧上提的。肠中无食物,肠壁有时轻微充血;有时重病鱼表现为特异狂躁乱奔行为,类似东方鲀的白口病症状。

【防治方法】 东方鲀肝脏线状出血病死亡率高,目前尚无有效的治疗方法,主要以预防为主、治疗为辅。调控好水环境,常换水,特别是底层水要及时换掉。发现病鱼及时捞出销毁,对发病池用以下治疗措施,取得了一定的效果。

1) 每千克饲料加0.4~0.5 g氟哌酸拌药饵,连喂5天。

2) 每千克饲料0.1~0.3 g盐酸土霉素拌药饵投喂。

3) 水体泼洒药物:0.5~0.8 mg/L盐酸土霉素。

2. 虹膜病毒性鱼病(阳清发,2002)

在东方鲀幼鱼及成鱼养殖的高水温期患病鱼较多。经对病鱼采用姬姆萨染色对虹膜病毒的观察,虹膜病毒性鱼病与染肉毒病、弧菌病同期发生,是细菌性和寄生虫性鱼病感染而引起的病毒病。

【症状】 鱼体色黑化成褐色,肉眼观察,常见鱼在水体表层进行缓慢游动或呈无力竖游状;鱼体表和鳍有出血,类似于擦伤状,大部分病鱼眼球白浊。解剖病鱼,可见脾脏肥大并呈黑色,有时也褪色变成粉红色。用姬姆萨染色对脾脏作病理切片观察,可见脾脏细胞大多数肥大呈球形。

【防治方法】 虹膜病毒性鱼病目前尚无特效药物治疗,主要以预防为主。

1）对种苗的饲育应加强管理,控制好养鱼场的养殖水环境。

2）低密度养殖,患病高峰期的水温在 22～23 ℃,一旦鱼体患有单殖类吸虫皮肤寄生虫病,就应及时驱虫或更换网箱,把鱼种移入 24 ℃以上的海区养殖。

3）在水温 24 ℃以上,要相对减少投喂量,适量投喂维生素 C 及免疫强肝剂等营养物质,以提高鱼体的抗病力。

4）在鱼患病阶段,停止投饵,根据情况慎重试投喂含抗生素药物的药饵。

3. 白口病(阳清发,2002)

【症状】　病原为一种病毒。病鱼口吻部发生溃烂变白,故名白口病。因为菊黄东方鲀有相互撕咬的异常行为,所以口吻部很容易被病毒感染,病鱼口吻部溃烂变白异常。剖检时发现肝脏几乎全部呈线状出血,但其他器官无异常现象。1982 年在日本的一些东方鲀养殖场发现该病,其引起了较高的死亡率。在我国尚未发现。由口吻部溃烂变白和互咬的异常行为可以初诊。确诊需从病鱼的脑和肾中分离出病毒,观察出细胞病变,或用电镜观察脑神经细胞病变并发现病毒样粒子。

【防治方法】　无有效的治疗办法,应以预防为主,及时分选分养避免密度过大,保证饵料优质。

8.3.2　细菌性疾病及防治

1. 烂鳃病(黄东文,2002)

【症状】　病原体为肠杆菌,病鱼体表发黑,反应迟钝,游动缓慢,趴在水面或池边缓慢游动,食欲减退或停止摄食,用手抓鱼,鳃丝有血流出。解剖发现鳃呈灰白色或淡红色,鳃丝肿胀,严重时鳃丝缺损,鳃丝软骨外露。镜检取一部分鳃丝及黏液放在载玻片上,加 2～3 滴蒸馏水,盖上盖玻片,放置几分钟后观察。在鳃丝边缘菌体群集成柱状或草堆状,不停抖动或摆动,也可见单个菌体的游动。鳃丝末端腐烂,鳃丝卷曲。

【防治方法】

1）将病鱼捞出放入淡水中浸泡 5～10 min。

2）用甲醛 2 mg/L 浸洗病鱼 3～5 min 可杀灭细菌。

3）用强氯精 0.5 mg/L 泼洒,连续 3 天,菊黄东方鲀对此药极为敏感,慎用。

4) 每千克饲料用 0.2～0.4 g 氟哌酸拌药饵,连喂 5～7 天。

5) 改配合饲料为鲜活饵料,或内服抗生素,每千克饲料用 0.10～0.25 g 盐酸土霉素拌药饵,连喂 3～5 天。

2. 肠炎病(阳清发,2002)

【症状】 病鱼食欲减退或完全不吃食,初期肛门微红,严重时肛门红肿,直肠脱出肛门外。解剖观察,可见肠壁充血发炎,轻者局部呈红色,重者全肠呈紫红色,多数病鱼肠内无食物,含有许多淡黄色黏液。病鱼游动迟缓,病鱼侧浮于水面,不久即死亡。有时,肠炎病与烂鳃病并发。

【防治方法】

1) 严格执行池塘彻底清塘消毒、水体消毒、鱼体消毒,饲喂坚持定时、定量、定点、定质,即"三消"、"四定"措施,加强日常管理,保持良好水质。

2) 用浓度为 0.4～0.5 mg/L 盐酸土霉素泼洒水体,隔天再用 1 次。

3) 每千克饲料用 0.3～0.4 g 氟哌酸拌药饵投喂,连用 3～5 天。

4) 每千克饲料用 0.1～0.2 g 大蒜素拌药饵,连续投喂 3～5。

3. 东方鲀暴发病(阳清发,2002)

【症状】 病鱼的主要症状为各鳍基和鳍条充血,严重时,各鳍条,上、下颌,眼睛及背鳍基部至尾鳍均严重充血。有时眼眶出血,眼球突出。有的鳃出现不同程度腐烂,黏液多。肠壁充血,肠内无食物;有的肠道内有淡黄色黏液;肝脏淤血或充血;胆囊肿大;脾脏偏黑。病情严重的鱼狂游、乱窜,或静止侧卧于水底不动,最后衰竭死亡。该病死亡率较高,出现症状后 24 h 即开始大量死亡。危险性极大。

【防治方法】

(1) 预防

1) 放苗前,彻底清池消毒,平时每隔 10～15 天用 10～20 mg/L 生石灰全池消毒 1 次。

2) 购优质苗种,适当稀养,鱼种下池前一定要用药物消毒,常用的有 2%～4% 食盐水浸泡 10～30 min。

3) 不投腐烂变质饲料,鲜活饵料必须消毒后再投喂,饲料台定期消毒,经常曝晒。

4) 发病季节定期用药物预防和抗生素拌药饵。

5) 加强水质管理,若水泥池养殖,每周吸污 1～2 次,每周换水 2～3 次,每次换水 20～50 cm,若池塘养殖,每月换水 2 次,每次 20%～30%。

6) 发现病鱼、死鱼及时捞出,深埋或烧掉,工具严格消毒,避免交叉感染。

(2) 治疗

1) 每千克饲料加 0.3～0.5 g 盐酸土霉素拌药饵投喂。

2) 每千克饲料加大蒜素 0.1～0.2 g 和维生素 C 0.1～0.2 g 一起拌药饵投喂,连用 3～6 天。

3) 每千克饲料用 0.4～0.5 g 氟哌酸拌药饵投喂,连用 5～7 天。

4) 用 10～20 mg/L 生石灰全池泼洒。

5) 全池泼洒 0.5 mg/L 盐酸土霉素,连用 2～3 次。

4. 滑走细菌病(阳清发,2002)

【症状】　滑走细菌病又称冷水病。主要由滑走细菌引起,它先于鱼体表皮大量繁殖,然后侵入鱼体内增殖。病灶糜烂,并最终表现为鱼鳃、肝脏、脾脏等贫血;鱼体两侧、尾柄部呈烂洞状,严重的像锐器割破肌肉一样露出赤色伤口,但不出血;也有的病鱼鳃盖下部或腹鳍基部呈发红出血状。该菌在 23 ℃以上不能繁殖。患病期为春(3～5 月)、秋(9～10 月)两季。

【防治方法】　一旦患病,停止投饵,把病鱼收集在规格为 20～30 m³ 的水泥池中,养殖水温提高到 25 ℃以上,经过 2～3 天病原菌就可死亡。这对提高病鱼成活率有一定的效果。

5. 弧菌病(黄东文,2002)

【症状】　病原体为鳗弧菌,是海水鱼常见的鱼病之一。发病前期,鱼摄食下降,且有吐食现象;发病中期,鱼失去食欲,时而漂浮水面,皮肤颜色变深;发病后期,鳍条充血出血,肠道有透明黏液,从发病到死亡约 10 天。

【防治方法】

(1) 预防措施(阳清发,2002)

1) 放养密度不要过大,操作细心,防止鱼体受伤,保持优良水质,不喂腐烂变质饲料,发现个别病鱼立即捞出,隔离饲养或销毁。

2) 用淡水或 4% 的浓盐水清除海水鱼体表寄生虫时,应加抗生素防止细菌感染。

3) 进行人工免疫。在发病季节前,每天每千克鱼投喂福尔马林灭活鳗弧菌种 4 g,连续投喂 15～30 天。此法仅实验有效,生产中使用还需进一步研究。

(2) 治疗方法

1) 盐酸土霉素、四环素或金霉素等抗生素纯粉剂,每天每千克鱼 50～70 mg 给饵。

2) 磺胺甲基嘧啶,或 4-磺胺-2,6-二甲嘧啶(长效磺胺),或 4-磺胺-6-甲氧嘧啶(制菌磺、长效磺胺 C)等磺胺药物粉剂,每千克鱼每天用 200 mg,混入饲料中连续投喂 3～7 天都有效,但在水温 15 ℃以下时鱼不吃食,则口服无效(黄东文,2002)。

3) 水温降低到 20 ℃以下可好转。

4) 可改配合饲料为鲜活饵料(发病初期)。

5) 药浴,第一天用呋喃唑酮 3 mg/L,第二天用土霉素 3 mg/L,第三天用红霉素 1 mg/L,第四、五天用强氯精 0.4 mg/L 泼洒(对发病初中期有效)。

6. 鳃霉病(黄东文,2002)

【症状】 病原体为鳃霉菌,病鱼吃食减少,严重时失去食欲,易漂浮水面,检查鳃丝出血、淤血发青灰白,鱼体、鳃黏液增多,镜检可发现大量的霉菌,应与烂鳃病区分。

【防治方法】 用亚甲基蓝 2 mg/L 泼洒。

8.3.3　寄生虫疾病及防治

1. 小瓜虫病(阳清发,2002)

【症状】 感染小瓜虫的病鱼体表、各鳍鳍膜和鳃会有大量虫体寄生,严重者形成一层白色混浊状薄膜,肉眼可观察到许多白点。病鱼体色发黑,反应迟钝,游动异常,常沿池壁在水中上层快速游动,或头上尾下斜体和池壁摩擦。病鱼摄食差,呼吸困难,游泳无力,最终窒息而死亡。

张跃平等(2011)认为,小瓜虫感染后特别不容易处理,会引起鱼的活动异常、上皮增生、呼吸困难及机械损伤,继而带来病菌的继发感染,导致较高的死亡率。目前,很多杀虫药对它的效果都不太明显,原因是:① 当病原体寄生在寄主的表皮组织后,受到寄主分泌的黏液和上皮组织的双重保护;② 虫体遇到外界不良环境或药物时,会形成胞囊抵抗药物的效用。目前,较有效的办法是施用福尔马林进行药浴和浸泡淡水,这种操作方法对养殖土池不太合适,操作难度也大。因此"小瓜虫病"成了土池养殖鱼类最大的威胁。据观察和了解,"小瓜虫"无所不在,关键是会不会暴发,自然条件下的野生海洋鱼类很少受到海水小瓜虫的严重感染,因为宿主的聚集密度不够,虫体的繁殖量不足以达到严重感染的程度,但在密度较高的鱼类养殖土池,虫体就有可能在短时间内大量繁殖而致病。

【防治方法】

1）鱼下塘前彻底清塘、消毒。

2）淡水浸泡病鱼 10～30 min,连续 3～5 天。

3）用 1.0 mg/L 硫酸铜和 0.4 mg/L 硫酸亚铁合剂全池泼洒。

4）用 30～50 mg/L 福尔马林全池泼洒。

5）用 1.0～2.0 mg/L 舒平全池泼洒。

2. 斜管虫病（阳清发,2002）

【症状】　斜管虫少量寄生时,对寄主无害,大量寄生时病鱼在水面缓慢游动。打开鳃盖,可见鳃上黏液多。在显微镜下观察,鳃丝和黏液中可见许多卵圆形的斜管虫,个体大小为$(35～50)\mu m \times (25～45)\mu m$。

【防治方法】

1）全池泼洒 0.5～0.7 mg/L 的硫酸铜与硫酸亚铁（5∶2）合剂。

2）用 2%～4% 食盐浸浴 15～30 min。

3. 异钩虫病（阳清发,2002）

【症状】　寄生在东方鲀的鳃上。病鱼大都伏底不动,少数在水体中上层离群迟缓独游,不食或食欲差。随着寄生虫体的增加,病情加重,身体消瘦,直到衰竭而死。剪开鳃盖,可见鳃上黏液增多,鳃组织糜烂发白,鳃丝末端肿大,其间夹杂着细小红丝。异钩虫属蠕虫类单殖吸虫,低倍镜（4×10）下镜检鳃片,可见大小不等的黑色虫体,虫体后部有 4 对固着夹,每个夹上有形如"小"字的刺钩固定于鳃片上。解剖鱼体,肝脏发白无血色,肌肉发白,呈严重贫血状。东方鲀异钩虫病从发病至死亡一般历程较长,发病率可达 90% 以上,死亡率 5% 左右。

【防治方法】　用 1 mg/L 甲苯咪唑全池喷洒,72 h 后,虫体可脱落、死亡,同时要及时换水 50%～60%,排除脱落的虫卵,防止以后复发。

4. 三代虫病(阳清发,2002)

三代虫病主要危害菊黄东方鲀 1 龄鱼,若不能即时发现会增加死亡。故此病的早期诊断十分重要。

【病因及症状】 三代虫病是扁形动物门单殖吸虫纲多钩亚纲的三代虫寄生在体表各处及鳃孔内膜等处所致。早期根据病鱼的外观难以判断。此病多发于水温下降时,如发现鱼游泳、摄食不活泼,体表有部分黏液白浊,胸鳍不透明。严重时可见鳃丝上有斑点淤血,鳃瓣边缘呈灰色,鱼皮肤糜烂、发红、出血、鱼鳍损伤,病鱼衰弱,最终死亡。

【防治方法】

1) 用 20 ppm 高锰酸钾浸洗病鱼 15~30 min。

2) 200~300 ppm 福尔马林浸洗病鱼 25 min,或者 50 ppm 福尔马林浸洗 14 h。

5. 鱼虱病(钟建兴,2003)

【病因及症状】 鱼体寄生鱼虱引起,病鱼体表黏液增多,活力减弱,浮于水面。肉眼可见体色略透明呈盾形虫体。

【防治方法】

1) 用淡水浸洗 10~30 min。

2) 用 0.1~0.2 mg/L 晶体敌百虫全池泼洒,菊黄东方鲀幼鱼对敌百虫较敏感,慎用,如一定要用,使用前,必须要做小试验,观察幼鱼耐受情况后,再定用药剂量。

6. 海盘虫病(林庆贵,2009)

【病因及症状】 鱼苗感染海盘虫引起,海盘虫寄生在鱼体的鳃丝上,由于其刺激和固着器损伤,鳃部分泌大量黏液。大量寄生时,鳃丝变白,鱼体消瘦,体色变黑,游泳无力,沉底死亡。

【防治方法】

1) 鱼苗放养前用淡水浸泡 10~20 min。

2) 用 6%~8%浓盐水浸浴病鱼 5~6 min。

3) 用 100~150 mg/L 福尔马林浸泡 20~30 min。

7. 指环虫病(阳清发,2002)

【病因及症状】 指环虫寄生在东方鲀鳃部。病鱼鱼体消瘦,体色变黑,鳃瓣全部或部分呈苍白色,鳃丝黏液增多,严重时腐烂缺损,呈继发性烂鳃。病鱼食欲缺乏,呼吸困难,狂躁不安。发病率可达80%,死亡率3%～5%。

【防治方法】　用浓度为 1 mg/L 甲苯咪唑或用 90% 晶体敌百虫 0.1～0.2 mg/L 全池泼洒,菊黄东方鲀幼鱼对敌百虫较敏感,使用前,必须要做小试验,观察幼鱼耐受情况后,再定用药剂量。

8. 车轮虫病(阳清发,2002)

【病因及症状】　病鱼体色灰黑,光泽暗淡不鲜明;食欲缺乏,行动呆滞,经常在池底、池壁摩擦体表,显得烦躁不安。取鳃片镜检,可见车轮虫,虫体周边纤毛不停摆动,作旋转状运动。此病多为高温期发病,但危害不大。

【防治方法】　用浓度为 0.7 mg/L 硫酸铜、硫酸亚铁合剂(5∶2)全池泼洒或 30 mg/L 福尔马林药浴 24 h,都有较好疗效。

9. 库道虫病(阳清发,2002)

【症状】　病原是黏孢子虫类库道虫,寄生于心肌及心腔并形成包囊。病鱼游泳懒散,摄食不积极,严重者急性死亡。外表无明显症状。

【防治方法】　目前尚无有效防治方法,预防为主。

10. 淀粉卵鞭虫病(阳清发,2002)

【病因及症状】　淀粉卵鞭虫病是寄生虫寄生在鱼的鳃、皮肤、鳍条等处。重病的鱼体表有许多小白点,与隐核虫病相似,但白点比隐核虫要小得多。病鱼浮于水面,呼吸加快,鳃盖开闭不规则,口不能闭,游泳迟缓。病鱼有时向固体物上摩擦身体,有时因鳃部虫体而由口向外喷水。鱼体消瘦,鳃呈灰白色,呼吸困难而死。有时发现病原体在肾脏或肠系膜等处。病原体是淀粉卵鞭虫,它寄生在海水鱼体上,病鱼死后,虫体落入水中形成孢囊。虫体在孢囊内分裂形成孢子以后,孢子冲出孢囊在水中游泳,遇到寄主就附着在其体上让鱼体染病。

【防治方法】

1) 用淡水浸洗 2～3 min,隔 3～4 天后再洗 1 次。

2) 硫酸铜全池泼洒,浓度为 0.8～1 mg/L,或 10～12 mg/L 药浴,每次 10～15 min,连续 4 天。

11. 乳白体吸虫病(阳清发,2002)

【病因及症状】　病原为乳白体吸虫的囊蚴。成虫寄生于海猫体内,毛蚴寄生于贝类。发病季节为 8 月上旬至 9 月上旬,水温 24～27 ℃时,主要危害当年鱼种,死亡率可达 5%～20%,东方鲀是其囊蚴的寄生对象。病鱼最初在水面狂游,继而身体痉挛,不断旋转,最终死亡。从发病至死亡只有 1～2 天。该病是吸虫囊蚴寄生于鱼的间脑所引起的,通常 1 尾鱼只寄生 1 个囊蚴,偶尔也寄生 2～3 个,在间脑可见周围神经受压迫发生变性坏死,内脏及其器官未见有变化。

【防治方法】 目前尚无有效治疗方法,消灭贝类有一定的预防作用。

12. 盾纤毛虫病(阳清发,2002)

【病因及症状】 病原属盾纤毛虫目。该虫呈泪滴形,长径 20～45 μm,全身被活泼运动的纤毛。该虫运动速度快,运动路线呈"之"字形。常栖息于水底,在种苗生产和稚鱼育成的高密度条件下,此虫在池底死鱼、残饵、排泄物等有机物上大量繁殖,寄生于鱼体,并造成鱼的大量死亡。多发生于 4～7 月,危害 2～5 cm 的幼鱼,在陆上和海面网箱中均有发生。它不仅寄生于鳃和体表,也潜入皮下,有时甚至侵入大脑和心脏。患病鱼摄食不良,体色黑化,上浮于水表层。重症鱼体发白处与黑化处相间呈团块状,黏液增多,体表鳍发红、糜烂,有时伴有头部发红、鳃出血、鳃盖内侧发红及膨润等症状,内部解剖无明显异常,体表有泪滴状活泼运动的虫体。

【防治方法】

1) 加大换水量,冲出水中纤毛虫,彻底清除池底污物,减少池中该虫的增殖。

2) 使用浓度 100～150 mg/L 福尔马林药浴 1 h,第二天检查池中鱼体有无该虫寄生,如有,再药浴 1 次,可杀死池中和寄生于鳃和体表的虫体,已侵入内脏的无法治疗。

3) 同一养殖场其他未发病水池应保持适宜的换水量,池内不留残饵,夏季以后则不会再有此病发生。

13. 贝尼登虫病(阳清发,2002)

【病因及症状】 寄生于东方鲀的贝尼登虫,虫体椭圆形,背腹扁平。大小为(5.5～6.6)mm×(3.1～3.9)mm,前部稍突出。两侧各有一个前吸盘,后端有一卵圆形的后固着器。产卵适温为 18～24 ℃,最适为 20 ℃。春季至初夏和秋季至初冬较严重,4～7 月有时引起死亡或成鱼鳍基部产生炎症和溃疡。寄生于鱼体体侧、头部体表及头上,寄生数量多时,鱼的皮肤分泌过多黏液,使表皮局部变白,体表色素细胞扩散,鱼体呈暗蓝色,寄生处发炎;病鱼狂游或不断地在网片或其他物体上摩擦身体,擦伤后又成为病原菌入侵的门户。寄生数量多时,鱼因贫血、衰竭而死。

【防治方法】

1) 用淡水浸浴 5～10 min 虫体即脱落死亡。

2) 浓度为 250 mg/L 的福尔马林药浴 10 min。

3) 浓度为 13～20 mg/L 的呋喃类药液浸浴,效果较好。

8.3.4　环境因子引起的疾病与防治

1. 气泡病(孙中之,2002)

【病因及症状】　该病在菊黄东方鲀夏花苗种培育阶段发生,表现为皮肤与肌肉间产生许多气泡,使鱼苗失去平衡,游泳缓慢,常在晴天中午至下午漂浮于下风口。该病原因是池水中单胞藻大量繁殖,水中含氧量呈过饱和状态,有时达到 200%,过饱和溶氧渗入皮下而形成气泡病。

【防治方法】

1) 控制单胞藻中绿藻过量繁殖,降低溶解氧的产生。

2) 加大换水,降低水中溶解氧,一般发病时每天可换水 1/3 左右。

2. 赤潮中毒(阳清发,2002)

【病因及症状】　由有毒藻类和夜光虫等有毒生物过度繁殖引起。当鱼苗由室内移到室外饲育时,预先在池中大量繁殖轮虫而使引起赤潮的生物大量繁殖,使饲育水呈淡红色或粉红色。在这样的水环境下放鱼苗入池又静水饲育,就会使放养的东方鲀连同大量繁殖的轮虫一起在几天之内全部死亡。该病在菊黄东方鲀育苗场时有发生。

【防治方法】

1) 放养前仔细检查池内水质,放养后注意观察。

2) 发病后及时换水,改善水质。

3. 海葵棘毒病(阳清发,2002)

【病因及症状】　海葵棘毒病由腔肠动物海葵棘毒类的棘胞毒所致。1981年在鹿儿岛县某养殖场出现河豚(1～2 龄)原因不明地狂游,不久死亡,有的网箱死亡率达 10%～20%。当年,对此病发病原因进行了调查,查明是附着在金属网箱上的海葵所致。此后,在其他养殖场也发现此病,出现同样的症状及死亡现象。在病理组织学上可以看到狂游的鱼的延髓神经细胞出现巨大的空胞，细胞坏死，由此推测是中枢神经毒素中毒。海葵棘毒引起的症状主要表现为鱼体表发红、肿胀、烂鳍、游泳异常（狂游），继而死亡。但需注意此症状与其他疾病（白口病）极为相似，容易混同。

【防治方法】 在暖海水域进行菊黄东方鲀养殖，首先必须了解附近海域是否有此海葵自然栖息。因海葵能较容易地附着在海藻等其他物体上，还可靠触手游动，所以，更换网箱等措施无济于事。放养少量有摄食附着物习性的蓝子鱼、石鲷等，对防治此病有效。

8.3.5 营养性疾病与防治

1. 脂肪组织黄斑病（阳清发，2002）

【病因及症状】 菊黄东方鲀养殖也和其他浅海养殖鱼类一样，饲料以天然饵料为主，即使使用配合颗粒饲料，天然饵料也占 50% 以上。因多数情况下，投喂的是冷冻鱼，所以必须注意饵料鱼的鲜度、脂肪变性（特别是酸败）程度，也就是要致力于完善日常饲养管理措施，防止投喂变质饲料。连续食用脂肪酸败的饲料或维生素 E 长期不足是导致该病发生的主要原因。多见于越冬后的龄鱼。病鱼肝脏上可观察到点状色素块，也有的肠道呈暗灰色。

【防治方法】 以预防为主。保持夏季饲料的鲜度，切勿投饵过剩；适时投喂以维生素 E 为主的复合营养剂。

2. 黄脂病（周国平，2002）

【病因及症状】 该病多发生在连续投喂 2～3 周以上脂肪含量较高、鲜度较差的冰冻鱼饲料（秋刀鱼、沙丁鱼等）后。症状为游泳不活泼，病鱼体色发黑或灰白，斑纹不鲜明，运动缓慢无力。解剖检查，病鱼肝脏呈黄褐色，腹腔内脂肪层产生黄色稍硬的块状物。

【防治方法】

1）患病初期可改换投喂混合配合饲料的湿颗粒饲料，并添加含维生素 E 的复合维生素。

2）改投新鲜的低脂肪含量的杂鱼。对治疗该病效果颇佳。

3. 绿肝病（阳清发，2002）

【病因及症状】 绿肝病可能是投喂变质饲料、油脂性饲料、发霉性饲料等使胆内胆汁浓缩,贮留于肝脏内的胆管中,使部分肝脏呈现绿色所致。病鱼体表白色,鱼腹膜发红比体表更明显,肠管肠间膜均显著发红,肝脏整体呈淡绿褐色,发病时间长的肝脏略有萎缩。

【防治方法】

1) 降低饲育密度,改投鲜度高的饵料并添加以维生素 E 为主体的综合营养剂,并在数日内添加甘草提取液,有一定的效果。

2) 低温致病的则加深网箱,投喂少量饵料,可减缓症状。

4. 肌肉萎缩症(阳清发,2002)

【病因及症状】　肌肉萎缩症在幼鱼阶段常发生,是摄食变性饵料引起的中毒性疾病,主要是饵料中脂肪酸的过氧化物导致慢性中毒。病鱼体色变黑,躯干部肌肉显著退化,严重消瘦,生长不良且恢复无望,行动迟缓,无食欲,对环境适应能力差。肝脏实质细胞里常有大量的蜡样质沉积,但没有脂肪体和皮下脂肪。一般有贫血倾向。

【防治方法】

1) 加强饲育管理,投喂鲜度高的饲料,并适时添加维生素 E。

2) 避免投喂含脂肪高的饲料。

3) 投喂添加维生素 E 的配合饲料。

5. 溃疡症(阳清发,2002)

【病因及症状】　溃疡症是由于开食转食不当,造成营养生理障碍所致的继发性疾病,常在鱼头背部产生白云状的圆斑,逐渐发展会使皮肤溃烂,剥离露出肌肉,鱼体消瘦逐渐衰弱死亡。

【防治方法】

1) 投喂优质适口饵料,降低光照强度。

2) 饵料多样化,改善幼鱼的摄食营养结构。

6. 黑变症(孙中之,2002)

【病因及症状】　黑变症的症状为体色微黑,身体消瘦,环境适应能力差,外观与长期不摄食而产生的饥饿鱼难以区别。其病因为饵料不适或维生素 E 缺乏,透明度大的饲育池也会发生此病。

【防治方法】　投喂经过强化的轮虫和卤虫;肉糜中添加维生素 E;降低光照强度等。

第**9**章 食用安全

东方鲀属鱼类味道鲜美,营养价值高,享有"鱼中之王"的美誉,颇受一些亚洲国家(如日本、中国、韩国等)人们的喜爱,尤以日本人最喜食(林连升和彭珊,2005),在我国主要是长江下游及部分沿海地区的居民一直有食用的习惯,但东方鲀属鱼类体内含有河豚毒素(TTX),食用不当极易致死(樊永祥等,2011)。我国 1990 年颁布了《中华人民共和国水产品卫生管理办法》,明文规定,"河豚鱼有剧毒,不得流入市场,应剔出集中妥善处理,因特殊情况需进行加工食用的应在有条件的地方集中加工,在加工处理前必须先去除内脏、皮、头等含毒部位,洗净血污,经盐腌晒干后安全无毒方可出售,其加工废弃物应妥善销毁"。但民间"拼死食河豚"的大有人在,在我国每年都有食用东方鲀致死的事件发生。

近年来,因野生东方鲀毒性大,可利用资源急剧减少,东方鲀人工养殖规模不断扩大。另外,因养殖东方鲀的毒性小且保持了味道鲜美、营养价值高等优点,养殖东方鲀深受食客的欢迎(李云峰和马晨晨,2014)。鉴于此,2016 年,农业部、国家卫生和计划生育委员会和国家食品药品监督管理总局三部委拟联合发文《关于有条件放开养殖河豚生产经营的通知》,目前,该通知暂时只针对红鳍东方鲀与暗纹东方鲀。上海市水产研究所连续 3 年(2010~2012 年)对位于奉贤的养殖基地生产的菊黄东方鲀当年鱼种、成鱼及性成熟子一代与子二代个体的肌肉、肝脏、鱼皮、精巢、卵巢的河豚毒素进行了定量分析,结果均未检出(低于 0.5 mg/kg 的检测限),判定毒性为无毒。纪元等(2010)对山东和江苏养殖菊黄东方鲀各组织河豚毒素含量的测定,得到与上述相似的结果。李云峰和马晨(2014)对各季节人工养殖菊黄东方鲀各组织中河豚毒素的含量进行了测定,发现各个季节菊黄东方鲀肌肉均为无毒,而肝脏、鱼皮、性腺为无毒或弱毒。由此可见,养殖菊黄东方鲀的毒性已极大降低,经过特殊加工,可达到安全食用的要求,预计在不久的将来,我国也将逐步放开菊黄东方鲀的生产和经营,人工养殖的无毒菊黄东方鲀也将进入中国千家万户的餐桌。

东方鲀属鱼类"全身都是宝",其肉、卵巢、精巢、肝脏、胆、眼睛、皮肤和血液等几乎所有部位都具有利用价值(李晓川和林美娇,1998)。东方鲀属鱼类各器官的综合利用情况列于图 9-1。

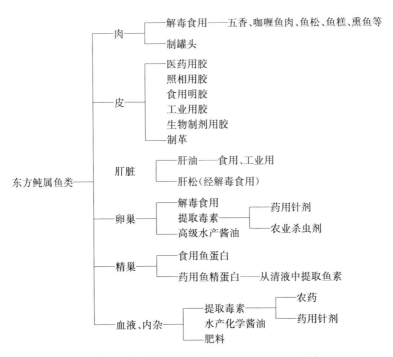

图 9-1　东方鲀属鱼类各器官综合利用(李晓川和林美娇,1998)

9.1　营养价值

东方鲀属鱼类自古就被视为餐桌上的珍品,与鲥、刀鱼一起旧称"长江三鲜"(纪元等,2008)。但迄今为止,对菊黄东方鲀营养价值的研究尚不全面,这一领域尚处于起步阶段。目前,主要有上海市水产研究所(徐嘉波等,2014)研究了养殖菊黄东方鲀性腺发育为Ⅲ期雌鱼(体长 20.8 cm,体重 348.2 g)和Ⅳ期雄鱼(体长 19.7 cm,体重 336.8 g)的肝脏、性腺、肌肉和皮中的水分、总脂含量和脂肪酸组成及含量(表 9-1,表 9-2)。陶宁萍等(2011)和赵海涛等(2013)分别研究了养殖的菊黄东方鲀 6 月龄(体长 13.4 cm,体重 131.8 g)和 2 龄(体长

18.3 cm,体重 382.9 g)(陶宁萍等,2011)及亲鱼(体重 475 g)(赵海涛等,2013)肌肉一般营养成分、氨基酸组成与矿物质含量(表 9-3,表 9-4,表 9-5)。

表 9-1 养殖菊黄东方鲀不同组织中水分、总脂含量(徐嘉波等,2014)

性别	指标	肝脏	性腺	肌肉	皮
雄♂	水分(%)	28.93±1.96[a]	83.13±0.83[b]	80.07±0.99[c]	72.80±1.91[d]
	脂肪(%,鲜重计)	63.13±3.07[a]	1.70±0.10[b]	0.43±0.12[c]	0.30±0.20[bc]
雌♀	水分(%)	40.27±2.30[a]	64.47±2.47[b]	79.60±0.40[c]	71.27±1.40[d]
	脂肪(%,鲜重计)	48.87±7.75[a]	11.77±1.44[b]	0.50±0.00[c]	0.13±0.06[c]

注:同一行参数不同小写字母表示差异显著($P<0.05$)

表 9-2 养殖菊黄东方鲀不同组织中脂肪酸组成(%)($n=3$)(徐嘉波等,2014)

脂肪酸	肝脏		性腺		肌肉		皮	
	雌♀	雄♂	雌♀	雄♂	雌♀	雄♂	雌♀	雄♂
$C_{14:0}$	2.0±0.1[A]	1.9±0.1[a]	2.0±0.0[A]	—	—	2.5±1.3[a]	1.1±0.6[A]	2.2±1.1[a]
$C_{15:0}$	0.2±0.0[A]	0.2±0.0	0.3±0.0[A]	—	—	—	—	—
$C_{16:0}$	19.5±0.2[A]	20.8±0.5[a]	21.6±1.0[*A]	31.2±0.8[*b]	53.4±3.0[*B]	32.0±1.4[*b]	24.3±3.2[A]	31.2±2.6[b]
$C_{17:0}$	0.1±0.0[A]	0.1±0.0	0.3±0.0[B]	—	—	—	—	—
$C_{18:0}$	6.1±0.2[A]	7.8±0.9[a]	5.7±0.2[*A]	15.8±1.6[*b]	22.2±3.1[AB]	16.5±3.7[b]	14.4±0.5[B]	13.5±0.4[b]
$C_{20:0}$	0.2±0.0[A]	0.2±0.0	0.2±0.0[A]	—	—	—	—	—
$C_{22:0}$	0.1±0.0[A]	0.1±0.0	0.1±0.0[A]	—	—	—	—	—
$C_{23:0}$	0.4±0.0[A]	0.4±0.0	0.5±0.0[A]	—	—	—	2.0±2.0[A]	—
$C_{24:0}$	0.1±0.0	0.1±0.0	—	—	—	—	—	—
ΣSFA	28.6±0.1[A]	31.6±1.1[a]	30.7±1.2[*A]	47.0±2.4[*b]	75.6±5.5[*B]	51.0±1.1[*b]	41.9±1.7[C]	46.9±2.3[b]
$C_{14:1}$	0.1±0.0	0.1±0.0	—	—	—	—	—	—
$C_{16:1n-9}$	12.9±0.4[A]	11.7±0.4[a]	8.4±0.4[B]	—	—	5.9±2.8[a]	5.2±0.6[C]	9.8±1.9[a]
$C_{18:1n-9t}$	0.1±0.0[A]	0.1±0.0[a]	0.2±0.0[A]	—	—	—	—	12.5±12.5[a]

（续表）

脂肪酸	肝脏 雌♀	肝脏 雄♂	性腺 雌♀	性腺 雄♂	肌肉 雌♀	肌肉 雄♂	皮 雌♀	皮 雄♂
$C_{18:1n-9c}$	$31.4\pm$ 0.3^{A}	$32.2\pm$ 0.4^{a}	$22.3\pm$ 0.6^{B}	$19.2\pm$ 1.6^{a}	$20.6\pm$ 2.7^{AB}	$27.5\pm$ 1.5^{a}	$25.9\pm$ 1.3^{AB}	$17.5\pm$ 8.8^{a}
$C_{20:1n-9}$	$1.5\pm$ 0.2^{A}	$1.3\pm$ 0.2	$0.8\pm$ 0.0^{B}	—	—	—	—	—
$C_{22:1n-9}$	$0.1\pm$ 0.0^{A}	$0.1\pm$ 0.0	$0.1\pm$ 0.0^{A}	—	—	—	—	—
$C_{24:1n-9}$	$0.2\pm$ 0.0^{A}	$0.2\pm$ 0.0	$0.1\pm$ 0.0^{A}	—	—	—	—	—
$\Sigma MUFA$	$46.4\pm$ 0.5^{A}	$45.7\pm$ 0.9^{a}	$31.9\pm$ 1.0^{*B}	$19.2\pm$ 1.6^{*b}	$20.6\pm$ 2.7^{AB}	$33.5\pm$ 4.1^{ab}	$31.1\pm$ 0.9^{A}	$39.9\pm$ 5.8^{ab}
$C_{18:2n-6c}$	$2.6\pm$ 0.1^{*A}	$2.4\pm$ 0.0^{*a}	$3.7\pm$ 0.2^{*B}	$8.0\pm$ 1.2^{*a}	—	—	$10.8\pm$ 3.4^{AB}	$6.0\pm$ 3.8^{a}
$C_{18:3n-6}$	$0.1\pm$ 0.0	$0.1\pm$ 0.0	$0.1\pm$ 0.0					
$C_{18:3n-3}$	$0.4\pm$ 0.0	$0.4\pm$ 0.0	$0.6\pm$ 0.0					
$C_{20:3n6}$	$0.1\pm$ 0.0^{A}	$0.1\pm$ 0.0	$0.1\pm$ 0.0^{A}					
$C_{20:3n3}$	$0.1\pm$ 0.0^{A}	$0.1\pm$ 0.0	$0.1\pm$ 0.0^{A}					
$C_{20:4n-6}$ （ARA）	—	—	—	$4.8\pm$ 4.8^{a}	—	$5.1\pm$ 2.6^{a}	$3.7\pm$ 2.7	$2.4\pm$ 2.4^{a}
$C_{20:5n-3}$ （EPA）	$2.5\pm$ 0.1^{A}	$2.3\pm$ 0.1	$3.9\pm$ 0.2^{A}	—	—	—	$1.4\pm$ 1.4^{A}	—
$C_{20:2}$	$0.8\pm$ 0.0	$0.7\pm$ 0.0	$0.8\pm$ 0.0	—	—	—		
$C_{22:2n6}$	$0.5\pm$ 0.0	$0.4\pm$ 0.0	$0.5\pm$ 0.0	—	—	—		
$C_{22:6n-3}$ （DHA）	$10.9\pm$ 0.2^{A}	$10.3\pm$ 0.4^{a}	$18.9\pm$ 0.9^{A}	$21.0\pm$ 4.0^{a}	$3.9\pm$ 3.9^{A}	$5.2\pm$ 2.7^{a}	$11.1\pm$ 3.3^{A}	$4.8\pm$ 1.6^{a}
$\Sigma PUFA$	$17.9\pm$ 0.4^{A}	$16.8\pm$ 0.5^{a}	$28.6\pm$ 1.4^{B}	$33.8\pm$ 1.9^{b}	$3.9\pm$ 3.9^{C}	$10.2\pm$ 3.6^{c}	$27.0\pm$ 2.3^{B}	$13.2\pm$ 6.7^{c}
$\Sigma n\text{-}3PUFA$	$13.9\pm$ 0.3^{A}	$13.1\pm$ 0.5^{ab}	$23.5\pm$ 1.1^{A}	$21.0\pm$ 4.0^{b}	$3.9\pm$ 3.9^{B}	$5.2\pm$ 2.7^{a}	$12.5\pm$ 4.7^{A}	$4.8\pm$ 2.6^{a}
$\Sigma n\text{-}6PUFA$	$3.3\pm$ 0.1^{A}	$3.0\pm$ 0.0^{a}	$4.4\pm$ 0.2^{B}	$12.8\pm$ 5.9^{b}		$5.1\pm$ 2.6^{c}	$14.5\pm$ 2.6^{C}	$8.4\pm$ 4.2^{d}
$\Sigma n\text{-}3PUFA/$ $\Sigma n\text{-}6PUFA$	4.2	4.4	5.4	2.6			1.1	

注：同一行参数不同大写字母表示雌鱼不同组织间存在显著差异（$P<0.05$），不同小写字母表示雄鱼不同组织间存在显著差异（$P<0.05$），同一组织内差异用"＊"表示（$P<0.05$）；"—"表示未检出。

SFA：saturated fatty acids，饱和脂肪酸。

MUFA：monounsaturated fatty acids，单不饱和脂肪酸。

PUFA：polyunsaturated fatty acid，多不饱和脂肪酸

表 9 - 3　养殖菊黄东方鲀肌肉一般营养成分

指　　标	陶宁萍等,2011(%,鲜重计)		赵海涛等,2013 (%,鲜重计)
	6 月龄	2 年龄	
水分	74.21±0.81	77.96±0.32	78.60±1.05
粗脂肪	0.26±0.04	0.81±0.09	0.60±0.10
灰分	1.51±0.08	1.47±0.11	1.33±0.17
粗蛋白	18.32±0.78	18.14±0.30	19.20±1.35
总碳水化合物	未检	未检	0.30±0.03
粗纤维	未检	未检	0.20±0.03
维生素 E	未检	未检	0.28±0.01
饱和脂肪酸	未检	未检	0.14±0.01
不饱和脂肪酸	未检	未检	0.25±0.01

表 9 - 4　菊黄东方鲀肌肉矿物质含量

指　　标	陶宁萍等,2011(mg/100 g,鲜重计)		赵海涛等,2013 (mg/100 g,干重计)
	6 月龄	2 年龄	
钾	287.33±11.97	301.34±13.50	376.83±11.64
钠	77.23±9.87	80.11±11.93	66.84±1.43
磷	200.18±12.16	231.54±13.64	230±5.97
钙	6.23±0.87	5.32±0.90	16.02±1.15
镁	18.23±0.96	20.72±1.61	24.01±1.32
铁	1.78±0.18	1.83±0.20	0.20±0.01
锌	0.55±0.03	0.64±0.07	0.82±0.17
铜	ND	0.03±0.05	0.028±0.02
锰	未检	未检	0.01±0.00
硒	未检	未检	0.05±0.02

注:"ND"表示未检出

表 9 - 5　菊黄东方鲀肌肉氨基酸组成

氨 基 酸 名 称	陶宁萍等,2011(W/%,干重计)		赵海涛等,2013 (W/%,干重计)
	6 月龄	2 年龄	
天冬氨酸 Asp	3.78±0.04	3.65±0.03	1.99±0.09
苏氨酸 Thr	4.21±0.04	3.96±0.03	0.84±0.00
丝氨酸 Ser	1.91±0.01	1.78±0.04	0.74±0.03
谷氨酸 Glu	7.33±0.06	6.23±0.03	2.92±0.10
甘氨酸 Gly	4.35±0.04	4.04±0.01	1.12±0.05
丙氨酸 Ala	4.62±0.04	3.22±0.03	1.17±0.10

（续表）

氨基酸名称	陶宁萍等,2011(W/%,干重计)		赵海涛等,2013 (W/%,干重计)
	6 月龄	2 年龄	
半胱氨酸 Cys	1.54±0.02	0.52±0.02	0.19±0.01
缬氨酸 Val	2.45±0.02	2.30±0.02	0.89±0.02
蛋氨酸 Met	4.76±0.04	4.09±0.05	0.55±0.01
异亮氨酸 Ile	4.97±0.04	3.91±0.06	0.66±0.02
亮氨酸 Leu	6.33±0.06	5.97±0.04	1.48±0.07
脯氨酸 Pro	4.51±0.04	2.11±0.05	0.85±0.01
苯丙氨酸 Phe	2.54±0.02	1.96±0.01	0.75±0.02
酪氨酸 Tyr	1.71±0.02	1.39±0.02	0.70±0.04
赖氨酸 Lys	2.08±0.02	3.35±0.03	1.90±0.09
组氨酸 His	1.13±0.01	0.78±0.02	0.39±0.01
精氨酸 Arg	1.31±0.01	2.22±0.01	1.30±0.07
色氨酸 Trp	0.12±0.01	0.19±0.01	0.22±0.02
氨基酸总量 TAA	59.65±0.35	51.67±0.51	19.03±0.14
必需氨基酸 EAA	27.46±0.23	25.73±0.19	7.29±0.12
呈味氨基酸 DAA	21.39±0.11	19.36±0.19	7.20±0.13
EAA/TAA/%	46.04	49.80	38.31
EAA/NEAA/%	85.32	99.20	64.12
DAA/TAA/%	35.86	37.47	37.83

9.1.1　肌肉

　　东方鲀属鱼类肌肉具有高蛋白、低脂肪、低热量等特点,同时富含人体必需的各种氨基酸、矿物质和核苷酸类物质等(陶宁萍等,2011)。有研究表明,养殖菊黄东方鲀肌肉中蛋白质含量高,为 18.14%～19.20%;脂肪含量低,为 0.50%～0.81%;能量为 3.54 kJ/g(徐嘉波等,2014;赵海涛等,2013;陶宁萍等,2011)。肌肉中氨基酸种类齐全,可检测到包括色氨酸在内的 18 种氨基酸,其中有人体所需的必需氨基酸(EAA)8 种,非必需氨基酸(NEAA)10 种,氨基酸的组成及含量受个体大小与年龄的影响,6 月龄与 2 龄的养殖菊黄东方鲀肌肉中氨基酸总量(TAA)要高于菊黄东方鲀亲鱼(表 9‑5),据 FAO/WHO 的理想模式,质量较好的蛋白质其 EAA/TAA 为 40% 左右,EAA/NEAA 在 60% 以上(赵海涛等,2013;陶宁萍等,2011)。据表 9‑5 可知,6 月龄和 2 龄菊黄东方鲀肌肉属于比较优质的蛋白质源,而亲鱼肌肉品质则有所下降,但依然是较好的蛋白质源。

养殖菊黄东方鲀（348.2 g，20.8 cm）肌肉中饱和脂肪酸（SFA）主要以 $C_{16:0}$、$C_{18:0}$ 为主，$C_{16:0}$ 相对含量为 32.0%～53.4%，$C_{18:0}$ 为 16.5%～22.2%，其中以雌鱼肌肉中 $C_{16:0}$ 最为丰富（53.4%），雌鱼肌肉中 ΣSFA 相对含量（75.6%）与雄鱼（51.0%）存在显著性差异；单不饱和脂肪酸（MUFA）主要以 $C_{18:1n-9c}$（20.6%～27.5%）为主，$C_{16:1n-9}$（0%～5.9%）次之，两者含量在雌、雄鱼间无显著差异；多不饱和脂肪酸（PUFA）含量相对较低，仅检测到二十二碳六烯酸（docosahexenoic acid，DHA）（3.9%～5.2%）、花生四烯酸（arachidonic acid，ARA）（5.1%），雌鱼肌肉中 ARA 未检出（表 9-2）（徐嘉波等，2014）。

矿物质元素对于维持生命及正常新陈代谢具有至关重要的作用，人体内无法合成，故需通过日常膳食摄取。养殖菊黄东方鲀亲鱼肌肉中可检测到钾（K）、钠（Na）、磷（P）、钙（Ca）、镁（Mg）、铁（Fe）、锌（Zn）、铜（Cu）、锰（Mn）、硒（Se）等 10 种矿物质元素（表 9-4）（赵海涛等，2013）；6 月龄与 2 龄菊黄东方鲀肌肉也可检测到钾、钠、磷、钙、镁、铁、锌、铜等 8 种矿物质元素，且成鱼和幼鱼中各矿物质元素含量差异不大（幼鱼中 Cu 未检出）（表 9-4）（陶宁萍等，2011）。

9.1.2　肝脏

养殖菊黄东方鲀肝脏较大，6～7 月龄菊黄东方鲀的肝体比约为 20%（刘永士等，2015），菊黄东方鲀亲鱼的肝体比约为 10%（徐嘉波等，2014）。菊黄东方鲀亲鱼的肝脏中脂肪含量很高，且不同性别之间存在差异，雌鱼肝脏脂肪含量约为 48.87%，雄鱼则为 63.13%；亲鱼肝脏中可检出 25 种脂肪酸，其中饱和脂肪酸有 9 种，单不饱和脂肪酸 7 种，多不饱和脂肪酸 9 种；雄鱼肝脏饱和脂肪酸绝对含量显著高于雌鱼（表 9-2）（徐嘉波等，2014）。

9.1.3　鱼皮

菊黄东方鲀亲鱼鱼皮中总脂肪含量非常少，雌、雄鱼鱼皮中总脂肪含量分别为 0.13% 和 0.30%，其中饱和脂肪酸相对含量分别为 41.9% 和 46.9%，单不饱和脂肪酸相对含量分别为 31.1% 和 39.9%；雌鱼鱼皮中 EPA 和 DHA 较雄鱼鱼皮中的高（表 9-2）（徐嘉波等，2014）。

9.1.4　性腺

上海市水产研究所检测了养殖的菊黄东方鲀个体体重、雌鱼卵巢、雄鱼精巢重量(图 9-2),性成熟个体的卵巢和精巢分别占整个鱼体的 5.5%～18.5%和 5.9%～16.3%(图 9-2)。养殖菊黄东方鲀雌、雄鱼性腺中多不饱和脂肪酸相对含量最丰富,相对含量分别为 28.6%±1.4%、33.8%±1.9%,卵巢中的多不饱和脂肪酸相对含量与鱼皮中多不饱和脂肪酸相对含量无显著差异,显著高于肝脏、肌肉多不饱和脂肪酸相对含量;而精巢中的多不饱和脂肪酸相对含量显著高于肝脏、肌肉、皮中多不饱和脂肪酸相对含量(表 9-2)(徐嘉波等,2014)。

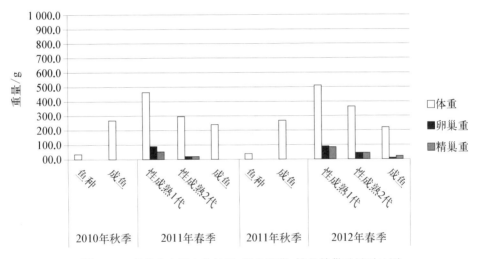

图 9-2　菊黄东方鲀个体体重、雌鱼卵巢、雄鱼精巢重量对比图

东方鲀属鱼类的精巢无毒或者弱毒(李晓川等,1998),养殖菊黄东方鲀精巢基本无毒,含有丰富的鱼精蛋白、精氨酸、脱氧核糖核酸(DNA)、微量元素 Zn、Se 等,有"西施乳"的美誉(王丽雅等,2012)。结合表 9-7～9 结果,一般将养殖菊黄东方鲀精巢作为可食用部分。

9.2　药用价值

关于东方鲀属鱼类的药用价值在我国古代医书(如《本草纲目》)中曾有过不少记载,民间更是用其治疗各种疾病。东方鲀各器官均具有一定的药用价值

（李晓川和林美娇，1998），现将其药用情况作简要介绍，可作为菊黄东方鲀药用价值的参考。

9.2.1　肌肉

据《开宝本草》记载，河豚鱼肉性味甘、温、无毒；主补虚，去湿气，理腰脚，去痔疾，杀虫。民间用其煮服治腰腿酸软。

9.2.2　肝脏

东方鲀属鱼类肝脏在医药行业上的应用已有较多研究，如利用东方鲀属鱼类肝脏提取物（多肽 A）进行体内与体外的抗瘤试验，表明多肽 A 具有一定的抗瘤活性，但其抗瘤作用与剂量无相关性，对人癌细胞和人体正常细胞无明显的选择性（王鸿鹤等，2004）。另有研究表明，东方鲀属鱼类内脏可分离得到一种具有凝集红细胞功能的活性物质，但不同内脏部位提取的活性物质凝集活性不同，如从肝脏中提取的活性物质对红细胞的凝集没有明显的血型专一性（余萍和林曦，2000）。

东方鲀属鱼类肝脏脂肪含量极高，研究表明，养殖菊黄东方鲀肝脏的脂肪含量高达 48%～63%（徐嘉波等，2014）。河北省水产研究所曾用菊黄东方鲀肝脏烤制的 776 抗癌注射液，通过肌内注射，对部分癌痛患者有明显的镇痛效果，在动物试验中显示出一定的抑癌活性。辽宁锦西化工医院用东方鲀属鱼类肝脏制作的"新生油"，临床上对鼻咽癌、食道癌、胃癌和结肠癌有一定的疗效。另外，利用东方鲀肝油制成的纱布条外敷可治疗破溃淋巴结核、慢性皮肤溃疡。东方鲀属鱼类肝脏的水蒸气蒸馏液对癌痛有明显的疗效（李晓川和林美娇，1998）。

9.2.3　眼睛

据《本草蓬原》记载，取河豚眼睛，搅拌粉碎，埋地中化水，拔脚上鸡眼，可以脱根（李晓川和林美娇，1998）。

9.2.4　卵巢

据《本草纲目》记载，治疗癣虫疮，用（河）豚子（卵巢）同蜈蚣烧研，香油调搽之。民间也用来治疗疥癣虫疮、疮疖、乳腺癌、颈淋巴结核、无名肿毒等（李晓川和林美娇，1998）。

9.2.5　精巢

东方鲀精巢可提制鱼素、精氨酸和水解蛋白。鱼素的成品约为整个鲜品精巢的 0.37%，具有广谱抗菌作用，对伤寒杆菌、痢疾杆菌、霍乱弧菌、链球菌、葡萄球菌等均有抑制作用。对流行性感冒也有疗效，而且还能延长青霉素在有机体内的药效时间。鱼精蛋白的含量为整个精巢重量的 2%，其硫酸盐可抵消肝素的抗凝血作用(1 μg 可以对抗 15 单位的肝素)，它与胰岛素制成鱼精蛋白锌胰岛素，可以延长胰岛素的作用；精氨酸临床用于治疗肝癌及肝昏迷。另外，日本民间将精巢浸于米酒中，据说有健肾、补肾的功能(李晓川和林美娇，1998)。

9.2.6　鱼皮

鱼皮的主要成分为胶原蛋白、脂肪、非胶原物质和其他杂质等，其中胶原蛋白成分占总蛋白质量的 80% 以上，较鱼体其他部位高许多。根据胶原蛋白的功能性和鱼皮胶原的特性，目前，鱼皮胶原蛋白已广泛用于食品工业、日用化妆品工业及医药工业等领域(刘朝霞等，2011)。关于东方鲀属鱼皮的研究主要有Nagai 等(2002)的研究，结果表明，红鳍东方鲀鱼皮中酸溶性胶原蛋白和酶溶性胶原蛋白的提取率分别可达 10.7% 和 44.7%。任俊凤等(2009)研究了东方鲀属鱼皮胶原蛋白肽的最佳提取工艺及此肽的抗氧化性，结果表明，东方鲀属鱼皮胶原蛋白肽具有显著的清除 ·OH 和 DPPH 的能力，也具有一定的清除 ·O_2^- 的能力和还原能力，且分子质量越小，其能力越强；东方鲀属鱼皮胶原蛋白肽清除 ·OH 和 ·DPPH 的能力分别比维生素 C 和维生素 E 强，是一种良好的抗氧化剂来源，有较高的开发利用价值。

9.2.7　鱼胆

东方鲀鱼胆的药用主要是利用其中高含量的牛磺酸，研究表明，东方鲀胆汁 200 mL 中可提取 45 mg 以上的牛磺酸，可供生化研究、医药、有机合成及湿润剂用。民间用东方鲀胆汁治疗脚气、烫伤、黄水疮和疥癣等，具有良好的抑真菌作用(李晓川和林美娇，1998)。

9.2.8　河豚毒素的药用

河豚毒素(tetrodotoxin，TTX)取名于东方鲀属鱼类，最早从东方鲀属鱼类中分离纯化,具有许多天然同系物。河豚毒素及其同系物在自然界分布广泛,存在于一系列不同进化水平的海洋生物、少量的两栖动物体内及海底沉积物中,目前提取 TTX 的主要原料为东方鲀属鱼类(红鳍东方鲀、豹纹东方鲀、紫色东方鲀、月腹东方鲀和菊黄东方鲀等)。TTX 及其衍生物在东方鲀属鱼类的血液、鳃、皮肤及生殖腺、肝脏、肾脏和脾脏中都不同程度地存在,但其主要分布于东方鲀属鱼类的肝脏和卵巢中,而人工养殖的东方鲀属鱼类完全无毒或含毒极低(邓尚贵等,2002)。河豚毒素是种剧毒的生物碱类天然神经毒素,过量摄入可致死,但河豚毒素也具有重要的药用价值,如可以用河豚毒素针剂代替吗啡、杜冷丁和鸦片类药物,用以治疗各种类型的疼痛。由于其独特的生物学特征,用河豚毒素戒毒有效率高达 98%,并且与其他的戒毒药相比,用河豚毒素戒毒不具毒性作用和成瘾性,此外,河豚毒素还具有抗心率失常、局部麻醉、治疗阳痿、降血压、抗肿瘤等作用(苏捷等,2010)。

9.3 河豚毒素

河豚毒素(TTX)的化学研究始于 1909 年,1964 年以后由 Woodward 测定了 TTX 的结构,1972 年 Kishi 等采用化学方法成功合成了河豚毒素。有专家将其称为"自然界最奇特的分子之一",也是世界上最致命的毒药之一。1 g 河豚毒素的毒性是 1 g 氰化物的 1 万倍。河豚毒素是典型的钠离子通道阻断剂,它能选择性地与肌肉、神经细胞的细胞膜表面的钠离子通道受体结合,阻断电压依赖性钠离子通道,从而阻滞动物电位,抑制神经肌肉间兴奋的传导,导致与之相关的生理机能的障碍,主要造成肌肉和神经的麻痹(刘燕婷等,2008)。

河豚毒素因其特殊结构和作用机制,受到广泛的关注。国内外科研工作者主要将 TTX 作为工具药进行广泛的应用研究。20 世纪 70 年代,发现河豚毒素对乌头碱、氯化钡和结扎狗冠状动脉引起的心律失常具有对抗作用,但同时发现由于其毒性太大难以单独应用。这一问题在以后的 10 年中得到了较好的解决,其典型的解决办法是将 TTX 与戊脉安、心得安等抗心律失常药合用,在不影响 TTX 毒性的前提下既显著降低了后者的用量(ED_{50}),又提高了治疗效果。1996 年,王健伟和罗雪云(1997)制备了 TTX 单克隆抗体并对其特性进行了初步的研究,为治疗 TTX 的意外中毒提供了最为有效的手段;1999 年

Eberhardson 和 Grapengiesser 研究了钠离子通道阻滞剂——TTX 与 Ca^{2+} 电信号的关系,发现活化的钠离子通道是增强 Ca^{2+} 信号释放胰岛素的有效方法(Eberhardson and Grapengiesser,1999)。同年,研究发现,腹部注射 TTX 能显著地降低小鼠前额皮层等的多巴胺释放水平,有效地控制精神病的复发(Mathé et al.,1999)。另有研究证明了 TTX 能显著阻断 P 物质引起的 Isc(上皮离子电流)变化,抑制变应性鼻炎的病理变化(刘涛等,1998)。长期的研究和临床实践证明,TTX 对头痛、破伤风、关节炎、晚期癌症、霍乱、哮喘、伤寒等多种疾病都有疗效,还是一种特效的戒毒药物。

除了对河豚毒素作为工具药的研究,学者还对其生态作用进行了详细的研究。研究发现,分布于生物体表或者体内的河豚毒素具有重要的保护作用,可以警示或威慑其捕食者。Jr 等(2005)在对两栖类的研究中发现,在含河豚毒素的无尾目两栖动物中,动物体表的鲜亮色彩与其体内的毒素含量存在一定的关系。带有明亮警戒色的短头蟾属和斑蟾属的一些种类,其体内的毒素含量更高。这表明警戒色已成为其体内含有较高河豚毒素的标志,对捕食者产生威慑作用。另外,河豚毒素可以作为性信息素,在东方鲀属鱼类(*Takifugu niphobles*)的产卵季节起到吸引雄性的作用。伴随着卵巢的成熟,大量河豚毒素在其卵母细胞中积累,在排卵过程中,这些河豚毒素就会从卵母细胞中释放出来,而成熟的雄性东方鲀属鱼类能够感受到 $1.5 \sim 15$ pmol/L 的河豚毒素,这会诱导雄性东方鲀赶来,从而提高其受精、繁殖的成功率(Matsumura,1995c)。

9.3.1　河豚毒素的化学特性及产生机制

1. 化学特性

河豚毒素化学名 tetrodotoxin,缩写 TTX,是一种毒性很强的氨基全氢化喹唑磷化合物,其结构特征为具有多羟基氢化 5,6-苯吡啶母核,含有 1 个碳环、1 个胍基、6 个羟基,在 C—5 和 C—10 位有 1 个与半醛糖内酯相连的分开的环,分子式为 $C_{11}H_{17}O_8N_3$,原子量为 319(刘亚萍,2002)。除由细菌产生的蛋白质毒素外,TTX 是毒性最强的一类天然毒素(刘燕婷等,2008)。

TTX 粗制品为棕黄色粉末,纯品为无色结晶体,呈针状或菱形,无臭,无味,吸湿性强,易潮解;不溶于无水乙醇、乙醚、苯等有机溶剂,微溶于水;TTX 在溶液中存在 TTX、半缩醛型 TTX、内酯型 TTX 动态平衡的 3 种结构;结晶无确定熔点,240 ℃开始炭化,但在 300 ℃以上也不分解(刘燕婷等,2008);在中性或有机酸性环境中对热相当稳定;能耐高温,但经长时间高温加热可以被破坏,煮沸 4 h 仍无变化,经 6 h 约破坏一半,9 h 则大部分被破坏,115 ℃加热 3 h,120 ℃加热 30 min,200 ℃以上加热 10 min,可使毒素全部破坏消除毒性;在夏天直射日光中,每天曝晒 8 h,经 20 天其毒性不发生变化;在胰液酶、唾液淀粉酶、乳化酶、糖转化酶等酶类存在下不分解;对盐类也很稳定,用 30%盐腌渍 1个月,其卵巢仍含毒素;耐酸能力强,稀释 3 倍的浓硫酸,对其无作用,但易溶于稀乙酸中;在胃液酶、0.2%~0.5%的盐酸溶液中经 8 h 能将其破坏,因而在消化道内短时间不能将其破坏而引起中毒;但其抗碱性较弱,在碱性时毒性消失很快,在 4%左右的氢氧化钠、氢氧化钾溶液中迅速被破坏,通常用的碳酸钠比氢氧化钠等对其的破坏力弱(郭柏坤,2006)。

TTX 的毒力单位鼠单位(MU)是以含毒原料 1 g 所能杀死白鼠的克数来表示的。毒力 1 000 鼠单位(即 1 000MU)即相当于有毒的东方鲀属鱼类脏器1 g 能使 1 kg 白鼠(相当于 50~60 只白鼠体重)死亡。人服用含有 TTX 10 万鼠单位的脏器 2 g 即可致死,服 200 鼠单位的脏器则要 1 kg 才致死。由于通常一次食量不会超过 1 kg,因此,凡含毒在 200 鼠单位的脏器不能使人致死,而在100 鼠单位以下实际上可认为"无毒",200 鼠单位以下可称为"弱毒",2 万鼠单位以上则为"剧毒"或"猛毒"。按日本谷氏对东方鲀属鱼类毒性强弱的分类标准,每克组织中含有小于 10 鼠单位(MU)的可认为无毒,10~100 MU 的为弱毒,100~1 000 MU 的为强毒,1 000 MU 以上的为剧毒(纪元等,2008)。

2. 产生机制

河豚毒素来源于生物本身还是微生物尚存在争议,关于河豚毒素的起源有3 种观点:含毒动物可在体内合成毒素(内因说)、微生物起源学说和食物链学说(合称外因说)。目前,普遍认为河豚毒素是含毒动物体内共生菌产生的次级代谢产物,并通过食物链逐渐积累在体内形成的(桂英爱等,2007)。

河豚毒素在生物界中普遍存在,对东方鲀体内 TTX 的起源研究,学者一般认为降海洄游的东方鲀属鱼类产生 TTX 的可能性有:① 东方鲀下海后在海水环境中自身产生 TTX;② 海水中某些生物含有 TTX,被东方鲀属鱼类吞食后吸收并储藏浓集于体内;③ 海洋中许多生物的代谢产物中含 TTX。从目前的研究来看,东方鲀属鱼类自身产生 TTX 的可能性不大,因为除东方鲀属鱼类外,海洋中还有许多东方鲀属鱼类喜食的生物体内都含有 TTX;再者,生存于淡水中未经降海洄游的东方鲀属鱼类体内检不出 TTX,也说明东方鲀属鱼类自身不产毒,但在投喂含 TTX 的饲料一段时间后,在其体内又能检出 TTX。因此很有可能 TTX 是通过食物链在东方鲀属鱼类体内富集的,而且海洋中许多含毒细菌黏附在东方鲀属鱼类喜食的生物上,进入东方鲀属鱼类体内后就与其构成互利共生的关系,东方鲀属鱼类可通过皮肤腺的暴露来释放 TTX,从而起到抵御天敌的作用(黄军等,2006)。Matsui 等(1985)提出了东方鲀属鱼类 TTX 的体外起源因素,这种假定认为所有能产生 TTX 的生物都与其体内能分泌 TTX 的微生物有着密切联系,该结论已被随后从各种携带 TTX 的生物体内提取出来的能产生 TTX 的细菌所证实。另外,TTX 不仅可通过食物链获得,其自身肠道内细菌也能产生 TTX。因为海洋中有些生物也吃与东方鲀属鱼类同样的食物,但它们体内并不含有 TTX,所以估计东方鲀属鱼类体内有一种能够储藏 TTX 的机制(Matsui et al.,2000)。

有学者研究发现,从解藻朊酸弧菌(*Vibrio alginolyticus*)中提取出来的 TTX 并没有与 TTX 的单克隆抗体发生反应,认为生物鉴定法存在弊端,因此有必要重新认识 TTX 是由细菌产生的这一观点(Matsumura,1995b)。1998 年,Matsumura 为了证实东方鲀属鱼类 TTX 的产生是其内源性的原因,提取了星点东方鲀成熟的卵细胞进行人工授精及培育,发现胚胎在孵化过程中其体内的 TTX 含量一直在增加,这表明增加的毒素是胚胎的产物(Matsumura,1998)。

由此可知,东方鲀属鱼类体内的 TTX 可能并非直接来源于细菌,而是东方鲀属鱼类本身与其体内共生细菌共同的产物。东方鲀属鱼类等动物自身是否具有分泌毒素的功能,以及 TTX 如何在其机体各器官内发生转移等,还有待进一步的研究。

9.3.2 河豚毒素的测定

对河豚毒素检测的研究始于 20 世纪 60 年代,根据检测原理的不同可分为生物检测法、理化检测法和免疫检测法 3 大类(方国锋等,2014)。我国颁布的国家标准有 3 项,分别是《水产品中河豚毒素的测定液相色谱-荧光检测法》(GB/T 23217－2008)、《进出口河豚中河豚毒素检测方法 ELISA 法》(SN/T 1569－2005)和《鲜河豚鱼中河豚毒素的测定》(GB/T5009 206－2007)。

1. 生物检测法

（1）小鼠检测法

一定体重的小鼠致死的时间与注射 TTX 剂量之间存在线性关系，可根据小鼠的死亡耗时推断 TTX 的含量。此方法测得的河豚毒素毒力用鼠单位（mouse unit，MU）表示，定义为 30 min 内杀死 1 只 20 g 左右的雄性 ddy 品系的小鼠的毒素量为 1 鼠单位（1 鼠单位＝0.22 μg TTX），给药途径为腹腔注射。小鼠检测法目前仍广泛应用，也是日本官方规定的 TTX 含量的测定方法，检出限为 0.15 μg/mL，此方法虽然操作简便，但费时费力，重复性差，缺乏特异性。除了小鼠检测法外，其余生物检测方法研究和应用较少（周晓翠等，2008）。

（2）竞争取代法

竞争取代法的原理是根据石房蛤毒素（saxitoxin，STX）与 TTX 的作用机制相似的特点，即 TTX 可特异置换事先与大鼠脑膜受体结合的 ^{3}H-STX，用液闪仪测定 ^{3}H-STX 来间接测定 TTX 的量，检测的灵敏度为 0.8 ng/mL。此方法根据 TTX 与钠离子通道结合的特点，无需烦琐的制备抗体的过程，但无法测定作用不同位点的毒素。该方法操作简单，但需要液闪仪，且无法测定含盐量高的样品（周晓翠等，2008）。

（3）组织培养法

组织培养法的原理是藜芦定能刺激神经细胞钠流和动作电位去极化，乌本（箭毒）苷是 Na^+/K^+ ATP 酶的抑制剂，它们可使小鼠成神经细胞钠流增加，使细胞膨胀致死，而 TTX 可以阻断这一作用，保持细胞正常形态及活性。用一定浓度的乌本（箭毒）苷和藜芦定处理细胞，使其形态发生变化，然后通过光镜观察 TTX 导致细胞形态恢复情况，以恢复率和 TTX 浓度之间的关系来估算 TTX 的含量。或存活细胞用中性红染色后在 540 nm 处测出其吸收值来估算存活细胞，进而算出 TTX 的含量。组织培养法检测特点是简单、灵敏、廉价、不需要大量的动物，缺点是缺乏特异性，不能区分 TTX、STX 及它们的衍生物（周晓翠等，2008）。

（4）动作电位法

Cheun 等（1996）利用蛙膀胱黏膜上有控制 Na^+ 进出的 Na^+ 通道，当 Na^+ 通过时，黏膜两侧即产生电位差，TTX 有阻断 Na^+ 通道的作用，使电流减少，根据 TTX 的量与电流大小的对应关系即可测定 TTX 的含量。该方法的最低检测限为 86 fg。

2. 理化检测方法

(1) 荧光法、紫外分光光度法

荧光法是最早建立起来的定量检测 TTX 的仪器方法,原理是河豚毒素加碱水解后生成 2-氨基 6-羟甲基 8-羟基喹唑啉(简称 C_9 碱),该物质发荧光。最佳试验条件:样品与 5 mol/L 氢氧化钠溶液混合,在 80 ℃ 的水浴中恒温 45 min,在最大激发波长 370 nm,最大发射波长 495 nm 的条件下测定。检出限为 0.34~10.0 mg/L。改进的方法为,建立了连续自动荧光分析技术,先用弱碱性阳离子交换柱分离毒液,在沸水浴中与等体积 4 mol/L 氢氧化钠溶液反应,检出限为 0.44~88.0 mg/L。TTX 在碱性条件下生成 C_9 碱的同时,也定量生成草酸钠,后者在 230 nm 处有明显的吸收峰,根据此建立的紫外分光光度法检出限为 20~100 μg/mL。上述两种方法操作简便,但灵敏度低、专一性差(周晓翠等,2008)。

(2) 薄层色谱法及其联用技术

薄层色谱法(thin layer chromatography,TLC)是一种较早应用于 TTX 的检测方法,适用于含量相对较高的定性及定量检测。有学者(Ho et al.,1994)应用该法测定了胞外血淋巴中含有的 TTX。使用硅胶板(Merch),以正丁醇—冰醋酸—水(2∶1∶1)为展开剂,展开后用 10% 氢氧化钾的甲醇溶液喷板,于 120 ℃ 加热 15 min,在 365 nm 处测定紫外吸收,可见蓝色荧光点。

火焰离子检测器(flame ionization detector,FID)已广泛应用于多种色谱分析中,将 TLC 与 FID 结合应用于药物及生化领域的药物筛选是一项重要的进步,具有灵敏、简单、快速等优点,也为重油、食品添加剂和工业产品的分析开辟了新的途径。该方法不需将 TTX 变成 C_9 碱,避免了产生衍生物带来的干扰,检测限为 0.04 mg/L(沈晓书等,2006)。

(3) 电泳法及其联用技术

国外学者应用毛细管等速电泳定量检测东方鲀属鱼类提取的粗产物。此法可在 20 min 内完成分析,其检测限为 5 mg/L(Shimada et al.,1983)。

Lee 等(2000)应用电泳方法检测了东方鲀属鱼类肠中 TTX 含量。此法在乙酸纤维素膜上进行,利用 0.08 mol/L Tris-HCl 缓冲液(pH 8.7),在 0.8 mA/cm² 的恒定电流条件下进行 30 min 后,将此膜喷以 10% 氢氧化钾,加热 10 min,在 365 nm 紫外灯下依次观察到 TDA、脱水-TTX 及 TTX 荧光点。

有学者将 TLC 与 FAB-MS 联用的同时,也将硝酸纤维膜电泳与 FAB-MS 联用,其电泳条件与 Lee 等(2000)实验条件类似,经过电泳后的膜转移至 FAB-MS 进行检测。

(4) 气相色谱法(gas chromatography,GC)—质谱(mass spectrometry,MS)联机

气相色谱法检测 TTX 的基本原理是先将 TTX 通过碱反应衍生为 C_9 碱,用三甲基硅烷衍生化后进样,通过检测 C_9 的含量间接检测 TTX。

国外学者(Asakawa et al.,2000)将 TTX 转化为 C_9 碱后进行三甲基硅烷衍生化,将其进样至 GC-MS(AutoSpec Micromass,UK)联用仪,在质荷比 40～600 内扫描,质荷比 407、392、376 为其特征峰,检测出带状虫中高浓度的 TTX。

(5) 高效液相色谱法及其联用技术

高效液相色谱法(HPLC)是应用免疫亲和柱或将 TTX 转化成 C_9 碱再进行检测。有学者(O'leary et al.,2004)通过固相萃取柱提取血液和尿液中的 TTX 后进行 HPLC-FLD 检测,血和尿中的检测限分别为 5 $\mu g/L$ 和 20 $\mu g/L$,现行范围分别为 5～20 $\mu g/L$ 和 20～300 $\mu g/L$。

TTX 及其类似物的结构极其相似,应用普通的 HPLC-FLD 很难将其分离并检测。近年来,HPLC 与 MS 的联用技术发展迅速,已广泛应用于 TTX 的分析中。Shoji 等(2001)应用 LC-ESI-MS 将长碳链(C30)反相柱及含有离子对试剂(七氟丁酸铵)的流动相结合起来,能够对 TTX 及其类似物进行较好的分析。选择离子监测,检测限为 8.96 $\mu g/L$。他们进一步利用 LC-MS-MS 对含有 0.35 μg 的 TTX 及其类似物的东方鲀属鱼类样品进行二级质谱分析,TTX、6-表 TTX 及 4-表 TTX 的特征峰出现在质荷比为 302～162,而 11-脱氧 TTX 的特征峰出现在质荷比为 304～176。由于 TTX 及其类似物的二级质谱行为有差异,因此,此法可作为 TTX 及其类似物准确的分析方法。

3. 免疫检测法

(1) 以单克隆抗体为基础的免疫学检测法

用免疫化学方法检测河豚毒素于 1989 年以后见于文献报道。TTX 免疫检测方法的基础是单克隆抗体(monoclonal antibody,McAb)制备技术,将小分子的 TTX 链接到大分子载体(如牛血清白蛋白 BSA、钥孔戚血蓝素 KLH 等)上,使其成为完全抗原并应用其免疫动物(周晓翠等,2008)。目前使用的偶联

剂为甲醛。采用小剂量长周期免疫方案。最早的免疫检测法是 Watabe 等
(1989)以 BSA 为载体建立的方法,但存在 McAb 反应性低的显著缺陷。之后,
Rayboald 等(1992)用 KLH 代替 BSA 来制备单抗,用碱性磷酸酶标记单抗,直
接法的最低检测限达到 $2\sim3~\mu g/mL$,间接法为 $30~\mu g/mL$。该方法与小鼠检测
法和 HPLC 检测法的符合率良好。

(2) 抗血清检测

用生物素—亲和素(BAS)作为标记系统,用从血清中分离出来的免疫球蛋
白 G(IgG)做间接竞争性酶免疫试验。该方法是 20 世纪 70 年代后期发展起来
的一种测定技术。Matsumura 和 Fukiya(1992)通过研制出抗 TTX 抗血清,用从
中分离出的 IgG 进行包被,以生物素标记的抗 TTX 单抗和亲和素标记的酶为显
色系统,检测东方鲀属鱼类样品中的 TTX 含量,其线性范围为 $5\sim1~000~ng/mL$,
最低检出限为 $0.1\sim0.5~ng/mL$。之后,又用亲和素-辣根过氧化物酶标记抗
TTX 的 McAb,间接竞争性酶联免疫吸附法检测 TTX,其线性范围为 $0.5\sim$
$50~ng/mL$,最低检出限达 $0.05~ng/mL$(Matsumura,1995a)。

河豚毒素的检测方法很多,各有优缺点(表 9 - 6),可根据实际工作需要选
用。TTX 将来的发展方向应该是针对现场应用、准确、快速、高效、操作简单并
且单样本检测成本低廉的方法。目前,免疫学检测方法最为接近上述要求。其
简单实用,最适用于天然物质及食品样品中 TTX 的定性和定量分析。同时,免
疫学检测方法实际检测过程中所需仪器较少,因此操作简便。单克隆抗体技术
正日臻完善,开发周期缩短,制作成本降低,河豚毒素免疫检测产品市场前景广
阔(周晓翠等,2008)。

表 9 - 6　河豚毒素检测方法比较(周晓翠等,2008)

方　　法		特异性	灵敏度	费　用	技术要求
生物检测法	小鼠检测法	差	低	低	低
	离体组织检测法	差	高	低	高
理化检测法	荧光法 紫外分光光度法	差	低	低	低
	色谱法	差	高	低	低
	其他仪器分析法	好	高	高	高
免疫学检测法	单克隆抗体检测	好	高	低	高
	抗血清检测	差	高	低	低

9.3.3 野生及养殖菊黄东方鲀毒素的分布

东方鲀属鱼类是近海肉食性有毒海产鱼类,中国近海常见的有毒东方鲀的毒性强弱一般顺序为卵巢、肝脏、皮肤、肠、肾、眼、鳃、脊髓、脾、血、精巢、肌肉等。不同种东方鲀属鱼类具有不等量的毒性,同一东方鲀属鱼类因地区与季节不同也会有不等量的毒性,野生东方鲀属鱼类通常在繁殖季节期间毒性最大(萧哲等,2012)。因此,鲜食野生东方鲀属鱼类(特别是每年春末夏初季节)极易中毒,应严格监管。我国从 20 世纪 80 年代开始,已有关于野生菊黄东方鲀毒性的检测报道(赵洪根,1981),研究显示,野生菊黄东方鲀肝脏和卵巢有强毒或弱毒,鱼皮有弱毒,肌肉无毒;之后,萧哲等(2012)和刘智禹(2011)分别对珠海地区和广东海域的野生菊黄东方鲀的毒性进行了检测分析,结果显示,鱼皮和肌肉均为无毒(表 9 - 7)。

表 9 - 7　不同产地菊黄东方鲀各器官毒素分布与比较　(单位: MU/g)

文　献	鱼来源	规　格	肝脏	生殖腺		鱼皮	肌肉
				卵巢	精巢		
赵洪根,1981	1980 年出口 日本(野生)	21.0~30.5 cm 335~1104 g	10~955BC	10~870BC	未检	10~47C	—D
萧哲等,2012	珠海地区野生	14.4~18.3 cm 66~120 g	110.5 B	未检	未检	7.3 D	7.0D
刘智禹,2011	广东海域野生	17.1±5.5 cm 187.4±72.8 g	17.4 C	33.2 C	未检	2.3 D	0.4D
纪元等,2010	山东养殖 江苏养殖	17.5±1.2 cm 229.5±48 g	—D —D	—D —D	—D —D	—D —D	—D —D

注: B,强毒,10 g 以下不致死(毒性 100~1 000 MU/g);C,弱毒,100 g 以下不致死(毒性 10~100 MU/g);D,无毒,1 000 g 以下不致死(毒性＜10 MU/g);"—"表明文献中测定,但未列出具体数值,下表同

我国养殖东方鲀体内毒素的分布特点与野生品种体内毒素的分布基本相同,卵巢的毒性最强,眼睛的毒性高于皮、肝脏和脾脏,雌鱼的毒性高于雄鱼,而养殖的雄鱼基本不具有毒性(李勤等,1999)。有研究发现,养殖菊黄东方鲀体内 TTX 的分布为肌肉和卵巢最强,其次是肝脏和皮(纪元等,2010)。李云峰和马晨(2014)利用液相色谱法对各个季节河北秦皇岛人工养殖菊黄东方鲀的肝脏、肌肉、性腺与血液中的河豚毒素含量进行测定,结果表明,各个季节肌肉均为无毒,而肝脏、性腺与血液各个季节的毒性为无毒或弱毒(表 9 - 8)。纪元等

(2010)分别用小鼠检测法和酶联免疫法对山东乳山和江苏南通人工养殖的菊黄东方鲀鱼皮、肌肉、精巢、卵巢、肝脏中河豚毒素的含量进行测定,结果均为无毒(表 9-7)。上海市水产研究所科研人员采用高效液相色谱法对奉贤基地养殖的菊黄东方鲀鱼皮、肌肉、精巢、卵巢、肝脏中河豚毒素的含量进行了长期且系统的跟踪调查研究,结果显示,养殖菊黄东方鲀无论是商品规格鱼还是性成熟亲鱼或者是当年幼鱼的上述各器官均为无毒(表 9-9)。由此可以说明,养殖菊黄东方鲀毒力较野生菊黄东方鲀已大大降低,一般认为养殖菊黄东方鲀可安全食用,然而毒素含量的季节变化仍然会有所表现(纪元等,2010;李云峰和马晨,2014)。

表 9-8 不同季节养殖菊黄东方鲀各器官 TTX 含量(李云峰和马晨,2014)

季 节	肝脏(MU/g)	肌肉(MU/g)	性腺(MU/g)	血液(MU/mL)
春季(3～5 月)	13.7 C	0 D	22.1 C	8.9 D
夏季(6～8 月)	0 D	0 D	未检	0 D
秋季(9～11 月)	0 D	0 D	未检	0 D
冬季(12～次年 2 月)	19.3 C	0 D	未检	16.8 C

注:检测菊黄东方鲀平均规格为(21.5±4.8) cm,(348±210.1) g

表 9-9 上海市水产研究所奉贤基地养殖菊黄东方鲀各器官 TTX 含量与比较

年份	季节批次	规格	肝脏	生殖腺		鱼皮	肌肉
				卵巢	精巢		
2010	秋季当年鱼种	9.6±4.7 cm 35.5±14.2 g	*D	未检	未检	*D	*D
	秋季成鱼	17.5±8.5 cm 267.7±105 g	*D	未检	未检	*D	*D
2011	春季性成熟子一代	21.7±1.4 cm 464.7±80.6 g	*D	*D	*D	*D	*D
	春季性成熟子二代	18.0±0.8 cm 291.8±46.5 g	*D	*D	*D	*D	*D
	春季成鱼	17.6±1.6 cm 237.1±45.3 g	*D	未检	未检	*D	*D
	秋季当年鱼种	9.4±4.7 cm 35.6±14.1 g	*D	未检	未检	*D	*D
	秋季成鱼	17.5±8.5 cm 267.6±105.9	*D	未检	未检	*D	*D

（续表）

| 年份 | 季节批次 | 规格 | 肝脏 | 生殖腺 | | 鱼皮 | 肌肉 |
				卵巢	精巢		
2012	春季性成熟子一代	21.5±0.8 cm 509.5±57.8 g	＊D	＊D	＊D	＊D	＊D
	春季性成熟子二代	18.7±1.0 cm 361.0±16.9 g	＊D	＊D	＊D	＊D	＊D
	春季成鱼	16.6±1.0 cm 218.7±43.1 g	＊D	＊D	＊D	＊D	＊D

注：“＊”表示未检出（检出限 0.5 mg/kg≈2.27 MU/g）

9.3.4　河豚毒素的提取

河豚毒素提取的研究从 20 纪 50 年代开始，普遍采用离子交换层析法提取毒素（郭慧清等，1997）。1997 年我国科研人员研制了高纯度河豚毒素的制备工艺，目前河豚毒素的提取方法主要有乙酸提取或改良乙酸提取、树脂提取和甲醇提取等（林连升和彭珊，2005）。现将提取方法介绍如下。

1. 实验室制备方法（李晓川和林美娇，1998）

河豚毒素的实验室提取方法可拆分为 6 个步骤，现将各步骤进行详细说明如下。

第一步：将鱼内脏与 2 倍体积的无水甲醇放在 Waring 氏掺含器中一起匀化，再用甲醇稀释成 2.5 L/kg 鱼组织，将含有 10％硫酸的甲醇加入悬浮液到 pH 1.5～2.0，室温下搅拌 2 h，过滤，每千克原料组织用 1.25 L 酸化甲醇再提取不溶物，过滤。

第二步：在室温下将合并的滤液与 5 倍体积丙酮一起搅拌，用稀 NH_4OH 调节 pH 6.5～7.0，搅拌 1 h，使悬浮物沉降 4 h 以上，离心，每千克原料鱼组织得 135 mL 的残留物再悬浮于水中。用固体碳酸钠调节 pH 到 6.5±0.5，在室温下搅拌 1 h，过滤，用少量水再提取残留物，合并可溶性部分。

第三步：在 pH 6.5 时将毒素溶液加到 CS‐101 离子交换树脂柱（钠型），每小时每体积树脂约加入 1/5 体积的溶液。这时流出的液体的 pH 约 7.5，毒素加入后，用约 2.5 倍体积的水洗柱，然后以同样的流量用 1 mol/L 乙酸洗脱。在 pH 6.5～4.0 洗脱毒素。合并级分，经冷冻干燥缩小毒素级分的体积。

第四步：加入 A‑40 离子交换树脂（羟基型）于黏稠物直到 pH 7.00±0.05，过滤除去树脂，用水洗柱，以每小时每体积树脂流出体积约为 1/20 体积的速率将合并的可溶性级分，再上到 XE‑89 树脂柱上，毒素上柱后，以每小时每体积树脂约 1/10 体积的速率，用 4 倍体积的水洗柱。

第五步：以每小时每体积树脂 1/10 体积的速率用 0.08 mol/L 乙酸洗脱 XE‑89 柱，在 pH 4.1～6.1 洗脱这种毒素，冷冻干燥，重新构成 15 000 MU/mL，用羟基型 A‑40 树脂调节 pH 6.0～6.2（以 0.05 mL/g 剂量腹腔注射，在 2.5 min 内毒杀 1 只小鼠的毒素溶液，含有 5 MU），离心，也用上述方法洗树脂。用碳酸钠将合并溶液的 pH 调节到 8.2，室温下使其沉淀 24 h，离心，用少量水洗涤沉淀。

第六步：在 pH 4.8～5.0 的条件下，将沉淀的毒素溶解于少量的稀乙酸中。离心不溶性物质，用稀碳酸钠溶液调节上清液的 pH 至 7.0，如有需要，就用毒素结晶播种结晶，继续加碳酸钠到 pH 8.2。离心形成的结晶，用少量水洗涤。重复结晶 3～4 次，能得到组织存在的毒素的 58%，每毫克干固体的毒性为 3050 MU。

2. 河豚毒素工业提取方法

河豚毒素在自然界中存在广泛，目前已在除东方鲀属鱼类外的纽形动物门、软体动物门、脊索动物门、节肢动物门、环节动物门、扁形动物门、毛颚动物门、棘皮动物门中的许多生物中检测到河豚毒素（王晓杰等，2009），但真正能作为工业生产原料的还是只有东方鲀属鱼类。据估计，河豚毒素的世界年产量还达不到 20 g，主要产品均以高价出售（每克纯品河豚毒素售价为 5.5 万～27 万美元）。目前，河豚毒素主要应用于神经生理作用机制的研究，还未广泛应用于临床。这不仅是因为其价格高昂，而且临床应用中剂量较难把握，尚未确定一个安全合适的临界值（李晓川和林美娇，1998）。

（1）操作步骤（李晓川和林美娇，1998）

第一步，原料的采收和保存：新鲜东方鲀属鱼类的肝脏和卵巢可以冷冻保存，也可用 2.5%～3% 甲醛浸泡卵巢和肝脏。

第二步，原液制备：切碎，浸提 4 次，煮沸的蛋白渣可以再浸提 3 次，共 7 次，基本可将毒素完全提取出来。

第三步，除杂蛋白的方法：加热煮沸 10 min，冷却，可使蛋白质沉淀过滤出去。

第四步,过滤:采用低浆过滤效果较好。为防止原液腐败,可以加正丁醇3%以上防腐,防止树脂的堵塞。

第五步,洗脱剂:用10%～15%乙酸,其中15%乙酸效果更好。

第六步,苦味酸:洗脱液高浓度的河豚毒素含量在500 mg/L以上,放在冰箱(−10 ℃)冷冻3 d时可直接用氨水调节pH至8.7～8.9(低温),然后在2 ℃下放置洗出结晶。吸出母液,沉淀物再用乙酸溶解,过滤,调pH至8.8,吸收沉淀物用水洗2次,冷冻真空干燥,然后加苦味酸制成苦味酸盐。

(2) 工艺流程

以菊黄东方鲀卵巢作为材料,说明河豚毒素的提取工艺流程(图9-3)。

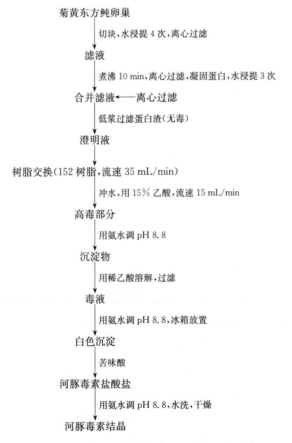

图9-3　菊黄东方鲀卵巢毒素分离纯化工艺
流程图(李晓川和林美娇,1998)

242

9.3.5　河豚毒素的中毒症状及处理

1. 中毒症状

河豚毒素中毒发病急速而剧烈,多在摄食后 10~45 min(有些人在 0.5~3 h)即出现不适:初期有颜面潮红,头痛,继而出现剧烈恶心、呕吐、腹痛、腹泻等肠胃道症状;然后出现感觉神经麻痹症状,口唇、舌、指端麻木和刺痛感觉减退;继而出现运动神经麻痹症状,手、臂肌肉无力,抬手困难,腿部无力以致运动失调,步态蹒跚,身体摇摆;舌头发硬、语言不清,甚至全身麻痹、瘫痪;病情严重者出现低血压、心动过缓和瞳孔固定放大,呼吸迟缓浅表,逐渐呼吸困难,以致呼吸麻痹,脉搏由亢进到细弱不整,最后死于呼吸衰竭;可于 4~6 h 内死亡,最快者食用后 1 h 多即能死亡,最迟者不超过 8 h。如抢救及时病程超过 8~9 h未死亡者多能恢复,病死率 40%~60%(崔竹梅等,2003)。

2. 中毒处理

TTX 中毒目前尚无特效解毒药,中毒早期应彻底催吐、洗胃和导泻,以排出尚未吸收的毒素。催吐应尽快进行,可口服 1% 的硫酸铜 100 mL,如患者已有呕吐不需药物催吐,应立即用 1∶2 000~1∶4 000 高锰酸钾或 1%~9% 碳酸氢钠溶液或 0.2% 活性炭悬液大量反复洗胃,以便尽快彻底排除胃内毒素,导泻可用 50% 硫酸镁 50 mL。中期中毒可用 L-半胱氨酸盐酸盐静脉滴注以促进毒素的排泄及维持水和电解质的平衡。呼吸困难可用洛贝林、尼可刹米等药物注射,肌肉麻痹可用 1% 盐酸士的宁肌内注射 2 mL,每日 3 次,同时并用高渗葡萄糖液输液以保护肝脏帮助排毒(崔竹梅等,2003)。

林文銮和黄惠莉(1999)研究发现,TTX 中毒患者饮入大量新鲜余甘果汁,同时注射 S—P 剂(亚硫酸氢钠和磷酸的混合液)有一定的疗效。其机制主要是新鲜余甘汁富含超氧化歧化酶,可增强机体抗毒性;而 TTX 结构中一个内酯环是其毒性的成因,S—P 剂可使此环断裂破坏则毒性消失。

廖永岩和李晓梅(2001)在研究食用中华鲎中毒的防治过程中,对传统常用方法进行改进,在洗胃、促排的基础上,注射阿托品、东莨菪、樟柳碱来解毒;治疗肌肉麻痹时除注射士的宁外,添加维生素 B_2、维生素 B_5、咖啡因、山梗烷酸和硫代硫酸钠与生理盐水一起静脉注射。建议用蜀葵煎剂来治疗 TTX 中毒,沿海一带渔民很早就有用之治疗东方鲀属鱼类中毒,它有很强的利尿排毒、抗炎、抗毒物凝血及拮抗毒素扩张血管的作用,治疗者除洗胃、静脉滴注呼吸兴奋剂和肾上腺皮质激素及保护神经细胞的药物外,还可服用鲜蜀葵(全草,冬季用根)600～800 g,加水 150 mL,水煎 30 min 分次服用。以后每日取鲜蜀葵 400 g 水煎后分早、中、晚 3 次服用,直到症状消失。此外,还可取楠木(三层皮)100～200 g 加水 300～400 mL 煎至 200～400 mL,口服或灌肠;鲜橄榄、鲜芦根各 200 g 洗净捣汁饮,马兰草水煎服。

临床上曾有人试用莨菪类药物和胞二磷胆碱进行 TTX 中毒患者的抢救(滕军等,1998)。谢克勤等(2002)也在临床中发现,碳酸氢钠、氢溴酸东莨菪碱对 TTX 有明显的拮抗作用:碳酸氢钠在小鼠实验中可明显延长死亡时间且降低死亡率;氢溴酸东莨菪可降低死亡率但不能延长死亡时间;相比之下,阿托品和半胱氨酸的拮抗作用并不明显。

附录　生物饵料的培养

　　菊黄东方鲀苗种培育主要的饵料生物包括：轮虫、卤虫、枝角类和桡足类。本部分主要介绍适用于菊黄东方鲀生产性苗种培育的轮虫培养、卤虫集约化孵化，以及枝角类和桡足类的敞池培养。

1.1　轮虫培养

　　轮虫广泛分布于江河、湖泊、池塘、近海等各类海水、淡水水体中，因其极快的繁殖速率、生产量很高，在生态系结构、功能和生物生产力的研究中具有重要意义。轮虫是许多经济水生动物幼体的开口饵料，在渔业生产上（特别是繁育生产）具有很大的应用价值。

　　20世纪20～30年代，日本等国就开始进行轮虫工厂化培养技术的研究。20世纪50年代，我国引进日本轮虫室内工厂化培养技术，由于国内水产经济动物规模化育苗对轮虫的需要量大，室内工厂化培养轮虫的数量难以满足需求，此外，该技术投资大、运行费用高，因此，目前在国内，室内工厂化培育轮虫主要应用于实验室及小规模的水生动物繁育生产中，很少在大规模的水生动物繁育生产中推广使用。现在，我国主要采用轮虫的敞池增殖技术，利用土池规模化培育轮虫以满足渔业生产的批量需要。

　　在轮虫实际的敞池培育中，池塘沉积物中往往蕴藏着丰富的轮虫休眠卵，数量从每平方米几万至几百万不等。在 $5\sim40\ ℃$，pH $4.5\sim11.5$，溶氧 $>$ $0.3\ mg/L$ 的条件下可以萌发，人工采用激活措施还可提高萌发速率。

1.1.1　常见轮虫的种类

常见的轮虫有十余种，本部分主要介绍生产中常用的几种轮虫及其休眠卵。

1. **萼花臂尾轮虫**（*Brachionus calyciflorus*）**及其休眠卵**

萼花臂尾轮虫（图1）被甲透明，前端具4个长而发达的棘状突起，中间的一对突起较两侧的大；被甲后端有一个具环状沟纹的长足，能自由弯曲。在周期性变异中，其被甲后半部膨大之处还会生出一对刺状侧突起。

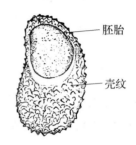

图1　萼花臂尾轮虫　　　　　图2　萼花臂尾轮虫休眠卵

其休眠卵（图2）卵型大、呈肾形，长径约150 μm、短径约100 μm。卵壳表面具凹凸不平的条状棘突，显微镜下呈现不规则弯曲的粗线纹，壳缘刺突明显。胚胎位于小端，钝圆。隔年的休眠卵或经高渗液处理的休眠卵，通常具一大气室。

萼花臂尾轮虫是淡水轮虫品种，在池塘中，当密度大于1万个/L时，常产生大量的休眠卵，每个产休眠卵的轮虫一般带卵1～2枚，产出后挂于虫体被甲末端之足孔两侧，稍久脱落而沉没水底。1 t肥厚的池塘淤泥中可蕴藏上亿个萼花臂尾轮虫的休眠卵。

2. **壶状臂尾轮虫**（*Brachionus urceus*）**及其休眠卵**

壶状臂尾轮虫（图3）具3对背部前棘刺，中间1对最大，其余2对略小，另具2个腹前棘突。身体不分节，具环纹，并能伸缩摆动。

图3　壶状臂尾轮虫　　　　　图4　壶状臂尾轮虫休眠卵

休眠卵（图4）卵型大、呈肾形，卵径与萼花臂尾轮虫休眠卵接近，但卵形更为尖细,具一明显的卵盖。壳面线纹较细,壳缘刺突不清。胚胎偏于卵的小端,先端常平齐。

壶状臂尾轮虫休眠卵的形成及分布与萼花臂尾轮虫相似,但出现率较低,对盐度的适应性稍强,有时能在半咸水中发现其踪迹。

3. 褶皱臂尾轮虫(*Brachionus plicatilis*)及其休眠卵

褶皱臂尾轮虫(图5)分 L 型与 S 型,L 型褶皱臂尾轮虫前腹棘刺先端钝,不等长,S 型褶皱臂尾轮虫具 4 个腹前棘刺。

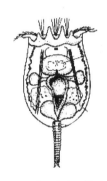 

图5　褶皱臂尾轮虫　　　　　　图6　褶皱臂尾轮虫休眠卵

休眠卵(图6)卵型大、呈肾形,卵径及卵形与萼花臂尾轮虫休眠卵相近,但壳纹更为细腻,壳缘无棘突。胚胎位于卵之大端,末端多齐平。

褶皱臂尾轮虫是海水轮虫的一种。虽然在海洋中的轮虫有 50 多种,它们多数生活在沿岸浅海区,但是既能在海水中进行大量培养又能用于海产动物苗种培育的,仅有褶皱臂尾轮虫一种。褶皱臂尾轮虫具有适应力强、生长快、游动缓慢等特点,适合大规模人工培养,是海水水生动物幼体不可缺少的活体饵料。

在内陆咸水水域或沿海富营养化程度较高的水体中,该种轮虫常大量繁殖,对"拥挤效应"有极强的适应性。通常,密度超过 2 万~3 万个/L 时才有休眠卵的形成,一个轮虫每次产休眠卵 1~2 个,罕有 3 个,休眠卵离体后一律沉积水底。底泥层中的休眠卵量有时能高达 1 000 万~2 000 万个/m²。在这种富含休眠卵的池塘中,如用机械或铁链拉拽搅动底泥,可使休眠卵上浮水面,有时在池边或四周能见到一层微红色的卵浮膜,将之采出便可作为移植其他水体或室内培育的"种源"。

4. 角突臂尾轮虫(*Brachionus angularis*)及其休眠卵

角突臂尾轮虫身体壮实,前端有 2 个、4 个、6 个棘,后端浑圆,角状或具 1～2 个棘,足孔有棘刺或无棘刺,被甲(图 7)前端只有 1 对棘刺。

卵盖

图 7　角突臂尾轮虫被甲　　　图 8　角突臂尾轮虫休眠卵

角突臂尾轮虫休眠卵(图 8)为中型、呈肾形,长径约 100 μm、短径 60～70 μm,卵盖清晰,卵壳表面具蜂窝状装饰物,镜下呈稀疏分布的颗粒状花纹。胚胎位于卵的小端,先端平齐。

休眠卵的形成及分布与萼花臂尾轮虫相似,但出现时间较早,在冬季出现的种群中,早春即可见到大量的休眠卵。

5. 矩形臂尾轮虫(*Brachionus ldydigi*)及其休眠卵

矩形臂尾轮虫被甲(图 9)后侧稍向外展,整个被甲近似矩形。

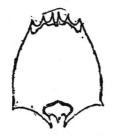

图 9　矩形臂尾轮虫被甲　　　图 10　矩形臂尾轮虫休眠卵

休眠卵(图 10)卵型大、呈椭球形,长径约 120 μm、短径 80～100 μm,呈黑褐色。卵壳表面装饰物呈峰状。棘突或尖或钝,或高或低,镜下呈网络状,壳缘突起明显。

该种常间生于其他臂尾轮虫种群中,很少单独形成优势种。在池塘浮游轮虫群落数量极大时,该种的数量即使不多也会出现休眠卵。

6. 卜氏晶囊轮虫(*Asplanchna brightwel*)及其休眠卵

卜氏晶囊轮虫(图 11)无足,身体无刺,也无针样或肢样突起物,无肠和肛门,胃不扩张,也无污秽胞,体大透明如灯泡,卵胎生,身体两侧和腹面无瘤状或翼状的突出物。

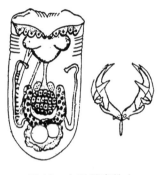 

图 11 卜氏晶囊轮虫　　　　图 12 卜氏晶囊轮虫休眠卵

休眠卵(图 12)大且呈球形,卵径平均 160 μm,最大可逾 200 μm。卵壳表面具泡状装饰物,镜下呈比较规则的半球形壳纹,其间有点状花纹。刚形成的休眠卵色淡,半透明,成熟后色泽加深,不透明。

休眠卵形成后,不产出体外,随母体死亡而沉寂水底。当水温 15 ℃以上时,大量萌发,故繁殖盛期在春末夏初,休眠卵也在此时形成。由于其捕食的特性,其是其他轮虫的敌害。当其休眠卵大量存在于池塘时,该池塘不宜用作培养其他轮虫。在盐度高于 8 的半咸水池塘中,晶囊轮虫不能生存,淤泥中也找不到休眠卵。

1.1.2　轮虫敞池培养

1. 选塘

轮虫培育池的水深通常以 1.2～1.8 m,面积 3～5 亩为宜。通常培育池毗邻大型水体(储水池、水库等),以便饵料池的设置和水质调控。大规模的水生动物繁育生产中,为保证轮虫培养的质量和数量,往往为轮虫培育池配套饵料池,以满足轮虫培育的饵料需求。

一般选用底质腐泥化程度极高或多年饲养底层鱼类的池塘作为轮虫培育

池。在确定选用轮虫培育池前,需用采泥器定点采取池底表层沉积物,进行轮虫休眠卵的定性和定量。大型臂尾轮虫(萼花臂尾轮虫、壶状臂尾轮虫或褶皱臂尾轮虫)休眠卵量大于 100 万个/m² 可考虑作为轮虫培育池,但晶囊轮虫休眠卵过多者最好不用。

2. 排水冻底

秋末排水,使池塘自然冰冻越冬,可促使休眠卵的萌发,还可冻死敌害,特别是那些难以用药物杀灭的底栖敌害生物,如才女虫等。

3. 清塘晒底

低纬度地区的池塘冬季不结冰,可用药物(150～200 kg/亩的生石灰或大于 50 ppm 的漂白粉)实施排水清塘消毒,而后进行 5～7 天的晒底,可以起到清除敌害和激活休眠卵萌发的作用。

4. 注水搅底

轮虫培育池首次注水以 20～30 cm 为宜,随着轮虫密度的增加,逐步增加水体容积,注满池平均水深以 1.5 m 为宜,随后进行机械或人力搅动底泥。搅动底泥可使沉积于底质中的休眠卵上浮或沉落于泥表,以获得萌发必需的溶氧和光照等。

轮虫休眠卵只在注水后才能萌发,生产上以注水时间来控制池塘轮虫达到高峰期(1 万个/L)的时间。轮虫生物量达到高峰期的时间,直接与第一代轮虫(由休眠卵萌发)数量相关,即与轮虫培育池底泥中的有效休眠卵量(指 0～5 cm 表泥层中能被搅动上浮的休眠卵)相关。可萌发卵量大约占有效休眠卵量的 10%,萌发率约 50%。如有效卵在 200 万个/m²,水深 0.7 m,水体中第一代的轮虫数量能达到 150 个/L,臂尾轮虫在 10 ℃ 时,平均世代为 5 天,每个抱卵雌体以平均带 4 个夏卵计算,经 15 天能达到 5 000～10 000 个/L 的轮虫高峰期。

5. 水肥度控制

轮虫大量发生(大于 500～1 000 个/L)前不用施肥,利用池塘固有肥力(富含休眠卵的池塘沉积物丰厚,肥力较足)自然繁殖浮游植物,通常池水透明度保持在 30～40 cm,pH 小于 9.5,溶氧适中,避免高 pH、高溶氧及藻类浓度过大对轮虫繁殖的不利影响,该阶段处于轮虫培育池前期,轮虫繁殖处于高峰期之前,水肥度调控把握好"先瘦后肥"的原则;当轮虫密度大于 1 000 个/L 时,施肥(化肥+有机肥),使池水透明度降至 20~30 cm,此阶段轮虫繁殖进入高峰期,即使出现短暂的高 pH、高溶氧现象,但整个水质也会因轮虫与浮游植物间的互相制约而得以平衡。

6. 投饵

培育池轮虫开始大量繁殖,进入指数增长期后,需要及时补充饵料。饵料由浮游植物、有机碎屑和菌类(包括细菌和酵母)混合投喂。当池水中浮游植物量极大(透明度小于 10 cm)时,pH 往往偏高,溶氧过饱和不利于轮虫的增殖,此时补充有机碎屑(粪肥、豆浆等)或菌类(光合细菌、酵母等),可有效降低过高的 pH 和溶氧,当浮游植物量较少(透明度大于 30 cm)时,应首先考虑补注富含浮游植物的肥水,同时补充有机碎屑或菌类,以减少滤食者(轮虫)对被滤食者(浮游植物)的压力,有利于池水肥度和良好水质的保持。

能否保证足量的单胞藻是轮虫培育成败的关键。当轮虫密度大于 1 万个/L 时,由本池繁殖起来的浮游植物量,只能提供其饵料的一半左右,其余依靠外源。生产上,可根据需要设置专门浮游植物培养池(通常按 1:1),以大体满足轮虫池对单胞藻的需求。

7. 增氧

依靠控制水体肥度,培育足够数量的浮游植物,实现生物增氧可保障轮虫培育池溶氧。但在轮虫生物量极大(大于 2 万个/L)时,浮游植物被滤食殆尽或存池数量少,池水溶氧很难保持。轮虫培育池补充溶氧是使轮虫持续高产的重要措施,可通过增氧机增氧,同时增氧机还可起到搅水均匀食物、避免轮虫群游等多种作用。增氧机启动时间主要在深夜和阴雨天。

8. 敌害防治

轮虫主要敌害生物包括:甲壳动物、摇蚊幼虫、多毛类幼体、大型原生动物和丝状藻类等。对此应以防为主,即彻底清塘,严格滤水。一旦发生可分别采取以下措施。

(1) 甲壳动物

甲壳动物包括桡足类、枝角类、虾、钩虾等和摇蚊幼虫,可用 0.5~1.2 ppm 的晶体敌百虫全池泼洒。具体浓度因敌害种类、水温、水质而异。一般情况(常温,中等肥水)下,枝角类使用 0.5 ppm 晶体敌百虫,桡足类、虾、钩虾和摇蚊幼虫等使用 1.0~1.2 ppm 晶体敌百虫。上述浓度对轮虫影响较小。

251

（2）多毛类

多毛类主要为海稚虫幼体，体长约 1 mm，大量存在时，严重影响轮虫的繁殖。它以成虫或卵在不冻的浅海或池塘底泥中越冬，早春幼体或卵随注水而进入轮虫培育池，所以未经过冻底的池塘，注水时，用密筛绢网（大于 150 目）严格过滤，就可得到有效控制。一旦发生，采用茶饼水泼洒也有效果。

（3）大型原生动物

直径大于 50 μm 的大型纤毛虫（如游仆虫）常常是轮虫的敌害。工厂化高密度培养轮虫时，丰富的有机碎屑促使这类原生动物的大量发生，进而对轮虫形成敌害。室外土池培养轮虫，如果以单胞藻为食物时，这类原生动物难以形成优势种，危害不大。但若投喂酵母（如啤酒酵母），则很可能出现游仆虫，危害程度视其与轮虫的相对密度而不同。当二者相对密度小于 1：3 时，将同步增长，超过此值则轮虫受到抑制；一旦轮虫受到抑制，应停止投喂酵母，补注富含浮游植物的肥水；食物成分和水质改变后，轮虫加速增殖，以腐生性营养为主的游仆虫的繁殖速度锐减，池塘生物群落逐渐改善。

控制轮虫培育池中原生动物，使其始终不成为优势种群的方法是控制施肥和投饵的种类与时间，采用先施化肥培养非鞭毛单胞藻，等轮虫大量繁殖（大于 1 000 个/L）后再追施有机肥和投喂酵母。对于像游仆虫这样的原生动物可投入体长 5～7 mm 的卤虫（密度 500～1 000 个/L），经 1～2 昼夜可基本清除池水中的游仆虫，而轮虫数量有增无减，原生动物清除后，将卤虫用密网捞出或用敌百虫（1 ppm）杀灭，以免影响水体的肥度。如果池塘面积不大，可将卤虫置于孔径小于 1 mm 的尼龙筛绢网箱中，沉入水体，待原生动物清除后取出网箱即可。

（4）丝状藻类

丝状藻类主要有丝状绿藻（水绵、刚毛藻等）、丝状蓝藻（螺旋藻、颤藻等）、丝状硅藻（角毛藻、直链藻等）等。其危害是丝体长大（大于 50 μm）难以被轮虫滤食，同时消耗水体营养盐，并抑制其他藻类生长。一些特大型种类（大螺旋藻、丝状绿藻等）在抽滤轮虫时混入网中无法分离。

目前，对混生于轮虫中的丝状藻类尚无选择性杀伤药物，但预防丝状藻类的发生或干扰的方法有：① 保持适当的浑浊度，可预防水绵、刚毛藻等底栖丝状藻类的发生。池水的浑浊度主要靠单胞藻、轮虫及悬浮物维持，施肥（有机）、投饵（酵母）和搅动底泥均可维持适当的浑浊度。② 轮虫的灯光诱捕。利用轮虫的趋光性和丝状藻类分布的不均匀性,晚间选择合适位置用灯光诱捕轮虫,可排除大型丝状藻类的干扰。③ 网捞。可用手网捞出池边零星的大型丝状绿藻(刚毛藻、水绵等),用小孔径大拉网捞取遍布池塘的大型丝状绿藻。对于那些悬浮于水层中的丝状硅藻、蓝藻、裸藻等,虽然它们抑制小型单胞藻的生长,但也为轮虫提供溶解氧,所以只要强化有机碎屑和菌类食物的投喂即可保证轮虫的繁殖。

9. 抽滤与换水

轮虫密度达 2 万~3 万个/L 时,架 4 英寸①潜水泵,用 150 目筛绢网抽滤,一般 1 亩水体(水深 1 m)架设 1 台水泵每天抽滤 2~3 h,抽出量与繁殖量大体平衡。由于池塘中轮虫分布不均匀,需选择轮虫密度较大的位置(通常上风处多于下风处)和水层(有风浪时中下层多于表层)架设水泵,否则抽滤效果不好。

10. 卵资源的保护

休眠卵是内源型轮虫培育池的物质基础,其数量和质量直接影响着培育的成败。由于春季的干母(从休眠卵孵出的第一代轮虫)主要来自年前沉积于泥层的隔年休眠卵(有效休眠卵),这批卵的多寡十分重要。休眠卵保证的最好办法是在春季停止抽滤或轮虫高峰期消落后,立即采取措施(包括投饵、施肥等)强化培育一批轮虫,使其达到高密度并产生大量休眠卵为下一个生产周期奠定好基础。

以上措施主要针对沉积物中储存大量轮虫休眠卵的池塘。如果选用新建池塘或底泥中很少休眠卵的水体,则必须引种,其方法有 3 种。

(1)沉积物移植

选富含轮虫休眠卵的水底沉积(大于 500 万/m²),加少量(1%)生石灰调节 pH 至中性,兑成浆均匀泼洒于培养池中,此法既引卵又施肥,但劳动量较大。

(2)休眠卵移植

将收集好的轮虫休眠卵装入 300 目筛绢制成的袋中,置于水下 10~20 cm 处,轮虫孵化后解开袋子放出轮虫。休眠卵充足的情况下,此法省力省工。

(3)虫体移植

将室内或室外其他池塘正处于指数增长期的轮虫,按 100~1 000 个/L 的

---

① 1 英寸=2.54 cm。

密度接种投放于培养池中,具体的投放密度视水体肥度而定,水瘦(透明度大于30 cm),投放密度为100个/L;水肥(透明度小于25 cm),投放密度为500～1 000个/L。其原因,除食物外,主要是肥水pH、溶氧高,较大量的轮虫可在短时间内吃掉相当数量的浮游植物,减少因强烈光合作用而带来的高pH危害。如能保证种源,则此法成功率高,且速度较快。

1.1.3 鱼种养殖池内轮虫的生态培养

在夏季东方鲀鱼种养殖池内生态培养轮虫,利用东方鲀夏花鱼种摄食枝角类、桡足类及大型轮虫,用生态的方法控制和去除轮虫的敌害生物;利用东方鲀的粪便及散落的、东方鲀不摄食的饵料碎片作为培养藻类的生态有机肥,不再另外使用任何肥料;其步骤包括鱼种放养、鱼种引食和日常喂养、轮虫引种、增氧、及时适量采收及换水和重复培养6个方面:

1. 鱼种放养

可以采用室外土池,面积一般3～5亩,每个池塘配备一个1.5 kW的增氧机;鱼种放养前,先用150～200 kg/亩的生石灰清池消毒;使用消毒剂48 h后注水,用60目的筛绢网过滤,一般先注水2/3(水深约100 cm);一般在水温25～30 ℃时,3～5天后水色变浓,这时水体中有少量的轮虫、小型枝角类及桡足类幼体;注水一周后,放养夏花鱼种,东方鲀鱼种可以选择常见的种类,如暗纹东方鲀、菊黄东方鲀、条纹东方鲀等,规格为全长3～5 cm,密度为3 000～6 000尾/亩,水体中的枝角类和桡足类成为鱼种的第一顿饵料。

2. 鱼种引食和日常喂养

鱼种放养2～3天后,开始引食,用粉状鳗鱼料搓成黄豆粒大面团,沿池四边离堤0.5～1.0 m投喂,3～5天后逐步缩至饲料台周边区域,一般经7天左右时间的驯化,鱼种就能集中在饲料台上摄食,接下来进行鱼种常规养殖。

3. 轮虫引种

夏季东方鲀鱼种养殖池底中能萌发的轮虫冬卵已经很少,而夏季外源淡水河道水或者海水纳水河中一般都有少量的天然轮虫种,采用换水引种的方法引入轮虫,一般提前1周,用60目的网袋过滤换水,换水量为1/5,进排水20～30 cm,引入外源水中的轮虫,如果外源水没有轮虫,就需另外接种轮虫。

4. 加强增氧

换水引种后,轮虫快速繁殖,数量快速上升,轮虫会消耗大量的氧气,所以要特别注意水体中的溶解氧情况,及时开启增氧机。

5. 及时适量采收

在鱼种养殖池内培养轮虫,轮虫密度不能过高,否则会影响鱼类摄食和生长,所以不能采用常规单纯培养轮虫的密度高峰时再采收的方法,鱼种养殖池内轮虫培养到适中密度、水体透明度明显升高后就要采收,一般引种 5~7 天后,养殖池内轮虫密度可以达到 2~3 个/mL,就可以适量采收。采收方法:清晨 5:00~6:00 水温较低时,在池塘下风口,用 4 英寸潜水泵及 150~200 目的网袋进行抽滤,同时在水泵外面套一个 16~20 目的网袋筐,防止鱼种因水泵水流而卷入水泵内,每次抽滤 20~30 min 后,即可收获,每天抽滤 2~3 次,保持其抽出量与繁殖量大体平衡,采收一般可以持续 5~7 天。

6. 换水和重复培养

轮虫培养后,水质状况会有所下降,采用大换水,换水量为 2/3,及时改善水质,保证鱼种正常的摄食和生长;一般 1 个月后,如果育苗生产有需要,还可以重复培养 1 次。

这种轮虫生态培养方法的突出特点是:① 利用东方鲀夏花鱼种摄食枝角类、桡足类及大型轮虫,用生态的方法控制和去除轮虫的敌害生物,不使用任何药物,而且可以延长轮虫高峰持续时间;② 利用东方鲀的粪便及散落的东方鲀不摄食的饵料碎片作为培养藻类的生态有机肥,不再另外使用任何肥料;③ 培养的轮虫持续时间长、纯度高,同时轮虫个体小且不需要经过专门的藻类强化培养就可以直接投喂使用,适合鱼类开口食用;④ 避免了夏季东方鲀鱼种养殖池内单细胞藻类的优势种疯长后突然死亡而导致的水质败坏;⑤ 在东方鲀鱼种养殖池内培养轮虫,不占用额外的池塘空间,也不影响东方鲀摄食和生长情况,节约了池塘空间,降低了生产成本且操作简便,易于被人们接受和推广。

典 型 案 例

1) 2010 年 7~8 月,通过此法,在暗纹东方鲀鱼种养殖池内培养出淡水轮虫 2 次,每次培养过程中轮虫高峰持续时间 5~6 天。

2) 2012 年 7~9 月,通过此法,在菊黄东方鲀鱼种养殖池内获得海水轮虫 2 次,轮虫高峰持续时间 7~10 天。

1.1.4　轮虫的温室大棚快速培养

1. 温室大棚

利用越冬后闲置的温室大棚,其上面覆以透光性强的塑料薄膜,同时具有充气条件,气石密度 0.5 个/m²。培养池为水泥池,面积为 220 m²,池深 1.5 m。

2. 轮虫种源

褶皱臂尾轮虫种源是培养池内去年的冬卵萌发而成的。

3. 培育用水

采用 2/3～3/4 的天然海水和 1/4～1/3 含有藻种的养殖废水,经沉淀后用 60 目过滤,比重为 1.009～1.011,水温为 16～25 ℃。

4. 饵料

利用天然海水中原来已有的、经过培养的混合型藻类,藻类品种有小球藻、微绿球藻、新月菱形藻等,藻类培养水用养殖废水添加天然海水配置而成。

5. 培养方法

池子清洗后,加入调配好的海水,先利用其中的有机肥进行藻类培养,同时等待轮虫冬卵的萌发,待藻类达到一定密度后,轮虫开始进入指数期。同时每天观察增殖速度,根据水色适时添加藻类。当轮虫密度达到 100 个/mL 左右时可适量采集,采用排水法采集,然后再加入培养好的藻类水继续增殖培养。整个过程采取连续充气。

1.2　卤虫的集约化孵化

1.2.1　卤虫卵的质量评价

卤虫卵的质量可以从两个方面来评价。对养殖者而言,理想的饵料生物必须来源可靠,使用操作方便;对养殖对象而言,必须具有较好的物理特性(如大小等)和营养价值。卤虫卵评价主要有以下几个项目。

1. 孵化质量

孵化质量包括以下 4 个指标。

(1) 孵化率

孵化率是指每 100 粒虫卵所能孵化出的无节幼体的只数。优质卤虫卵的孵化率可达 90% 以上。孵化率不能表示出杂质和空壳含量。

（2）孵化效率

孵化效率是指每克卤虫卵所能孵化出的无节幼体的只数。卤虫卵的最高孵化效率可达 30 万个/g。这个数值能表示出卤虫卵的孵出情况和杂质含量。但还不能表示出无节幼体的大小和重量。

（3）孵化量

孵化量是指每克卤虫卵所能孵化出的无节幼体总干重或总鲜重。孵化量最能表示出卤虫卵的质量，是最可靠的一种卤虫卵评价参数。每克卤虫卵的最高孵化量可达 600 mg 干重/g 干虫卵；一般质量较好的卤虫卵，1 g 卤虫卵孵化后无节幼体的总鲜重达到 3 g 以上。

（4）孵化速度

这个数值是表示卤虫卵孵化快慢和孵化同步性的。在 25 ℃时，天然卤虫卵得到的最佳孵化速度是 15 h 开始出现无节幼体，而后的 5 h 内有 90％的无节幼体孵出。根据孵化速度可以计算出何时进行初孵幼体的收集，以便得到含有高能量的无节幼体。

2. 卤虫卵的生物学测定

不同品系的卤虫卵及其所孵出的无节幼体的个体大小不同，卵壳的厚度也不同。卵壳薄孵化较快，且有用成分的相对含量较高。另外，无节幼体的个体大小对于不同育苗对象的摄食适应性也不同。

3. 无节幼体的脂肪酸含量及组成成分分析

不同脂肪酸的组成和含量对养殖动物的饵料效果有重大影响，因为养殖动物的某些必需不饱和脂肪酸只有从食物中能获得。脂肪酸含量和组成可用气象色谱和高压液相色谱来分析。进行卤虫卵评价时，必须用刚孵出的无节幼体或上壳卵进行分析。

4. 从投喂效果来测定饵料效果

通过养殖动物的增重及生长发育情况等来判断卤虫卵的优劣。

1.2.2　孵化条件

卤虫卵一般在锥形底的孵化桶、孵化缸中充气进行孵化。孵化率是衡量卤虫卵孵化效果和虫卵质量的标尺。除卤虫卵质量外，影响孵化率的因子主要有以下几点。

1. 温度

孵化水温25～30 ℃,控制在28～30 ℃为宜。过高的温度(33 ℃以上)会使胚胎停止发育,温度过低(25 ℃以下)则孵化时间延长。孵化过程保持恒温,有利于保持孵化的同步性。

2. 盐度

卤虫卵在较淡的海水中孵化率较高,常用盐度为20～30。商品卤虫卵孵化采用的盐度以孵化说明书为准,有些品牌的卤虫卵推荐使用盐度15的海水孵化。

3. pH

pH以7.5～8.5为佳,pH过低时可用$NaHCO_3$调节。

4. 充气和溶解氧

在孵化容器底部放置气石,孵化过程中需连续充气,使水体呈沸腾状翻滚,避免在孵化容器底部形成死角。

5. 孵化密度

优质卤虫卵(孵化率85％以上)的密度一般不超过5 g/L(干重)。密度过大时,为维持DO需增大充气量,充气过大时产生的泡沫会使卤虫卵黏连,对孵化不利,且易造成孵出的幼虫受伤。一般生产上采用的虫卵密度为1～3 g/L。

6. 光照

卤虫卵孵化前用淡水浸泡,其吸水1 h内的光照对提高孵化率尤为重要,一般2 000 lx的光照即能取得最佳效果。孵化时采用人工光照,用日光灯或白炽灯在孵化容器上方连续照明。

1.2.3 孵化方法

以孵化池为例,使用具锥形底的水泥池。孵化池用前需要进行消毒,常用消毒剂为高锰酸钾或者漂白粉。卤虫卵在孵化前,用淡水浸泡1 h,使其充分吸水,加快孵化速度,减少孵化过程中的能量消耗。孵化前对卤虫卵消毒,用体积分数2％～3％的福尔马林溶液浸泡10～15 min,或用200 mg/L的有效氯浸泡20 min,消毒后虫卵要进行清洗,清除虫卵表面残留的消毒剂。在前述的孵化条件下,孵化一般在18～24 h。

1.2.4 无节幼体的收集与分离

孵化结束后,从孵化容器内收集卤虫无节幼体(图 13)。首先取出充气管、气石,在孵化容器顶部覆盖黑色不透光布,使孵化容器内呈黑暗状态,15～25 min 后,采用容器底部阀门排水或虹吸将无节幼体和未孵化的死卵的混合物收集于筛绢网袋内,孵化后的空壳浮于孵化容器上层,分离时掌握好时机,尽量避免混入孵化后的空壳。

无节幼体收集起来后,需要再次分离,分离出混入的空壳和未孵化的卤虫卵,空壳如被鱼苗吞食能引起大量死亡。分离主要有趋光分离法和淡水比重分离法。

图 13 卤虫无节幼体

1. 趋光分离法

此方法利用卤虫幼体趋光的特性来分离卤虫无节幼体,一般采用带锥形底的圆柱形分离桶进行趋光分离。分离桶结构:上方设有 100 W 灯泡,下方圆锥形底设有放水阀门,底部阀门离开地面约 50 cm,一般总体积为 300～500 L。生产中,一般设置多个分离桶,便于周转使用。先将分离桶内加过滤海水至80％桶体积;再将孵化容器内收集起来的无节幼体、卵壳和未孵化卵的混合物移入分离桶内,充气 5 min;用黑布罩住分离桶,5～10 min 后空壳上浮于水面,未孵化卵下沉到圆锥形底部,打开底部阀门用筛绢网收集无节幼体和未孵化卵的混合物,当放出水变清时立即关闭阀门,此时分离桶内残余只剩卵壳,将收集到的无节幼体和未孵化卵的混合物重新倒入新的注满80％桶体积的分离桶中,打开上方灯泡,静置 5～10 min,可见无节幼体趋光不断向桶上层集中,未孵化卵沉于圆锥形底部;打开底部阀门将未受精卵排出弃用,当排出水变清时,用筛绢网收集,将桶内水体排净,最后用水管沿分离桶壁将残余无节幼体冲下则分离完成,筛绢网中收集到无节幼体。

2. 淡水比重分离法

利用无节幼体、卵壳、未孵化卵的比重不同进行三者分离。先将三者的混合物倒入盛有淡水的盆内,将盆倾斜静置 3 min。未孵化卵因比重大而沉降到盆底,无节幼体因淡水麻醉出现暂时休克也下沉,并靠近底部,空壳卵比重最轻而浮在水面;再用虹吸法将无节幼体吸入网袋内,滤去淡水。

不论哪种方法,都不能一次分离出很纯的无节幼体,多需进行二次分离。

1.3 枝角类和桡足类的敞池培养

1.3.1 淡水裸腹溞的培养

一般在淡水池塘中,出现率和生物量最大的枝角类往往是裸腹溞,如多刺裸腹溞(图14),其次是隆线溞(图15)。在池塘底泥中,一般都蕴藏着这些枝角类的休眠卵,清塘注水后,先后萌发并达到种群数量的高峰期,出现时间的早晚与水温和休眠卵量密切相关。水温在20~25 ℃时,裸腹溞需10~20天大量繁殖,但其高峰期的数量往往与有效休眠卵的数量有关。

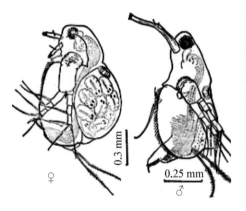

图14　多刺裸腹溞

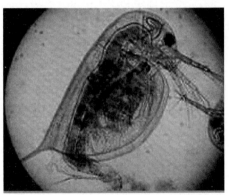

图15　隆线溞

1. 选池

选择培育池应以池塘沉积物中休眠卵量为重要指标。休眠卵的定量方法同轮虫。由于枝角类休眠卵量较少,采样时需要多采几点,一般在池四周(离岸2 m以外)各采一个点。培育池面积1~3亩,水深1.5 m左右为宜。培育池附近应配套面积相当的饵料(浮游植物)培育池。

2. 清塘晒底

用150~200 kg/亩的生石灰排水清塘并晒底,既可清除敌害又可激活休眠卵。如果池中无丝状绿藻或其他大型生物,则清塘药物可酌量减少,但晒塘时间不得少于5天。

3. 注水原则

初次注水 20~30 cm,有利于白昼增温,随后逐步加水。当裸腹溞大量发生时,应逐渐补水,注满池的平均水深 1.5 m 左右。

4. 施肥、投饵

枝角类从水中滤食细菌、单胞藻、原生动物和有机碎屑等食物,主要以细菌和单胞藻为主。应该说只用细菌作为食物,就足以保证枝角类全部生命活动的正常进行。缺少维生素的腐屑,因其上附有大量细菌,也会成为枝角类的重要食物。富含细菌和腐屑的水体,可获得很高的枝角类生产量[500~1 000 kg/(hm² · d)]。各种有机粪肥(鸡粪、猪粪等)均可作为肥源,用量视水中溶氧状况而定。在保证溶氧大于 1 mg/L 的情况下施肥量大些为好,通常每天 1 000 kg/hm² 即可。细菌浓度越大,枝角类滤食的食物越多。当细菌浓度小于 10 万个/mL 时,枝角类存活受影响。同样,单胞藻也是枝角类的重要食物,当单胞藻浓度小于 5 000 个/mL时,影响枝角类必需的营养供给。因此,在施肥的同时,不断向培育池中添注富含浮游植物的肥水是有益的;但是由于枝角类强大的滤食能力,单胞藻的供应量很难保证。

5. 敌害防治

枝角类的敌害较少,晶囊轮虫和肉食性桡足类能捕食一些刚出生的幼体,但对种群发展无法构成巨大威胁。处于同一营养生态位的原生动物和轮虫,虽然是枝角类食物的竞争者,但在淡水敞池培养过程中,竞争并不明显。此外,从清塘后池塘生物发生规律看,如不采取措施,轮虫高峰持续 3~5 天后,会自然消落,之后裸腹溞等枝角类出现高峰期。而在裸腹溞的繁殖高峰期后,较大型枝角类隆线溞渐入繁殖高峰期,因其滤食食谱更为广泛,强度也更大,所以对裸腹溞的生存造成威胁。杀灭这类大型枝角类,需全池泼洒 0.1 ppm 的敌百虫,约 24 h 内可全部清除,此浓度对裸腹溞影响甚微。敌百虫对裸腹溞的致死浓度为大于 0.5 ppm。少数个体局部高浓度影响可能中毒,但种群不会因此受损。

6. 采收

裸腹溞密度达到 1 000 个/L 时,就可以采收,一般架 4 英寸潜水泵用 100目筛绢网抽滤,通常 1.5 亩水体(水深 1 m)架设 1 台 4 英寸泵,每天抽滤 2~3 h。其抽出量与繁殖量大体平衡。

由于枝角类有一定的抗逆流能力,因此抽滤效果不如轮虫那么好,特别是浅水池(小于 1 m)因难以形成涡流,其抽滤效果更差。为此,也可用拉网或推网进行采收,可获得较满意的采收效果。

1.3.2　蒙古裸腹溞的培养

蒙古裸腹溞(图 16)是一种咸水的枝角类,在海水水生动物繁育过程中,特别是在苗种培育中期,它是一种良好的过渡性活体饵料。

1. 选池

蒙古裸腹溞在咸水中培养的最大敌害主要是褶皱臂尾轮虫和大型原生动物。所以在室外选择培育池时,宜选择新建池塘或

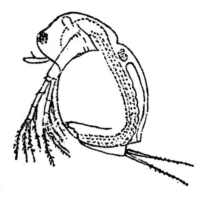

图 16　蒙古裸腹溞

经检查沉积物中很少有轮虫休眠卵的池塘。通常,水体交换量大的养虾池经改造后,就符合这一条件,一般 1～2 亩即可,有利于一次性接种。

2. 排水冻底

如选用养过鱼、虾的老池,则应排水冻底,以冻死那些难以用药物杀灭的底栖动物。

3. 清塘

同轮虫培养。

4. 注水

初注水深 10～20 cm 即可,浅水既有利于白昼增温又有利于接种。水源必须经过严格过滤或直接注入深井水。

5. 施肥和培养浮游植物

可按 1 ppm 的有效氮和 0.2 ppm 的有效磷施用硝铵和过磷酸钙,也可按 150～300kg/(hm² · d)的量向池中均匀泼洒人尿液。实践表明,后法除增殖细菌外,对培养小球藻等单胞藻绿藻的增殖效果也很好。

6. 接种

当培育池水中的浮游植物大量繁殖(小球藻 1 000 万个/mL 或透明度小于 40 cm)后,即可按 1～10 个/L 的密度进行接种蒙古裸腹溞。一般先要经过 1～3 级扩种培养,以后随着蒙古裸腹溞密度的增长,逐渐增添新水和追肥。接种

时,务必注意调节好水温、pH 和溶氧、盐度等,使其原种池与培育池基本一致,其余投饵、敌害防治、抽滤换水等基本与轮虫及淡水枝角类增殖培养相类似。

7. 采收

抽滤时,要注意水泵安放的位置,因为蒙古裸腹溞分布十分不均匀,应当随时调整泵的方位以提高抽滤效率,抽滤时的平均密度不得小于 500 个/L。

8. 敌害防治

处于同一营养生态位的大型原生动物和轮虫(如褶皱臂尾轮虫)常常成为蒙古裸腹溞食物的竞争者,可用 10～15 ppm 的甲醛溶液处理。

1.3.3　桡足类的培养

桡足类是一种小型的低等甲壳动物,体长一般不超过 3 mm,体形一般呈圆筒形,细长。身体分节明显,分头、胸、腹三部分。桡足类的繁殖速度很快,第 V 期桡足类幼体脱壳发育成成体后不久,即可交配。雌体在发育到成体后第二天,即可产卵。排卵时,常把卵组成卵囊。卵在卵囊内经过 1～2 天发育成为第 I 期无节幼体。无节幼体离开卵囊,在水中自由游泳,营浮游生活;空的卵囊随即脱落;经过几分钟至十几分钟,在亲体生殖节上又出现新的卵囊,也有隔 1 天或几天才重新形成卵囊的。桡足类的幼体自孵出后,经无节幼体期和桡足幼体期,发育为成体。依据食性,桡足类可以分为滤食性、捕食性和混食性 3 种。滤食性的桡足类种类很多,人工培养的桡足类多属滤食性的,如纺锤水蚤(图 17)、许水蚤、长腹剑水蚤等属的大多数种均属此类。其主要饵料为微型和小型浮游生物。

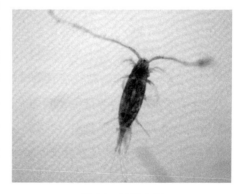

图 17　纺锤水蚤

1. 清池

在培养之前应进行清池,清池的目的是杀死桡足类的敌害生物。桡足类的敌害生物主要是鱼类和甲壳类。清池的方法有两种:① 排干池水后曝晒 3～5 天。既可杀死桡足类的敌害生物,又可通过曝晒加速池底有机质的分解,提高池塘肥度,有利于藻类的培养。曝晒时结合整池,对池底平整、清理,加固围堤。

② 排去大部分池水,留少量用药物清池。清池药物可用 40~80 mg/L 漂白粉,此法清池药效消失快,3~5 天即成;或用浓度为 2 mg/L 的鱼藤精,此法清池药效消失慢,需 1 个月左右;或用浓度为 10 mg/L 的敌百虫(含量为 90%),此法对鱼、虾及其他大型有害动物杀伤力强,但对桡足类的卵无致死作用,可以保存池中的桡足类种源。

2. 灌水引种

清池后(药物清池需等药效消失),即可进水,进水口需用 80 目的筛绢网袋过滤。滤除鱼苗、虾苗等体型较大的敌害生物,浮游植物和桡足类幼体通过筛绢进入池中进行引种培育。

3. 施肥培养饵料生物

浮游植物的培养肥料可用绿肥、人尿、牛粪及无机化肥等。进水后第一次施肥量应多一些,施肥依据不同肥料种类,其量分别为:绿肥 600~750 kg/亩、牛粪 300~400 kg/亩、人尿 150~200 kg/亩、硫酸铵 1.5~2.0 kg/亩。施肥后 4~5 天,浮游植物大量生长,水色变浓,桡足类即开始大量繁殖。为了保持桡足类稳定的生长繁殖,应持续施肥。第一次施肥 10~15 天后开始追肥,以后大约每 10 天需要追肥 1 次。追肥量和追肥时间根据池水浮游植物存量的具体情况决定,一般情况下,每次追肥量分别为:绿肥 300 kg/亩、牛粪 150~200 kg/亩、人尿 100~125 kg/亩、硫酸铵 0.5~0.75 kg/亩。

4. 培养管理

(1) 维持池水浮游植物适宜的范围

池中浮游植物的数量主要受施肥量的影响。施肥量过多,浮游植物繁殖过盛,容易使水质恶化,严重时,可引起桡足类的大量死亡。相反,施肥量不足,浮游植物量少,则不能满足桡足类的需要,桡足类数量下降。要保持稳定的桡足类数量,可通过控制施肥量和掌握施肥时间来维持池中浮游植物的数量。同时,可用透明度值为指标来指导施肥。池水中浮游植物数量越多,透明度就越小;反之,则越大。浮游植物数量在适宜范围之内,池水透明度一般在 33~50 mm,大于 50 mm,浮游植物数量不足,此时应及时施肥;小于 35 mm,浮游植物量过多,应停止施肥或调换新鲜水来调节。

(2) 控制水位及维持正常比重

在培养过程中,注意维持水位。保持水深在 80~100 mm。太阳曝晒,水分蒸发可使池水比重增大,不利于桡足类生长、繁殖。在培养过程中引入淡水或纳入新鲜海水可有效控制水位及维持正常比重。

（3）注意水质变化的情况

水质好坏与桡足类生长、繁殖的关系很大。在培养过程中,应注意水质变化情况,特别是天气闷热、湿度高的情况下,容易引起缺氧,严重时会造成桡足类的大量死亡,此时应及时进行增氧,开启增氧设备。保持良好的水质,除控制施肥量外,在水质有恶化的可能时,应及时加换大量的新海水抢救。经常检查桡足类的生长、繁殖情况,发现问题及时处理。

5. 采捕

经过一段时间的繁殖,桡足类数量达到一定密度后,即可进行连续捕捞。采捕方法同枝角类。

参 考 文 献

蔡志全,刘韬,林永泰,等. 2003. 暗纹东方鲀全人工繁殖及苗种培育技术. 水利渔业,23(4)：
　　20-21

蔡志全,刘韬,林永泰,等. 2004. 双斑东方鲀人工繁殖及苗种培育技术的研究. 水利渔业，
　　24(2)：28-30

陈锦淘,戴小杰. 2005. 鱼类标志放流技术的研究现状. 上海水产大学学报,14(4)：451-456

陈林,周文玉,潘桂平. 2012. 盐度对菊黄东方鲀受精卵孵化和仔鱼生长的影响. 广东海洋
　　大学学报,(4)：73-77

成庆泰,王存信,田明诚,等. 1975. 中国东方鲀属鱼类分类研究. 动物学报,21(4)：
　　359-378

程鹏,熊玉宇,但胜国,等. 2008. 圆口铜鱼活鱼运输方法比较. 水利渔业,28(4)：75-77

崔竹梅,陈爱英,胡秋辉. 2003. 河豚毒素中毒机制和防治的研究进展. 食品科学,24(8)：
　　179-182

邓尚贵,彭志英,杨萍,等. 2002. 河豚毒素研究进展. 海洋科学,26(10)：32-35

邓志科,宫庆礼,崔建洲,等. 2006. 我国河豚鱼产业形势和发展战略. 科学养鱼,(3)：3-4

樊永祥,计融,李宁,等. 2011. 河豚鱼安全利用管理模式研究. 中国食品卫生杂志,23(3)：
　　193-196

方国锋,王锡昌,陶宁萍,等. 2014. 河豚毒素的样品前处理与快速检测技术研究进展. 分析测
　　试学报,33(12)：1447-1452

方民杰,杜琦. 2008. 双斑东方鲀标志放流的初步研究. 台湾海峡,27(3)：325-328

顾曙余,赵璧影,杨家新. 2007. 暗纹东方鲀血细胞发生的观察. 淡水渔业,37(1)：13-18

桂英爱,王洪军,郝佳,等. 2007. 河豚毒素及其代谢产物的研究进展. 大连水产学院学报,22
　　(2)：137-141

郭柏坤. 2006. 反相高效液相—PDA法测定虫纹东方鲀(*Takifugu vermicularis*)肝脏中的
　　河豚毒素. 青岛：中国海洋大学硕士学位论文

郭慧清,李锦文,黎主政,等. 1997. 联合采用吸附树脂与离子交换树脂提取河豚毒素. 广州师
　　院学报(自然科学版),(2)：60-63

洪波,孙振中. 2006. 标志放流技术在渔业中的应用现状及发展前景. 水产科技情报,33(2)：
　　73-76

洪波,王淼,张丹,等. 2013. 一种鱼类体外挂牌装置：中国,CN203353420U

华元渝,李廷友,邹宏海,等. 2004. 养殖型暗纹东方鲀生长与发育特性. 水产学报,28(1)：

8 - 14

黄东文,2002. 海水菊黄东方鲀的人工养殖技术. 渔业致富指南,2002(19)：42 - 43

黄军,严美姣,陈国宏. 2006. 河豚毒素的起源及其研究进展. 生物技术通讯,17(6)：998 - 1000.

黄丽萍. 2003. 工厂化养殖暗纹东方鲀技术. 中国水产,(10)：60 - 61

吉宏武. 2003. 水产品活运原理与方法. 齐鲁渔业,20(9)：28 - 31

纪元,刘岩,宫庆礼,等. 2008. 国内养殖东方鲀毒性的研究. 中国卫生检验杂志,18(6)：1224 - 1226

纪元,刘岩,宫庆礼. 2010. 小鼠生物法和酶联免疫法(ELISA)定量监测沿海 5 省养殖东方鲀属鱼类中的河豚毒素(TTX).水产学报,34(4)：589 - 597

江苏省淡水水产研究所. 2011. 河豚养殖一月通. 北京：中国农业大学出版社

焦晓平,赵勇. 2006. 活鱼运输方法. 黑龙江水产,(5)：13 - 14

李勤,华元渝,陈舒泛. 1999. 暗纹东方豚毒素分布及安全食用.南京师范专科学校学报,15(4)：99 - 102

李文敏. 2002. 菊黄东方鲀的苗种培育与养殖. 河北渔业,(1)：17

李晓川,林美姣. 1998. 东方鲀属鱼类及其加工利用. 北京：中国农业出版社

李云峰,马晨晨. 2014. 养殖河豚鱼毒素的研究.食品安全质量检测学报,5(3)：819 - 823

廖永岩,李晓梅. 2001. 中国食鲎中毒及其预防和治疗. 卫生研究,30(2)：122 - 124

林连升,彭珊. 2005. 河豚的加工和综合利用研究. 中国水产,(2)：72 - 73

林庆贵. 2009. 菊黄东方鲀工厂化育苗技术. 水产养殖,(8)：22 - 24

林庆贵. 2010. 菊黄东方鲀工厂化育苗试验. 齐鲁渔业,(2)：12 - 14

林文銮,黄惠莉. 1999. 河豚毒素的提取研究.华侨大学学报(自然科学版),20(4)：412 - 414

林玉坤. 2004. 暗纹东方鲀池塘养殖试验. 淡水渔业,35(1)：57 - 58

刘朝霞,陈海光,黄东雨. 2011. 鱼皮胶原蛋白的提取及其应用. 广东农业科学,38(20)：100 - 102

刘涛,杨平常,王斌全. 1998.P 物质对变应性鼻炎动物模型鼻黏膜上皮短路电流的影响.中华耳鼻咽喉科杂志,33(1)：32 - 34

刘亚萍. 2002. 河豚毒素的研究进展. 时珍国医国药,13(11)：691 - 692

刘燕婷,雷红涛,钟青萍. 2008. 河豚毒素的研究进展. 食品研究与开发,29(2)：156 - 160

刘永士,施永海,张根玉,等. 2015. 菊黄东方鲀当年鱼种养殖阶段消化酶活性研究. 水生态学杂志,36(4)：92 - 97

刘永士,施永海,张根玉,等. 2014. 菊黄东方鲀仔稚鱼生长及其消化酶与抗氧化酶活性. 浙江大学学报(农业与生命科学版),(6)：688 - 696

刘智禹. 2011. 南海常见河豚鱼品种及其毒素含量的研究. 福建水产,33(1)：40 - 44

陆根海,张海明,施永海,等. 2013. 暗纹东方鲀池塘健康养殖新技术. 中国水产,(1)：43 - 49

马爱军,陆丽君,陈超,等. 2011. 东方鲀属主要经济鱼种繁育养殖、育种和基因研究现状. 海洋科学,35(11)：128 - 133

毛连环. 2010. 菊黄东方鲀人工育苗技术. 水产养殖,31(3)：30

任方旭,王树海. 2005. 河豚的几种养殖方式. 齐鲁渔业,22(8)：25

任俊凤,任婷婷,朱蓓薇.2009.河豚鱼皮胶原蛋白肽的提取及其抗氧化活性的研究.中国食品学报,9(1):77-83

沈晓书,顾明松,谢剑炜.2006.河豚毒素分析检测方法研究进展.军事医学科学院院刊,30(3):295-298

施永海,张根玉,刘建忠,等.2010a.菊黄东方鲀仔稚鱼的生长、发育及行为生态.水产学报,34(10):1509-1517

施永海,张根玉,刘建忠,等.2015.低盐对菊黄东方鲀幼鱼生长、存活、耗氧、鳃 Na^+/K^+-ATP 酶以及肝脏抗氧化酶的影响.动物学杂志,50(3):415-425

施永海,张根玉,刘建忠,等.2011.温度对暗纹东方鲀和菊黄东方鲀幼鱼瞬时耗氧速率的影响.上海海洋大学学报,20(1):50-55

施永海,张根玉,朱雅珠,等.2010b.河口区养殖菊黄东方鲀的胚胎发育.大连海洋大学学报,25(3):238-242

施永海,张根玉,朱雅珠,等.2007.菊黄东方鲀河口区海水全人工繁育技术研究.水产科技情报,34(3):99-102,106

苏捷,刘智禹,黄枝梅.2010.河豚毒素的分离纯化研究.福建水产,(4):56-59

孙中之.2002.红鳍东方鲀的生物学特性及人工育苗技术.齐鲁渔业,19(8):44-46

陶宁萍,龚玺,刘源,等.2011.三种养殖河豚鱼肌肉营养成分分析及评价.营养学报,33(1):92-94

滕军,丁晓洁,张卫丰,等.1998.东莨菪碱抢救东方鲀属鱼类中毒病人 12 例临床分析.青岛医学院学报,34(3):229

王鸿鹤,李瑜,冯公侃,等.2004.东方鲀属鱼类肝脏提取物多肽 A 的抗瘤活性实验.广东药学院学报,20(3):278-280

王健伟,罗雪云.1997.间接竞争抑制性酶联免疫吸附试验测定豚毒鱼类中河豚毒素的研究.卫生研究,26(2):106-109

王奎旗,陈梅,高天翔.2001.东方鲀属鱼类的分类与区系分布研究.青岛海洋大学学报,31(6):855-860

王丽雅,陶宁萍,龚玺.2012.河豚鱼的食用安全性及营养价值研究进展.上海农业学报,28(2):123-128

王六顺,白涛.2003.菊黄东方鲀室内越冬试验初报.河北渔业,(2):45

王晓晨,李勇,周邦维,等.2014.东方鲀属鱼类营养需求特点与饲料研发新进展.饲料工业,(10):33-38

王晓杰,于仁成,周名江.2009.河豚毒素生态作用研究进展.生态学报,29(9):5007-5014

萧哲,杨嘉辉,罗淇,等.2012.珠海河豚的毒性研究.中国农学通报,28(23):104-107

谢克勤,于丽华,张理.2002.碳酸氢钠等化合物对小鼠河豚毒素急性中毒的拮抗作用.山东大学学报(医学版),40(3):227-229

谢永德,施永海,张海明,等.2012.池养菊黄东方鲀一龄越冬鱼种的生长特性.浙江海洋学院学报(自然科学版),31(4):340-344

谢永德,施永海,张海明,等.2013.菊黄东方鲀 1 龄幼鱼生长特性.广东海洋大学学报,33(6):9-13

徐嘉波,施永海,张根玉,等.2014.菊黄东方鲀不同组织脂肪酸的组成及含量分析.食品科

学,35(16)：133-137

徐嘉波,张根玉,施永海,等.2012.氨氮对菊黄东方鲀幼鱼毒性试验.中国农业通报,28 (29)：161-164

严银龙,施永海,朱雅珠,等.2005.菊黄东方鲀人工育苗试验.水产科技情报,32(4)： 153-155

阳清发.2002.河豚养殖与利用.北京：金盾出版社

阳清发,怀向军,苏明,等.2015.暗纹东方鲀的开发利用与管理.渔业现代化.42(1)： 28-31

杨竹舫,张汉秋,匡云华,等.1991.渤海湾菊黄东方鲀 *Fugu flavidus* 生物学的初步研究.海 洋通报,10(6)：44-47

尤颖哲.2006.菊黄东方鲀人工繁育苗种培育技术.水产养殖,27(1)：30-31

余萍,林曦.2000.河豚内脏提取物的部分生物学活性.药物生物技术,7(4)：236-238

虞建辉,周志云.2002.菊黄东方鲀低盐度人工苗技术.科学养鱼,(3)：12-13

张春晓,王玲.2008.东方鲀营养需求研究概况.内陆水产,33(7)：28-31

张福崇,李怡群,李全振,等.2003a.北方地区菊黄东方鲀室内越冬技术.河北渔业,(6)：25

张福崇,李怡群,王六顺.2003b.北方地区菊黄东方鲀全人工育苗试验.河北渔业,(4)：32- 33

张海明,张根玉,谢永德,等.2010.菊黄东方鲀土池塑膜大棚越冬养殖技术.水产科技情 报,37(4)：162-164

张跃平,洪一川,方少华,等.2011.菊黄东方鲀池塘生产性养殖技术初探.福建水产,2011, 33(4)：31-36

张跃平,方少华,洪一川,等.2012.菊黄东方鲀生长规律及摄食特点.福建水产,34(5)： 410-415

张忠华,徐嘉波,张海明,等.2011.菊黄东方鲀人工饲养技术.水产科技情报,38(1)： 26-30

张忠华,张根玉,张海明,等.2009.菊黄东方鲀池塘养殖技术.水产科技情报,36(5)： 209-211

赵海涛,万玉美,张福崇,等.2013.菊黄东方鲀(♀)×红鳍东方鲀(♂)F1代及其亲本肌肉营 养成分的比较分析.大连海洋大学学报,28(1)：77-82

赵洪根.1981.菊黄东方鲀的毒性.天津水产：62

赵文江,范文涛,张福崇,等.2012.菊黄东方鲀性腺分化的组织学观察.水产科学,31(1)： 12-17

郑春波,宋颜亮,滕照军,等.2010.菊黄东方鲀越冬技术.农村养殖技术,(23)：42

郑惠东.2008.盐度对菊黄东方鲀受精卵发育和仔稚鱼生长的影响.福建水产,(3)：12-15

郑惠东,钟建兴,蔡良候,等.2007.菊黄东方纯胚胎及仔稚幼鱼的发育.应用海洋学学报, 26(1)：108-114

钟建兴,2003.双斑东方鲀生物学特性及繁养殖技术.海洋科学,27(9)：8-12

钟建兴,郑惠东,蔡良候,等.2009.菊黄东方鲀人工繁殖及育苗技术研究.海洋科学,33(6)： 1-7

周国平.2002.河豚鱼规模养殖关键技术.江苏：江苏科学技术出版社

周晓翠,谢光洪,刘国文,等. 2008. 河豚毒素检测方法的研究进展. 中国畜牧兽医,35(7):
43 - 46

Asakawa M, Toyoshima T, Shida Y, et al. 2000. Paralytic toxins in a ribbon worm *Cephalothrix*, species (Nemertean) adherent to cultured oysters in Hiroshima Bay, Hiroshima Prefecture, Japan. Toxicon, 38(6): 763 - 773

Cheun B, Endo H, Hayashi T, et al. 1996. Development of an ultra high sensitive tissue biosensor for determination of swellfish poisoning, tetrodotoxin. Biosensors and Bioelectronics, 11 (12): 1185 - 1191

Eberhardson M, Grapengiesser E. 1999. Role of voltage-dependent Na$^+$ channels for rhythmic Ca^{2+} signalling in glucose-stimulated mouse pancreatic β-cells. Cellular Signalling, 11(5): 343 - 348

Ho B, Yeo D S A, Ding J L. 1994. A tetrodotoxin neutralizing system in the haemolymph of the horseshoe crab, *Carcinoscorpius rotundicauda*. Toxicon, 32 (7): 755 - 762

Jr O R P, Sebben A, Schwartz E F, et al. 2005. Further report of the occurrence of tetrodotoxin and new analogues in the Anuran family Brachycephalidae. Toxicon, 45 (1): 73 - 79

Kamler E. 2002. Ontogeny of yolk-feeding fish: an ecological perspective. Reviews in Fish Biology and Fisheries, 12(1):79 - 103

Kinne O. 1963. The effects of temperature and salinity on marine and brackish water animals: I. Temperature. Oceanogr aphy and Marine Biology: An Annual Review, (1): 301 - 340

Lee M J, Jeong D Y, Kim W S, et al. 2000. A tetrodotoxin-producing Vibrio strain, LM - 1, from the puffer fish *Fugu vermicularis* radiatus. Applied and Environmental Microbiology, 66(4): 1698 - 1701

Mathé J M, Nomikos G G, Blakeman K H, et al. 1999. Differential actions of dizocilpine (MK - 801) on the mesolimbic and mesocortical dopamine systems: role of neuronal activity. Neuropharmacology, 38 (1): 121 - 128

Matsui T, Yamamori K, Chinone M, et al. 1985. Development of toxicity in cultured puffer fish kept with wild puffer fish. Development of toxicity in cultured kusahugu (*Fugu niphobles*). Japanese Society of Scientific Fisheries: 156

Matsumura K, Fukiya S. 1992. Indirect competitive enzyme immunoassay for tetrodotoxin using a biotin-avidin system. Journal of Aoac International, 75(5): 883 - 886

Matsumura K. 1995a. A monoclonal antibody against tetrodotoxin that reacts to the active group for the toxicity. European Journal of Pharmacology, 293(1): 41 - 45

Matsumura K. 1995b. Reexamination of tetrodotoxin production by bacteria. Applied and Environmental Microbiology, 61(9): 3468 - 3470

Matsumura K. 1995c. Tetrodotoxin as a pheromone. Nature, 378(6557): 563 - 564

Matsumura K. 1998. Production of tetrodotoxin in puffer fish embryos. Environmental Toxicology and Pharmacology, 6(4): 217 - 219

Matsui T, Yamamori K, Furukawaa K, et al. 2000. Purification and some properties of a tetrodotoxin binding protein from the blood plasma of kusafugu, *Takifugu niphobles*. Toxicon, 38(3): 463 - 468

Nagai T, Araki Y, Suiuki N. 2002. Collagen of the skin of ocellate puffer fish (*Takifugu rubripes*). Food Chemistry, 78 (2): 173 - 177

O'leary M A, Schneider J J, Isbister G K. 2004. Use of high performance liquid chromatography to measure tetrodotoxin in serum and urine of poisoned patients. Toxicon, 44 (5): 549 - 553

Raybould T J G, Bignami G S, Inouye L K, et al. 1992. A monoclonal antibody based immunoassay for detecting tetrodotoxin in biological samples. Journal of Clinical Laboratory Analysis, 6(2): 65 - 72

Shi Y H, Zhang G Y, Liu J Z, et al. 2010b. Effects of temperature and salinity on oxygen consumption of tawny puffer *Takifugu flavidus* juvenile. Aquaculture Research, 42(2): 301 - 307

Shi Y H, Zhang G Y, Liu J Z, et al. 2011. Effects of temperature and salinity on oxygen consumption of tawny puffer, Takifugu flavidus juvenile. Aquaculture Research, 42: 301 - 307

Shi Y H, Zhang G Y, Liu J Z, et al. 2012. Effects of photoperiod on embryos and larvae of tawny puffer, *Takifugu flavidus*. Journal of the World Aquaculture Society, 43(2):278 - 285

Shi Y H, Zhang G Y, Zhu Y Z, et al. 2010a. Effects of temperature on fertilized eggs and larvae of tawny puffer *Takifugu flavidus*. Aquaculture Research, 41(12):1741 - 1747

Shimada K, Ohtsuru M, Yamaguchi T, et al. 1983. Determination of tetrodotoxin by capillary isotachophoresis. Journal of Food Science, 48(3): 665 - 667

Shoji Y, Yotsu-Yamashita M, Miyazawa T, et al. 2001. Electrospray ionization mass spectrometry of tetrodotoxin and its analogs: liquid chromatography/mass spectrometry, tandem mass spectrometry, and liquid chromatography/tandem mass spectrometry. Analytical Biochemistry, 290(1): 10 - 17

Watabe S, Sato Y, Nakaya M, et al. 1989. Monoclonal antibody raised against tetrodonic acid, a derivative of tetrodotoxin. Toxicon, 27(2): 265 - 268

Yagi H, Ceccaldi H J, Gaudy R. 1990. Combined influence of temperature and salinity on oxygen consumption of the larvae of the pink shrimp, *Palaemon serratus* (Pennant) (Crustacea, Decapoda, Palaemonidae). Aquaculture, 66(1): 77 - 92

Yang Z, Chen Y F. 2005. Effect of temperature on incubation period and hatching success of obscure puffer *Takifugu obscurus* (Abe) eggs. Aquaculture, (246): 173 - 179

Yang Z, Chen Y F. 2006. Salinity tolerance of embryos of obscure puffer *Takifugu obscurus*. Aquaculture, 253(1 - 4): 393 - 397

Zhang G Y, Shi Y H, Zhu Y Z, et al. 2010a. Effects of salinity on embryos and larvae of tawny puffer *Takifugu flavidus*. Aquaculture, 302(1): 71 - 75